Die großen Tierwanderungen

Die englische Originalausgabe erschien 2009 unter dem Titel
Animal Migration. Remarkable Journeys in the Wild

Copyright © 2009 Marshall Editions

Konzept, Bearbeitung und Gestaltung:
Marshall Editions
The Old Brewery
6 Blundell Street
London N7 9BH
www.marshalleditions.com

Aus dem Englischen übersetzt von
Monika Niehaus, D-Düsseldorf, und Coralie Wink, D-Dossenheim
Satz der deutschen Ausgabe: Die Werkstatt, D-Göttingen
Umschlag der deutschen Ausgabe: pooldesign.ch

Bibliografische Information der *Deutschen Nationalbibliothek*
Die Deutsche Nationalbibliothek verzeichnet diese Publikation in der
Deutschen Nationalbibliografie; detaillierte bibliografische Daten sind
im Internet über http://dnb.d-nb.de abrufbar.

ISBN 978-3-258-07479-5

Alle Rechte vorbehalten.
Copyright © 2009 für die deutsche Ausgabe by Haupt Berne
Jede Art der Vervielfältigung ohne Genehmigung des Verlages
ist unzulässig.

www.haupt.ch

Herausgeber Jenni Johns
Entwicklung neuer Titel Deborah Hercun
Redaktionsleitung Paul Docherty
Künstlerische Leitung Ivo Marloh
Bildredaktion Veneta Bullen
Gestaltung 3RD-I
Karten Mark Franklin
Register Sue Butterworth
Produktion Nikki Ingram

Umschlagfotografien **Vorne** (von oben nach unten) Kraniche: FLPA/Imagebroker; Zebras: Corbis/Winfried Wisniewski; Gazellen: NaturePL.com/Gertrud & Helmut Denzau; Wale: Corbis/Stuart **Hinten** Eisbär: Adrian Aebischer; Kraniche im Formationsflug und Weißstorch: Adrian Aebischer

Unten Gnus ziehen durch die Savanne des Masai-Mara-Wildschutzgebiets auf der Suche nach frischen Weiden. **Vorangehende Seite** Gischtläufer sammeln sich in den Feuchtgebieten des Copper River Delta, Alaska.

Die großen Tierwanderungen

Ben Hoare

Übersetzt von Monika Niehaus und Coralie Wink

Haupt Verlag
Bern · Stuttgart · Wien

Inhaltsverzeichnis

Einleitung: Ständig in Bewegung 7

WAS WIR ÜBER WANDERUNGEN WISSEN

Tierwanderung, was ist das? 10
Der Lauf der Jahreszeiten 12
Der Fortpflanzungstrieb 14
Nomaden und Invasoren 16
Die innere Uhr 18
Überleben auf den Wanderungen 20
Unterstützung 22
Unterschiedliche Routen 24
Sichtbare Anhaltspunkte 26
Unsichtbare Erkennungshilfen 28
Kognitive Landkarten 30

Herkunft 34
Untersuchung von Tierwanderungen 36
Wachsende Gefahren 38
Der Anfang vom Ende? 40

LAND

Karibu 44
Eisbär 46
Leben am Gipfel 48
Dallschaf 50
Bison 52
Ein Meer aus Gras 54
Gnu 56
Afrikanischer Elefant 56
Von der Wüste ins Delta 60

Mongoleigazelle 62
Berglemming 64
Kaiserpinguin 66
Rotseitige Strumpfbandnatter 68
Galapagos-Landleguan 70
Erdkröte 72
Weihnachtsinsel-Krabbe 74

WASSER

Buckelwal 78
Südlicher Glattwal oder Südkaper ...80
Grauwal 82
Walross 84
Magellanpinguin 86
Atlantik-Bastardschildkröte 88
Suppenschildkröte 90

Unten Wie viele Walarten unternimmt auch der Buckelwal saisonale Wanderungen, um Nahrung und sichere Wurfplätze zu finden. Die sanften Riesen der Meere wurden früher von Walfängern erbeutet – heute werden sie eher zur «Beute» der Teleobjektive von Touristen.

Magnetische Anziehungskraft 92	Wellenreiter 122	Trauerschnäpper 154
Walhai 94	Kurzschwanz-Sturmtaucher 124	Kappenwaldsänger 156
Blauhai 96	Schwarzschnabel-Sturmtaucher ... 126	Unzählige kleine Flügel 158
Roter Thunfisch 98	Weißstorch 128	Monarchfalter 160

6

Ständig in Bewegung

Jeden Augenblick sind irgendwo auf der Welt Millionen von Tieren in Bewegung. Ein außerordentlich breites Spektrum an Arten, von leichtfüßigen Antilopen über kolossale Wale bis zu federleichten Schmetterlingen, macht sich über Land, in Flüssen und Meeren oder durch die Luft auf eine lange und schwierige Reise.

Tierwanderungen sind komplex und geheimnisvoll zugleich. Wie schaffen es Tiere, so weit zu wandern und so präzise ihr Ziel zu finden? Welche seltsame Anziehungskraft übt ihr Bestimmungsort offenbar auf sie aus? Kein Wunder, dass Menschen seit Jahrtausenden – schon seit den Zeiten, als die altsteinzeitlichen Jäger und Sammler lernten, Huftierherden über die Grassteppen zu folgen, die Teile des heutigen Europas und Afrikas bilden – von diesem Phänomen fasziniert sind.

Wandernde Tiere gelten in unserer Kultur seit Langem als starke Symbole für Veränderung und Erneuerung. Diese jahreszeitlichen Ereignisse erinnern uns daran, dass «die Erde noch funktioniert», wie es der Dichters Ted Hughes (1938–1998) formulierte. Doch erst in den vergangenen 150 Jahren und vor allem in den letzten Jahrzehnten haben Zoologen wirklich damit begonnen, die Geheimnisse dieses faszinierenden tierischen Verhaltens zu entschlüsseln.

Rasante Entwicklungen auf dem Gebiet der Unterhaltungselektronik und der Mobilkommunikation haben eine Revolution in der Erforschung der Tierwanderungen mit sich gebracht. Inzwischen ist die Satellitentelemetrie, die es ermöglicht, ein mit einem Sender ausgestattetes Tier zu lokalisieren, so weit fortgeschritten, dass wir die Ortsbewegungen einzelner Tiere fast überall auf der Erde praktisch in Echtzeit verfolgen können.

So ist es gelungen, die Route des Dunklen Sturmtauchers, eines wahren Weltenbummlers, von seinem Brutgebiet in Neuseeland über den ganzen Pazifik zu verfolgen; während dieser Rundreise legt ein Vogel eine Strecke von 64 000 Kilometer in Form einer riesigen Acht zurück. Im Meer konnte man die Ortsbewegungen einer Lederschildkröte 21 Monate lang überwachen – das war eine der längsten nachgewiesenen Wanderung einer wasserlebenden Tierart überhaupt. Ein Weißhai schließlich, der vor der südafrikanischen Küste markiert worden war, schwamm innerhalb von nicht einmal neun Monaten nach Australien und wieder zurück; dabei legte er 20 000 Kilometer zurück. Daten wie diese tragen dazu bei, Informationen über bisher kaum verstandene Tierwanderungen zu einem Gesamtbild zusammenzusetzen.

UNGLAUBLICHE LEISTUNGEN

Wanderungen existieren in zahlreichen Formen; das reicht von riesigen Karibuherden, die durch die arktische Tundra ziehen, bis zur einsamen Odyssee eines winzigen Kolibris über den Golf von Mexiko. Gemeinsam ist allen wandernden Tieren jedoch der Kampf ums Überleben. Tierwanderungen sind keineswegs so gefährlich, wie man gemeinhin glaubt – schließlich handelt es sich um ein Verhalten, das das Überleben sichern soll. Die wandernden Arten haben im Lauf ihrer Evolution raffinierte Strategien entwickelt, um die Risiken zu verringern, und obgleich immer einige Individuen auf der Reise umkommen, kommen die Allermeisten jedoch heil ans Ziel.

Dieses Buch stellt dem Leser die bedeutendsten Wanderer des Tierreichs vor und verrät, wo man einige von ihnen direkt beobachten kann. Richtig durchgeführt, kann Ökotourismus zum Kampf um den Erhalt bedrohter Arten einen Beitrag liefern und den Naturschutz fördern. Man muss jedoch nicht immer in die Ferne schweifen. Wandernde Wildtiere kann man gewöhnlich auch zu Hause beobachten – manchmal sogar im eigenen Garten.

Links Auf diesem nachts aufgenommenen Radarbild erscheinen die Schwärme ziehender Singvögel wie grüne Kontinente. Radar gehört zu den vielen Werkzeugen, die eingesetzt werden, um das Wanderverhalten von Tieren zu untersuchen.

REKORDLEISTUNGEN – DIE TOP 10 DER TIERWANDERUNGEN

Größte wandernde Art	Blauwal	24–27 m lang
Kleinster Wanderer	Ruderfußkrebse (Copepoden)	1–2 mm lang
Schnellster Wanderer	Eiderente	Durchschnittsgeschwindigkeit bei Windstille: 75 km/h
Seltenster Wanderer	Amsterdamalbatros	Bestand weltweit: 70–80 Adulttiere
Längste Säugerwanderung	Buckelwal	bis zu 8500 km pro Strecke
Längste Insektenwanderung	Monarchfalter	bis zu 4750 km im Herbst
Längste Wanderung über Land	Karibu	bis zu 6000 km pro Jahr
Höchste Wanderung	Streifengans	Maximalhöhe: 9000 m
Längste nachgewiesene Rundwanderung	Dunkler Sturmtaucher (2005 in Neuseeland markiert)	64 037 km über den Pazifik in 262 Tagen
Längste nachgewiesene Wanderung im Wasser	Lederschildkröte (2003 in Indonesien markiert)	20 558 km über den Pazifik in 647 Tagen

Oben Der Flug der Kraniche, die jedes Jahr im Frühjahr und Herbst über Europa ziehen, hat die Menschen seit undenklichen Zeiten in seinen Bann gezogen. Schon in der *Ilias* verglich der antike Dichter Homer ihre trompetenden Rufe mit dem Gebrüll der anrückenden Trojaner.

Was wir über Wanderungen wissen

Trotz großer Anstrengungen zur Erforschung von Tierwanderungen sind unsere Kenntnisse über dieses faszinierende Thema bestenfalls lückenhaft. Das liegt unter anderem daran, dass Tierwanderungen in vielen Formen auftreten. Eine Wanderung ist viel mehr als eine einfache Bewegung von A nach B, und Tierwanderungen sind so vielfältig wie die Tiere, die sie unternehmen. Zu den spannendsten Themen bei der Untersuchung von Tierwanderungen gehört die Frage, wie sich Tiere auf ihre Wanderung vorbereiten, woher sie wissen, wann sie aufbrechen und wohin sie ziehen sollen, und wie es ihnen gelingt, sicher ans Ziel zu kommen. Wenn wir das Auf und Ab bei wandernden Tierarten beobachten, können wir viel über den Zustand unserer Umwelt lernen.

Tierwanderung, was ist das?

Man kann Tierwanderungen zu Recht als eines der größten Naturwunder ansehen, aber als biologisches Konzept ist der Begriff überraschend schwer zu fassen. Selbst heute gibt es noch keine allgemein akzeptierte Definition. Tiere unternehmen Ortsveränderungen aller Art – über kurze oder weite Strecken, saisonal oder täglich, regelmäßig oder einmal im Leben, genau vorhersagbar oder scheinbar zufällig. Es ist nicht immer leicht zu entscheiden, in welchem Fall es sich um eine echte Wanderung handelt.

Das klassische und bekannteste Symbol für Tierwanderungen sind Vogelschwärme, die in Abstimmung mit den Jahreszeiten in Nord-Süd-Richtung zwischen einem Brut- und einem Nicht-Brutgebiet hin- und herziehen, oder Walschulen, die zwischen ihren weit entfernten Wurf- und Nahrungsgründen pendeln («Pendelwanderungen»). Viele Arten aus einem breiten Spektrum von Tiergruppen folgen diesem allgemeinen Wandermuster, aber es stellt nur einen bestimmten Wandertyp dar. Es gibt zahlreiche weitere Formen, darunter Wanderungen in Ost-West-Richtung, komplizierte Rundwanderungen («Schleifenzüge») auf dem Land oder im Meer, saisonale Wanderungen über verschiedene Höhenstufen im Gebirge sowie in Meeren und Seen Vertikalwanderungen in der Wassersäule. Bei bestimmten Arten wählen die Populationen ganz unterschiedlichen Wanderrouten, und bei einigen wandern unter Umständen nur manche Populationen (bei Vögeln als «Teilzug» bekannt).

Daher hat der Begriff «Wanderung» eine Fülle von Bedeutungen. In diesem Buch wollen wir «Wanderung» jedoch als Reise definieren, die mit einem klaren Ziel stattfindet – häufig zu einer bestimmten Jahreszeit und häufig über eine klar definierte Route zu einem vertrauten Bestimmungsort in einer anderen Region. Jedes Lebewesen, das an einer Wanderung teilnimmt, wird als Wanderer (beim Menschen als Migrant) bezeichnet. Lebensgemeinschaften, die nicht wandern, nennt man sesshaft oder standorttreu.

WARUM WANDERN?

Einfach gesagt, ist Wandern für viele Arten überlebenswichtig. Wanderverhalten hat sich im Lauf der Evolution entwickelt, damit Tiere ihr Leben in zwei oder mehr unterschiedlichen Regionen verbringen können, gewöhnlich, weil Nahrungsmangel oder eine Schlechtwetterperiode einen dauerhaften Aufenthalt am selben Ort unmöglich machen. Weitere häufige Gründe sind die Suche nach Wasser oder lebenswichtigen Mineralstoffen, nach einem Geschlechtspartner, nach einem sicheren Ort zum Werfen, Brüten oder für die Aufzucht der Jungen, oder die Flucht vor Fressfeinden beziehungsweise lästigen Insektenschwärmen. Natürlich können bei Tierwanderungen mehrere dieser Gründe zugleich ausschlaggebend sein.

Unten Die Winternachtschwalbe (*Phalaenoptilus nuttallii*) ist eine nachtaktive Vogelart, die im westlichen Nordamerika heimisch ist und zu den wenigen Vogelarten gehört, die in eine Kältestarre fallen. Ein Teil der Population macht sich im Winter nach Süden in wärmere Gefilde auf, während die Übrigen in Felsspalten überwintern.

ALTERNATIVE STRATEGIEN

Falls ein Tier an Ort und Stelle bleiben muss, wenn die Lebensbedingungen ungünstiger werden, hat es zumindest theoretisch drei Möglichkeiten. Erstens könnte es sein Verhalten ändern und auf andere Nahrung oder einen anderen Unterschlupf ausweichen. Zweitens könnte es morphologische Veränderungen durchmachen, indem es sich beispielsweise ein dickeres Fell oder Gefieder zulegt. Und drittens könnte es in einen tiefen Schlaf fallen, den man als je nachdem Torpor (Starre) oder Winterschlaf bezeichnet – auf diese Weise werden viele Nager, Fledermäuse, Bären, Frösche und Kröten mit der unwirtlichen Winterzeit fertig. Amphibien und Reptilien überstehen Dürreperioden in einem ähnlichen Ruhezustand, der als Ästivation oder Übersommerung bezeichnet wird. Insekten können ebenfalls in eine Art Ruhezustand, eine sogenannte Diapause, eintreten, um unwirtliche Witterungsbedingungen zu überstehen. Für eine große Zahl von Tierarten sind dies jedoch keine realistischen Alternativen; sie müssen sich stattdessen auf Wanderung begeben.

ORTSBEWEGUNGEN, ABER KEINE EIGENTLICHEN WANDERUNGEN

Einige regelmäßig stattfindende Ortsbewegungen bei Tieren kann man nicht als Wanderungen im strengen Sinne des Wortes bezeichnen. So verlassen viele Elterntiere beispielsweise in der Zeit, in der sie ihren Nachwuchs aufziehen, ihre Jungen zeitweilig, um auf Nahrungssuche zu gehen. Diese Nahrungszüge dauern bei Seevögeln wie Tölpeln bis zu einem Tag, bei Robben wie Hundsrobben und Walrossen hingegen drei bis fünf Tage. Landraubtiere wie Wölfe und Tüpfelhyänen pendeln in der Zeit, in der sie ihre Jungen versorgen, ebenfalls über weite Strecken und legen häufig viele Kilometer zurück, um ihren hungrigen Nachwuchs mit frischem Fleisch zu füttern.

Unten Der Antarktische Seebär begibt sich häufig auf Fischfang, doch solche Nahrungszüge sollten, auch wenn sie regelmäßig stattfinden, nicht als echte Wanderung bezeichnet werden.

ANDERE WANDERER

Manchmal wird argumentiert, es gebe neben Tieren noch andere wandernde Lebewesen. Pflanzen können ihr Verbreitungsgebiet im Samen- oder Sporenstadium ihres Lebenszyklus erweitern und Wind, Wasser oder Tiere als «Reisevehikel» benutzen. Natürlich unternehmen auch Menschen Wanderungen – wir sprechen dann von Migration beziehungsweise Migranten.

Die Migrationen von *Homo sapiens*, die ihn in jeden Winkel der Erde geführt haben, sind evolutionär gesehen relativ jungen Ursprungs, denn sie hat in den letzten 50 000 Jahren stattgefunden. In der jüngeren Geschichte war eines der dramatischsten Beispiele für menschliches Wanderverhalten wohl die Auswanderung (Emigration), wie sie von der großen Hungersnot in Irland um die Mitte des 19. Jahrhunderts ausgelöst wurde. Bis Ende 1854 hatten sich fast zwei Millionen Menschen – rund ein Viertel der irischen Bevölkerung – über den Großen Teich nach Westen aufgemacht, um in den Vereinigten Staaten ein besseres Leben zu suchen.

Oberes Bild Marienkäfer überleben die Winter in gemäßigten Breiten, indem sie sich eng zusammendrängen, doch eine überraschend große Zahl von Insekten wandert und flieht vor dem Kälteeinbruch in wärmere Regionen.
Unteres Bild Auch Menschen sind Wanderer; wir bezeichnen sie als Migranten. Diese Abbildung aus der Wochenzeitung «Weekly Herald» von 1845 zeigt neu eingetroffene irische Emigranten in New York. Die Scharen von Auswanderern, die im 19. Jahrhundert von Irland in die USA flohen, hatten einen starken, dauerhaften Einfluss auf die Geschichte beider Länder.

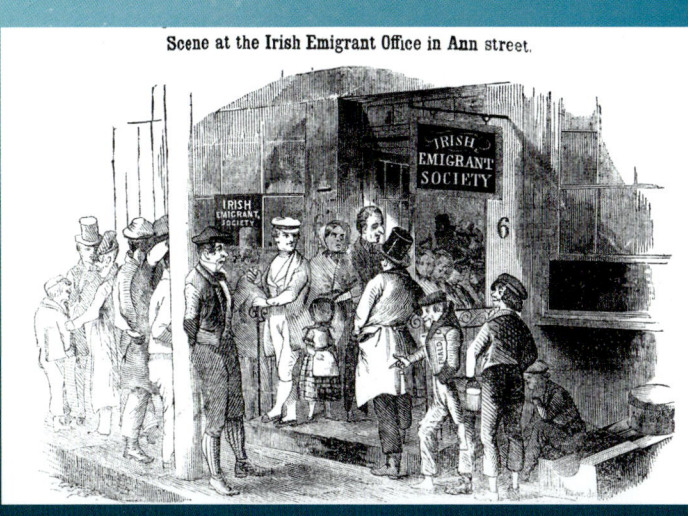

Der Lauf der Jahreszeiten

Die Bewegung und Orientierung der Erde relativ zur Sonne bestimmen die zyklische Abfolge der Jahreszeiten auf unserem Planeten, und dieser Zyklus hat einen tief greifenden Einfluss auf die ganze Natur. Die wechselnden Jahreszeiten sind der Auslöser für das Wanderverhalten vieler Tierarten. Gebiete, in denen sich im Sommer gut leben lässt, werden im Winter so unwirtlich, dass ganze Tiergemeinschaften gezwungen sind, anderenorts nach günstigeren Lebensbedingungen zu suchen.

Ein Merkmal des globalen Klimasystems ist die ausgeprägte Klimaveränderung in Abhängigkeit vom Breitengrad. Regionen in Polnähe (hohe Breiten) sind durch lange, kalte Winter und kurze, heiße Sommer gekennzeichnet, während in äquatornahen Regionen (niedere Breiten) ganzjährig gleichmäßige Sonnenscheindauer und hohe Temperaturen herrschen. Während auf der Nordhalbkugel Sommer ist, ist auf der Südhalbkugel Winter, und umgekehrt. Diese starken Kontraste kommen dadurch zustande, dass die Achse, um die sich die Erde täglich dreht, bezogen auf die Ebene ihrer Umlaufbahn um die Sonne um 23,5° gegen die Senkrechte geneigt ist. Das führt dazu, dass ein Pol sechs Monate im Jahre der Sonnen zugewandt, der andere hingegen abgewandt ist, während sich die Position in den folgenden sechs Monate umkehrt. Der zyklische Wechsel der Jahreszeiten führt zu starken Unterschieden in der Dauer und Intensität der Sonneneinstrahlung, die zu einem gegebenen Zeitpunkt auf jede Hemisphäre entfällt, und hat zur Folge, dass viele Tierarten Wanderungen unternehmen.

WANDERUNGEN ZWISCHEN VERSCHIEDENEN BREITENGRADEN

Viele Vögel, die auf der Nordhalbkugel brüten, ziehen im Winter in den Süden; das gilt vor allem für diejenigen Arten, die sich von Insekten und anderen Gliedertieren ernähren. Dazu gehören zahlreiche Wat- und Wasservögel sowie viele Singvögel (Unterordnung der Sperlingsvögel) – Grasmückenartige, Waldsänger, Fliegenschnäpper, Drosseln, Würger, Lerchen, Stelzen und Pieper, Finken, Ammern und Schwalben. Greifvögel, Störche und Kraniche ziehen ebenfalls in den Süden. Um Europa als Beispiel zu nehmen: Rund 215 Vogelarten ziehen nach der Brutsaison im Spätsommer nach Afrika südlich der Sahara; an diesem Exodus sind schätzungsweise fünf Milliarden Vögel beteiligt. Auf der anderen Seite des Atlantiks ziehen mehr als 300 Vogelarten von Nord- nach Südamerika. Ebenso verbringen viele nordasiatische Vögel den Winter auf dem Indischen Subkontinent oder im tropischen Südostasien; ein paar, wie die Stachelschwanzsegler *(Hirundapus caudacutus)*, gelangen mittels Insel-Hopping über den Indonesischen Archipel sogar bis nach Australien.

Der Vogelzug auf der Südhalbkugel ist im Prinzip ein Spiegelbild des Zugs auf der Nordhalbkugel. Die Arten auf der Südhalbkugel ziehen während des Südwinters oft nach Norden und im Südsommer wieder nach Süden. Der Rubintyrann *(Pyrocephalus rubinus)* lebt beispielsweise im Winter in der tropischen Savanne von Brasilien und bleibt dort von März bis August; anschließend suchen die Vögel die fruchtbaren Pampasgebiete von Argentinien und Uruguay auf, wo sie zwischen September und Februar ihre Jungen aufziehen.

Saisonale Nord-Süd-Bewegungen sind bei Vögeln am häufigsten, treten aber auch bei anderen Tiergruppen auf, vor allem bei Säugern (Karibus, Eisbären und bestimmten Fledertieren) und Insekten (verschiedenen Tag- und Nachtfaltern sowie Libellen). In den Meeren sind Wale, Hundsrobben sowie Walrosse die bekanntesten Wanderer zwischen Nord und Süd. Trotz ihres Rufes als Langstreckenwanderer überqueren Wale jedoch nur selten den Äquator. Vielmehr bleiben sie in einer Hemisphäre und verbringen den Sommer in hohen Breiten, um im Winter in niedrigere Breiten zurückzukehren.

Links Jahreszeiten und Gezeiten sind eine Folge der ständigen Neuausrichtung von Erde und Mond in Relation zueinander und zur Sonne. Das wiederum hat zum Phänomen der Tierwanderungen geführt.

ZEIT FÜR EINEN WECHSEL

Zu den ungewöhnlichsten Wanderungen gehören die saisonalen Abstecher zu traditionellen Mauser- oder Häutungsplätzen. Wenn Enten und Gänse im Spätsommer ihre Schwungfedern wechseln, sind sie kurze Zeit flugunfähig; um in dieser Zeit nicht von Fressfeinden angegriffen zu werden, suchen sie ein geschütztes Gebiet mit gutem Nahrungsangebot auf, wie Flachseen oder seichte Meeresbuchten, und mausern direkt nach der Ankunft («Mauserzug»). Auch Weißwale haben im Sommer eine konzentrierte Phase des Hautwechsels, das ist einzigartig unter Walen. Dann begeben sich Weißwale in seichte arktische Gewässer und scheuern sich am Meeresboden, um die alte äußere Hautschicht zu entfernen. Oft schwimmen sie Flussmündungen hinauf ins Süßwasser; man vermutet, dass dies den Häutungsprozess beschleunigt. Die wohl seltsamste Häutungswanderung unternimmt der Nattern-Plattschwanz im tropischen Indopazifik. Diese Seeschlangen kehren periodisch an Land zurück, um sich zu häuten,

Rechts Nattern-Plattschwänze kehren zum Häuten immer wieder in ihre «Heimatbucht» zurück, selbst wenn sie viele Kilometer vor der Küste in tiefem Wasser auf Jagd gehen. Auch zur Eiablage kommen sie an Land.

WANDERUNGEN ZWISCHEN VERSCHIEDENEN HÖHENSTUFEN

Die Höhenwanderung im Gebirge ist klimatisch einer viel längeren Wanderung in Richtung der Pole vergleichbar, denn die Lufttemperatur nimmt pro tausend Höhenmeter um 6,5 °C ab. Durch die sinkenden Temperaturen entsteht eine Abfolge von Mikroklimata samt der zugehörigen charakteristischen Habitate, die von montanen Tierarten zu ihrem Vorteil genutzt werden. Diese Arten wandern im Frühjahr in höhere und im Herbst wieder in tiefere Lagen. Das bezeichnet man als vertikale Wanderung.

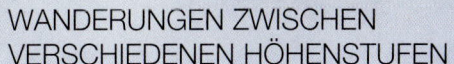 Montane Vögel- und Säugerarten ziehen im Allgemeinen nicht «auf einen Rutsch» in tiefere oder höhere Lagen, sondern sie wandern allmählich und rasten, wann immer sie Nahrung finden. In gemäßigten Klimaregionen wird dieser Abstieg in Etappen durch die vordringende Schneefallgrenze oder sinkende Temperaturen bestimmt, und der Aufstieg folgt der Schneeschmelze im Frühjahr. In den Tropen folgen die montanen Vogelarten dem saisonal schwankenden Früchte- und Nektarangebot über die Höhenstufen. Bergwachteln *(Oreortyx pictus)*, die in trockenen Küstengebirgen des westlichen Nordamerikas heimisch sind, sind Bogenvögel und unternehmen wie einige andere Hühnervögel Fußwanderungen. Die Wachteln wandern in Familienverbänden von bis zu zwanzig Individuen und ziehen in Zentralkalifornien im Winter in 1500 Meter tiefere Höhenlagen.

Im Gegensatz zu Wanderungen über große Entfernungen, bei denen ein fester Kurs eingehalten werden muss, kommt es bei vertikalen Wanderungen vorwiegend darauf an, tiefere Lagen zu erreichen. Saisonale Wanderungen zwischen verschiedenen Höhenstufen finden weltweit statt, sind jedoch für die höchsten Gebirgszüge besonders typisch.

Unten Blauwale sind schnelle Schwimmer, die saisonale Wanderungen über weite Entfernungen unternehmen. Wie andere Wale überqueren sie im Gegensatz zu manchen Vogelarten aber nur selten den Äquator, sondern bleiben entweder auf der Süd- oder auf der Nordhalbkugel.

Oben Männliche Rautenpythons unternehmen in den tropischen Wäldern Südostasiens eine besondere Wanderung, deren einziger Zweck es ist, empfängnisbereite Weibchen zu finden und zu befruchten. Nach der Fortpflanzung kehren die Schlangen zu ihrer einzelgängerischen Lebensweise zurück.

Der Fortpflanzungstrieb

Irgendwann müssen Tiere einen Geschlechtspartner finden und sich nach einem Platz umsehen, an dem sich ihre Eier oder Jungen entwickeln können. Die Fortpflanzung ist ein kritisches Stadium im Leben eines jeden Lebewesens und veranlasst viele Tiere zu einer besonderen Wanderung – in einigen Fällen ist es eine Wanderung ohne Wiederkehr.

Säuger haben häufig eine Sozialstruktur, die auf Geschlechtertrennung basiert, und die adulten Männchen leben getrennt von den Weibchen in Junggesellengruppen oder als Einzelgänger. Dieses System, das für Pflanzenfresser (Herbivore) typisch ist, zwingt fortpflanzungsbereite Männchen, sich nach Partnerinnen umzusehen, die in Hitze sind. Manchmal kommen die Männchen an traditionellen Paarungsplätzen zusammen – zum Beispiel versammeln sich Hirsche, Antilopen und Wildschafe während der jährlichen Brunft an solchen Plätzen. Auf der anderen Seite macht sich bei Arten wie Elefanten oder Nashörnern jedes erwachsene Männchen auf eine einsame, von Testosteron getriebene Suche nach Weibchen. Bei Schlangen gibt es eine kaum bekannte Entsprechung: Männliche Rautenpythons in Südostasien nutzen ihren empfindlichen Geruchssinn, um empfängnisbereite Partnerinnen aufzuspüren, und ein «heißes» Pythonweibchen wird zwei bis drei Wochen lang von einem Gefolge aufgeregter Männchen verfolgt.

RÜCKKEHR INS WASSER

Aufgrund einer Laune der Natur sind Amphibien die einzigen rezenten landlebenden Wirbeltiere, die ein Larvenstadium besitzen. Ihre Larven (Kaulquappen) leben im Wasser und haben statt einer Lunge ein Paar wasseratmender Kiemen. Daher müssen adulte Amphibien zur Fortpflanzung zwangsläufig jedes Mal ins Süßwasser zurückkehren. Zahlreiche Frösche, Kröten und Salamander begeben sich auf Laichwanderungen, die sich im Hinblick auf ihre Länge und die Wahl des Laichhabitats außerordentlich stark unterscheiden. Bei einigen Arten genügt eine nahe gelegene Pfütze, während andere teilweise kilometerweit zu einem Tümpel oder einem Sumpf wandern und Jahr um Jahr dorthin zurückkehren. Amphibien wandern in feuchten Nächten, damit ihre durchlässige Haut nicht austrocknet. Das Startsignal für ihren Aufbruch ist der erste Wolkenbruch in der Regenzeit oder ein deutlicher Temperaturanstieg im Frühjahr.

RÜCKKEHR AN LAND

Reptilien wie Süßwasser- und Meeresschildkröten wandern zu ihren traditionellen Eiablageplätzen und kehren anschließend ins Wasser zurück. Wie ihre Vorfahren produzieren diese Schildkröten weichschalige, ledrige Eier und müssen daher zur Eiablage an Land gehen. Sie brauchen Sandstrände mit genau der richtigen Steigung, um dort Gruben auszuheben, die als wirkungsvoller «Brutkasten» für ihr Gelege dienen. Da geeignete Strände rar sind und weit auseinanderliegen, kommen die Schildkrötenweibchen in der Regel an den besten Stellen zusammen und legen ihre Eier gemeinsam ab. Ein ähnliches Verhalten zeigen verschiedene Leguanarten auf den Galapagosinseln und in Mittelamerika, die zu einer Handvoll von Brutplätzen wandern.

Nicht nur Reptilien wandern wiederholt zu traditionellen Brutplätzen. Die Robben (Hundsrobben, Ohrenrobben und Walrosse) haben ihre stammesgeschichtlich alte Bindung ans Festland ebenfalls beibehalten: Im Gegensatz zu Walen und Delfinen haben Robben das Problem, ihre Jungen im Wasser zu gebären, bisher nicht gelöst. Geschützte Buchten, Felsküsten und Eisschollen dienen ihnen als Kinderstube. Seevögel können ihre Jungen ebenfalls nicht auf dem Meer selbst aufziehen, daher sammeln sie sich an Steilklippen von Meeresküsten und auf entlegenen Inseln und brüten dort in großen, manchmal riesigen Kolonien. Bei Sturmtauchern, Sturmvögeln, Albatrossen und Seeschwalben gehören die Wanderungen zum Brutplatz zu den längsten und spektakulärsten Wanderungen überhaupt.

«WANDERNDE» GENE

Wanderverhalten findet man bei Primaten nur selten. Die meisten Primatenarten bewohnen tropische Regenwälder, in denen ein stabiles Klima herrscht und es das ganze Jahr hindurch genügend Nahrung gibt; zudem bilden sie geschlechtsgemischte Gruppen, daher sind potenzielle Geschlechtspartner ständig verfügbar. Weibliche Schimpansen wechseln jedoch von einer Gruppe zur anderen und legen dabei gelegentlich bis zu 15 Kilometer zurück. DNA-Studien bei Schimpansen sprechen dafür, dass die Gene der Weibchen auf diese Weise im Lauf einiger Generationen mehrere Hundert Kilometer weit «wandern» können.

Oben Jedes Jahr in einigen Juni- und Julinächten sind die Strände von Neufundland an der Hochwasserlinie mit einem Teppich zappelnder silbriger Kapelane bedeckt. Die 15 cm langen Fische kommen plötzlich mit der Hochflut und verschwinden anschließend ebenso schnell, wie sie gekommen sind.

VON DEN GEZEITEN REGIERT

Verglichen mit den Monden anderer Planeten ist der irdische Mond ungewöhnlich groß und nah; daher übt er einen starken Einfluss auf das Leben auf der Erde aus. Dem Vollmond wird ein besonderer Einfluss auf das menschliche Verhalten zugeschrieben – daher reden wir von «mondsüchtig» –, aber aufgrund der Gezeiten, die vom Mond hervorgerufen werden, ist sein Einfluss auf Meerestiere weit größer als auf Landbewohner. Meeresfische, Meeresschildkröten und marine Wirbellose synchronisieren ihre Fortpflanzungswanderungen mit den Gezeiten und wählen oft einen ganz bestimmten Zeitpunkt im Mondzyklus.

Während der Springflut bei Vollmond schwärmen Pfeilschwanzkrebse, entfernte Verwandte der Spinnentiere, in riesiger Zahl über die Strände in Nordostamerika. Indem sie ihr Laichgeschäft mit den höchsten Fluten im Jahr synchronisieren, können diese prähistorisch wirkenden Gliedertiere sicherstellen, dass ihre Eier an der oberen Strandzone und damit außer Reichweite von räuberischen Bewohnern der Gezeitenzone deponiert werden. Zwei Fische, die sich beim Laichen ebenfalls nach den Gezeiten richten, sind Grunion und Kapelan, die sich *en masse* von den Wellen an den Strand tragen lassen, um sich auf dem nassen Sand zu paaren und zu laichen.

EIN SCHOCK FÜR DEN KÖRPER

Einige Fische verbringen einen Teil ihres Lebens im Süßwasser und einen anderen im Salzwasser; sie nutzen die eine Wasserwelt als Laichplatz und die andere als Kinderstube. Wenn die Fische vom Süßwasser ins Meer oder vom Meer ins Süßwasser wandern, müssen sie mit einer starken Veränderung der Salzkonzentrationen fertig werden. Diese Fische verfügen über speziell angepasste Nieren und Kiemen, die ihnen ermöglichen, deren osmotisches Funktionieren umzukehren. Ohne diese Anpassungen würden die Fische Wasser verlieren, wenn sie ins Meer kommen, oder wie ein Ballon anschwellen, wenn sie in die andere Richtung schwimmen. Fische, die flussabwärts wandern, um im Meer zu laichen, wie der Amerikanische und der Europäische Aal, werden als katadrom bezeichnet; Arten, die flussaufwärts schwimmen, wie Lachs, Meerforelle, Stör und Maifisch, nennt man anadrom. Die meisten Arten laichen nur einmal im Leben und sterben bald darauf; doch der Beluga-Stör, auch Hausen genannt, kann diese Reise viele Male unternehmen und mehr als hundert Jahre alt werden.

Unten Grasfrösche sammeln sich in großer Zahl in ihren Laichtümpeln. Amphibien wandern zwar nicht weit, weil es für sie zu gefährlich ist, doch häufig in Massen.

Nomaden und Invasoren

Nicht alle Ortsveränderungen bei Tieren sind jahreszeitlich bedingt – in manchen Fällen gibt es kein festes Bestimmungsziel oder keine vorgegebene Route. Zu diesen völlig unvorhersagbaren Ortsveränderungen zählen nomadisches Herumziehen, großräumige Invasionen und spontane Fluchtwanderungen, um schlechtem Wetter oder Vulkanausbrüchen auszuweichen. Manchmal treffen solche Pioniere auf ideale Lebensbedingungen in ihrem neuen Lebensraum und bleiben als Kolonisten dort.

Die Fähigkeit, Bewegungsmuster flexibel einzusetzen, ist wichtig, um sich in einer Umwelt zu behaupten, in der das Nahrungsangebot mosaikartig verteilt ist oder nur unregelmäßig Regen fällt. Es ist günstiger, sich je nach Bedarf von Ort zu Ort zu bewegen, als einem vorprogrammierten Wandermuster zu folgen. Eine solche Lebensweise bezeichnet man als nomadisch; sie ist typisch für Tierarten, die in Grasländern und Wüstenhabitaten leben. So sind in den Savannen der afrikanischen Tropen beispielsweise riesige, höchst mobile Huftierherden heimisch und wandern zwischen fruchtbaren «Inseln» hin und her, die nur nach lokalen Regenfällen ergrünen (sogenannte nomadische Wanderungen). Das Gegenstück in gemäßigten Breiten sind die mobilen Herden der Mongoleigazellen und Saigaantilopen, die sich an das Überleben in den ausgedörrten Grassteppen angepasst haben, wo es kaum stehende Gewässer gibt.

Interessanterweise verhalten sich die Langstreckenzieher unter den Vögeln in ihren Brutgebieten oft als Standvögel, sind in ihren Überwinterungsgründen hingegen nomadisch. So schließen sich überwinternde nordamerikanische Waldsänger in den Wäldern von Mittel- und Südamerika den umherstreifenden

Gegenüber Saigas streifen ihr ganzes Leben hindurch auf den Trockensteppen Zentralasiens umher. Eine intensive Bejagung hat zu einem Zusammenbruch der Populationen geführt. **Oben** Einige invasive Arten können sehr viel Schaden anrichten, und das gilt vor allem für Wanderheuschrecken. Hier versucht ein philippinischer Bauer vergeblich, seine Felder vor einem Schwarm orientalischer Wanderheuschrecken zu schützen.

Oben Mauersegler sind so etwas wie lebende Barometer. Sie sind absolute Nahrungsspezialisten, und sobald der Luftdruck fällt und sich das Wetter verschlechtert, weichen sie auf nicht betroffene Regionen aus. Junge Mauersegler können mehrere Tage ohne Futter auskommen, wenn ihre Eltern nicht da sind, und zehren in dieser Zeit von ihren Fettreserven.

DER ARIDE KONTINENT

Australien ist der trockenste von Menschen bewohnte Kontinent: Zwei Drittel seiner Fläche bestehen aus Wüste oder semiaridem Buschland – eine Landschaft, die man als «Outback» bezeichnet. Ohne klar definierten Jahreszyklus können Wildtiere hier nur überleben, wenn sie mit lang anhaltenden Dürreperioden und stark schwankenden Umweltbedingungen zurechtkommen. Deshalb findet sich auf dem australischen Festland die weltweit größte Vielfalt von nomadischen Vogelarten. Jede dritte Brutvogelart, vom Wellensittich bis zum Emu, lebt nomadisch. Kängurus und Wallabys sind Beispiele für nomadische Säuger im Outback.

Trupps heimischer Vögel an, und Drosselarten, die in der Arktis brüten, ziehen im Winter in den mittleren Breiten von Europa und Asien truppweise auf Agrarflächen umher.

INVASIONEN

Von einer «Invasion» spricht man, wenn eine mehr oder weniger sesshafte Tierpopulation plötzlich dazu gezwungen ist, ihren üblichen Lebensraum aufgrund von Überbevölkerung oder Nahrungsmangel zu verlassen. Aus ökologischer Perspektive gesehen, findet eine derartige Ortsveränderung immer dann statt, wenn sich die Lebensbedingungen so sehr verschlechtert haben, dass die Situation unhaltbar wird und die Tiere zur Abwanderung gezwungen sind. Invasionen sind unregelmäßig eintretende Ereignisse, die Arten aus ihrem normalen Verbreitungsgebiet vertreiben; sie treten bei einer Reihe von Vögeln und Nagern im hohen Norden auf, vor allem bei Lemmingen. Solche Invasionen sind ein wichtiges Phänomen im Lebenszyklus vieler Schadinsekten, wie Heuschrecken, Zikaden und Schmetterlingsraupen, die sich von Nutzpflanzen ernähren. Den nächsten Befallszeitpunkt vorauszusagen, ist eine relativ ungenaue Angelegenheit, doch trotzdem haben sich Unternehmen entwickelt, die damit sehr viel Geld verdienen.

WETTERFLUCHT

Einige Vögel reagieren sehr rasch auf sich verschlechternde Witterungsbedingungen, die sie ohne Vorwarnung zum Abwandern zwingen; das menschliche Äquivalent wären Sonnenanbeter, die sich während eines plötzlichen Regenschauers in Sicherheit bringen. Dieser wetterbedingte Ortswechsel, den man als Wetterflucht oder Fluchtwanderung bezeichnet, kann für einen Vogel den Unterschied zwischen Leben und Tod bedeuten. Die dramatischste Wetterflucht kennen wir von Mauerseglern – wunderbaren Kunstfliegern mit gebogenen, schmalen Flügeln, die sich von fliegenden Insekten ernähren. Um Insekten im Flug zu erbeuten, sind Mauersegler jedoch auf einen klaren Himmel angewiesen. Beim ersten Anzeichen eines heranziehenden Tiefdrucksystems weichen sie der Tiefdruckzone aus und über- oder unterfliegen die Front, um in ruhigere Luftschichten zu gelangen. Das kann dazu führen, dass die Vögel innerhalb weniger Tage eine Rundreise von mehr als 2000 Kilometer zurücklegen.

JUGENDLICHE VAGABUNDEN

Oft hat man den Eindruck, als seien junge Tiere genetisch mit einem starken Wandertrieb ausgestattet. Der Drang, neue Regionen zu erkunden, lässt sie ihren Geburtsort verlassen, sodass sie sich mit ihrer Nachbarschaft vertraut machen können. Ein zusätzlicher Vorteil dieser jugendlichen Wanderlust ist, dass sie einer Art hilft, sich im gesamten verfügbaren Lebensraum zu verteilen, wodurch das Inzuchtrisiko abnimmt.

Eine derartige Jugendausbreitung kennt man aus vielen Tiergruppen. Die Nestjungen mancher Seevögel, wie Trottellummen und Tordalken, verlassen ihr Nest, noch bevor sie flügge sind, und kehren der Brutkolonie an der Küste in Begleitung eines Elternteils schwimmend den Rücken. Ein ähnliches Verhalten zeigen andere Vertreter der Alkenvögel, ebenso einige Pinguine. Junge Königspinguine entfernen sich unter Umständen mehr als tausend Kilometer von ihrem Geburtsort, und junge Brillenpinguine, die an der Küste von Südafrika schlüpfen, sind häufig in äquatorialen Gewässern des Atlantiks anzutreffen.

Die innere Uhr

Entscheidend für jede Form von Wanderung ist es, zur richtigen Zeit am richtigen Ort zu sein, daher brauchen wandernde Tierarten eine innere Uhr. Ein präzises Nachhalten der Zeit erlaubt es einem Tier, mit Veränderungen der äußeren Umwelt Schritt zu halten und seine Wanderung rechtzeitig zu beginnen und zu beenden. Auch für eine korrekte Navigation ist eine innere Uhr unverzichtbar.

Oben Eine Uferschnepfe auf Balzflug im Frühjahr. Die Art synchronisiert ihr Wanderverhalten so, dass Männchen und Weibchen gleichzeitig im Brutgebiet eintreffen.

Die Natur kennt viele erstaunliche Beispiele für die Einhaltung eines Zeitplans: Meeresschildkröten und Krabben kehren jedes Jahr in denselben wenigen Nächten an ihre Brutstrände zurück, Fischschulen tauchen nach einem vorhersagbaren Fahrplan an bestimmten Orten im Meer auf, und Generationen von Zugvögeln treffen immer um einen festen, tradierten Zeitpunkt in ihren angestammten Brutgebieten ein. Pünktlichkeit ist eindeutig ein weit verbreitetes Phänomen bei Tieren. Tatsächlich wissen wir inzwischen, dass praktisch alle Lebewesen, von Schimmelpilz über Taufliegen bis zum Menschen, über innere Zeitgeber verfügen. Im Jahr 2008 erklärten Wissenschaftler, sie hätten «Uhren» in menschlichen Zellen gefunden, und man darf annehmen, dass es auch bei Tieren auf zellulärer Ebene derartige Mechanismen gibt.

TÄGLICHE UND JÄHRLICHE RHYTHMEN

Was genau versteht man unter einer inneren Uhr? Die Antwort ist komplex, und die Funktionsweise solcher Zeitgeber ist noch nicht vollständig aufgeklärt. Einige Formen des tierischen Verhaltens, wie Selbstverteidigung, lassen sich spontan auslösen; sie sind nicht von einem Zeitplan abhängig. Viele andere Prozesse, wie Nahrungsaufnahme, Schlafen und Stoffwechsel, werden von strengen 24-Stunden-Zyklen gelenkt. Diese zyklischen Aktivitätsmuster werden als circadiane Rhythmen bezeichnet (vom lateinischen *circa*, etwa, und *dies*, Tag). Sie können von äußeren Auslösern – beispielsweise Veränderung von Temperatur oder Feuchtigkeit, des Gezeitenrhythmus oder des Wechsels zwischen Tag und Nacht – beeinflusst werden, werden aber körperintern erzeugt und sind angeboren. Circadiane Rhythmen erklären, warum sich Menschen mittags hungrig oder nachmittags schläfrig fühlen, warum es Schichtarbeitern schwerfällt, sich an einen neuen Dienstplan zu gewöhnen, und warum wir unter einem Jetlag leiden, wenn wir in weniger als 24 Stunden mehrere Zeitzonen durchqueren.

Zusätzlich gibt es langfristige Regulationszyklen, die als circannuale Rhythmen bezeichnet werden. Auch wenn diese Zyklen wie die circadianen Rhythmen auf Außenreize reagieren, beispielsweise auf eine sich allmählich verändernde Tageslänge und den Wechsel der Jahreszeiten, werden sie vorwiegend intern gesteuert. Circannuale Rhythmen finden sich vor allem bei Arten, die in hohen Breiten, vor allem in Polnähe, leben, wo der jährliche Wechsel der Tageslänge am stärksten ausgeprägt ist.

> ### GEMEINSAM ANKOMMEN
>
> Zugvögel, die für mehr als eine Brutperiode verpaart bleiben, stehen vor einem Dilemma: Wenn die Partner getrennt überwintern und getrennt zu ihren Brutplätzen ziehen, wie können sie dann sicherstellen, dass sie zur gleichen Zeit am Brutplatz eintreffen? Wenn einer der Partner früher eintrifft, könnte er einen neuen Partner finden, sodass es zu einer «Scheidung» kommt. Dauerhaft verpaarte Zugvögel können dies dank der erstaunlichen Fähigkeit zur Synchronisierung ihrer Wanderung vermeiden. Ornithologen, die im Frühjahr in Island die Ankunftszeiten von markierten Uferschnepfen am Brutplatz erfasst haben, stellten fest, dass die bereits vorher miteinander verpaarten Uferschnepfen in höchstens drei Tagen Abstand voneinander eintrafen – und das, obgleich die Partner monatelang getrennt waren und unterdessen viele Tausend Kilometer zurückgelegt hatten. Es ist rätselhaft, wie die Uferschnepfen dieses Zusammentreffen zeitlich derart präzise «planen» können.

Circadiane und circannuale Rhythmen arbeiten Hand in Hand, um genau gehende, präzise Uhren zu schaffen. Sie sind arttypisch und haben sich im Lauf der Evolution so entwickelt, dass sie zu der speziellen Lebensweise und Umwelt einer Art passen. Diese stammesgeschichtlich alten Mechanismen spielen für die Fähigkeit einer Art, Wanderungen erfolgreich zu «planen» und zu koordinieren, natürlich eine entscheidende Rolle. Vor dem Aufbruch zeigen viele Arten eine typische Unruhe. Die angestaute Erregung ist bei Zugvögeln am deutlichsten sichtbar; die dann mit den Flügeln flattern und ständig von einem Zweig zum anderen hüpfen. Dieser Zustand wird auch in anderen Sprachen mit dem deutschen Begriff «Zugunruhe» bezeichnet.

Oben Der sich verändernde Melatoninspiegel im Blut erleichtert Tieren wie diesem Afrikanischen Elefanten, seine täglichen Aktivitäten zu koordinieren. Die Produktion dieses Hormons erreicht nachts ihren Höchstwert und sinkt dann während der Tagesstunden wieder ab.

SCHRITTMACHER

Bei den meisten Tieren kontrolliert ein «Schrittmacher» die circadiane und circannuale Rhythmik. Bei Säugern wird die Schrittmacherfunktion von einem Teil des Gehirns übernommen, der als Nucleus suprachiasmaticus (NSC) bezeichnet wird. Auch das Hormon Melatonin spielt in diesem Zusammenhang eine entscheidende Rolle. Melatonin wird von der Zirbeldüse (Epiphyse) ausgeschüttet, aber nur nachts, denn Tageslicht blockiert seine Produktion. Daher entscheidet die Tageslänge darüber, wie viel Melatonin der Körper herstellt, und der Melatoninspiegel trägt dazu bei, tägliche und saisonale Aktivitäten zu regulieren. Bei Fischen, Amphibien und Reptilien fungiert die Zirbeldrüse offenbar als «Master-Schrittmacher».

Manchmal müssen wandernde Tiere ihre normale circadiane Rhythmik außer Kraft setzen. Tiere, die den Polarsommer in der Arktis oder der Antarktis verbringen, sind zum Beispiel fast 24 Stunden lang Tageslicht ausgesetzt, sodass circadiane Rhythmen, die auf einem täglichen Licht-Dunkel-Zyklus basieren, nicht funktionieren können. Tierarten wie Karibus verlieren daher während des polaren Mittsommers ihre circadiane Rhythmik.

Oben Vögel versammeln sich oft zu ganz bestimmten Tages- oder Jahreszeiten. Hier fliegt ein großer Starenschwarm auf, bevor er sich wie an jedem Winterabend am Schlafplatz niederlässt.

ZEIT UND NAVIGATION

Wanderer, die sich anhand optischer Hinweise orientieren, wie dem Stand von Sonne oder Sternen, müssen die Erdrotation berücksichtigen. Wenn sich ein Zugvogel, der den Äquator überquert, bei seiner Zeiteinschätzung auch nur um fünf Längenminuten irren würde, würde dieser Irrtum zu einer Abweichung von fast 160 Kilometer führen. Jahrhundertelang bereitete dieses Navigationsproblem Seefahrern große Schwierigkeiten, bis Mitte des 18. Jahrhunderts die Entwicklung präziser tragbarer Uhren eine genaue Bestimmung des Längengrads ermöglichte.

Überleben auf den Wanderungen

Wanderung ist ein Vabanquespiel, sie kann zum unerbittlichen Kampf werden und setzt die Tiere oft großen Belastungen aus, die sie bis an die Grenze ihrer körperlichen Leistungskraft treiben. Die Chancen, jemals das Ziel zu erreichen, erscheinen oft minimal. Dank etlicher physischer und verhaltensphysiologischer Anpassungen erreichen die meisten Wanderer normalerweise jedoch unversehrt das Ziel.

Einige Arten sind auffällig schlecht an ein Wanderleben angepasst. Großkatzen sind zum Beispiel von Natur aus denkbar ungeeignet, da ihre Jungen nach der Geburt viele Monate lang völlig hilflos sind. Auch die Körpergröße kann ein wichtiger Faktor sein: Die Mehrzahl der kleinen Landtiere kann die energetischen Kosten einer Wanderung einfach nicht aufbringen. Den meisten Nagetieren fehlt die Ausdauer für eine regelmäßige Langstreckenwanderung; ein hundert Gramm schweres Nagetier würde pro Kilogramm Körpergewicht etwa 25-mal so viel Energie verbrauchen wie eine 200 Kilogramm schwere Antilope.

Dagegen ist bei anderen Tierarten unter Umständen die gesamte Biologie auf Wanderungen zugeschnitten. Antilopen- und Gazellenkälber stehen bereits wenige Minuten nach der Geburt auf eigenen Füßen und können dank ihrer überproportional langen Beine und der äußerst fetten Muttermilch binnen weniger Tage mit den übrigen Herdenmitgliedern mithalten. Die Küken von Watvögeln, entwickeln sich so rasch, dass sie im Alter von zwei Monaten zu ihrer ersten Reise aufbrechen können. Und frisch geschlüpfte Meeresschildkröten sind bereits ausdauernde, exzellente Schwimmer, die sofort tiefe, sichere Gewässer ansteuern.

VORBEREITUNGEN

Natürlich können nicht alle wandernden Tiere bereits als Jungtiere fortziehen – viele müssen zuerst dafür sorgen, dass sie auch fit für die Reise sind. Bei adulten Vögeln gehört zu diesen Vorbereitungen eine Mauser, deren Zeitpunkt hormonell und durch den angeborenen circannualen Rhythmus des Vogels bestimmt wird (siehe S. 18–19). Es ist wichtig, das alte abgenutzte Federkleid zu ersetzen, da die Flugleistung vom Zustand der Schwungfedern abhängt.

Häufig nehmen wandernde Tierarten vor dem Aufbruch besonders viel Nahrung zu sich. Ziel dieses Fressverhaltens, der so genannten Hyperphagie, ist es, Fettreserven anzulegen, um sie als Brennstoff zu nutzen. Die Hyperphagie wird durch einen inneren circannualen Rhythmus automatisch ausgelöst und findet sich bei so unterschiedlichen Tieren wie Monarchfaltern, Karibus und Bartenwalen; bei Insekten kann die Hyperphagie zu einer 30-prozentigen Zunahme des Körpergewichts, bei Walen manchmal sogar zur Verdoppelung des normalen Körpergewichts führen. Aber die zukünftigen Wanderer fressen nicht nur mehr, sondern bevorzugen auch kalorienreiche «Energienahrung». In gemäßigten Klimaregionen konzentrieren sich typische Insektenfresser wie Grasmückenartige, Waldsänger und Drosseln im Spätsommer und Herbst auf eine Ernährung mit zuckerhaltigen Früchten, um vor dem Abflug eine dicke Fettschicht aufzubauen.

Schließlich können bei diesen Tieren tief greifende physische Veränderungen stattfinden. Vögel entwickeln eine größere, kraftvollere Brustmuskulatur und verkleinern zur Gewichtseinsparung Organe, die für den Zug nicht wesentlich sind, um eine gute Flugleistung zu garantieren. Einige Insekten verfahren ähnlich: Die Spätsommergeneration der Monarchfalter, die im Herbst südwärts durch Nordamerika wandert, hat keine Sexualorgane – diese bilden sich erst im folgenden Frühjahr aus. Und Wüstenheuschrecken in der Schwarmphase besitzen längere Flügel und sehen ganz anders aus als ihre nicht wandernden Artgenossen.

Unten Mit ihrem Körpergewicht von 8,5 bis 10 kg sind Singschwäne an der oberen Gewichtsgrenze für einen Langstreckenzieher. Große Vögel können nicht in demselben Maße Fettvorräte anlegen wie kleinere Arten, da die Großvögel bereits knapp unter dem Maximalgewicht liegen, das ihre Flügel tragen können.

Links Atlantische Heringe wandern zur Sicherheit in riesigen dichten Schulen. Die größten, manchmal mehrere Millionen Heringe zählenden Schwärme entsprechen einem Volumen von vier Millionen Liter.

RISIKOMANAGEMENT

Wandernde Tierarten haben über Jahrtausende viele Lösungen entwickelt, um die Gefahren des Zuges zu verringern. Um die ständige Bedrohung durch Fressfeinde zu senken, ziehen diese Tierarten oft in der Gruppe oder zu bestimmten Tages- beziehungsweise Nachtzeiten. Zudem wird der Kräfteverbrauch vermindert, indem günstige Umweltfaktoren, wie Wind oder Meeresströmungen (siehe S. 22–23) genutzt werden und zudem die richtige Wandergeschwindigkeit gewählt wird. Es gibt langsam und schnell wandernde Arten – jede Art folgt auf der Wanderung ihrem eigenen Zeitplan, der an ihre Kraft, Ausdauer, Fettreserven und die zu bewältigende Entfernung angepasst ist.

Auch gestaffelte Wanderungen (so genannter Kettenzug) mit Zwischenhalten zum Rasten und Fressen sind als Strategie verbreitet. Fledertiere besuchen auf dem Zug eine Reihe von günstig gelegenen Schlafplätzen, während Tag- und Nachtfalterschwärme sich auf Bäumen und Gebäuden niederlassen, um zu übernachten oder bessere Witterungsbedingungen abzuwarten. Traditionelle Zwischenhalte, sogenannte Rastgebiete, werden Jahr für Jahr aufgesucht und können zur Hauptwanderzeit riesige Ansammlungen, insbesondere von Vögeln, beherbergen. Etwa 45 Prozent aller in Nordamerika brütenden Watvögel rasten beispielsweise im Frühling in den Cheyenne Bottoms, einem Feuchtgebiet in Kansas (USA). Der Schutz derartiger Rastgebiete gehört zu den wichtigsten Naturschutzprioritäten.

GRENZEN DER BELASTBARKEIT

Einige Vögel sind «hochtourige» Zugvögel, die sich bis zur physischen Grenze belasten, bis nur noch wenig «Treibstoff im Tank» ist. Die isländische Population des Singschwans überquert im Herbst den Nordatlantik, um in Großbritannien zu überwintern. Der schnelle Nonstop-Flug nach Westschottland dauert (bei einer Durchschnittsgeschwindigkeit von 65 bis 80 km/h) 12 bis 13 Stunden – für derart große, schwere Vögel liegt dies an der Grenze der physischen Leistungsfähigkeit.

NUR EINE WURMHÄLFTE WANDERT

Am merkwürdigsten sind sicherlich die Wanderungen, bei denen nur eine Körperhälfte des Tieres die Wanderung überlebt. Verschiedene Meereswürmer der Klasse Polychaeta wandern auf diese bizarre Weise. Dazu gehören Seeringelwürmer (Gattung *Nereis*) aus dem Nordatlantik wie auch der Paolowurm (*Eunice viridis*) von Korallenriffen im Südpazifik. Jeder Paolowurm bricht in der Schwarmzeit in zwei Teile, und das Hinterende (Epitok) schwimmt mithilfe paddelförmiger Lappen an jedem Segment davon. In einer bestimmten Nacht des Mondzyklus steigen alle Epitoken gemeinsam zur Wasseroberfläche, platzen auf und setzen Eizellen und Spermien frei; aus den befruchteten Eizellen entwickeln sich Larvenstadien, die damit den Lebenszyklus bis zum adulten Wurm vollenden können.

Oben Sardinen wandern mit einer kräftigen Kaltwasserströmung an den Küsten der Östlichen Kapregion (Südafrika) entlang; dort werden sie von Delfinen und anderen Fischfressern erbeutet. Die Angreifer treiben die Sardinen zu Bait Balls (Köderbällen) zusammen.

Unterstützung

Die Naturkräfte liefern den erschöpften Wanderern willkommene Hilfe. Insekten und Landvögel fliegen mit Rückenwind und können durch Thermik Höhe gewinnen; Seevögel nutzen den Auftrieb über den Wellen, und Meeresschildkröten und Fische werden von den Meeresströmungen mitbefördert. Deshalb üben die vorherrschenden Winde und Meeresströmungen einen wichtigen Einfluss auf Zeitpunkt und Richtung von Wanderbewegungen aus.

«SARDINEN-RENNEN»

Jedes Jahr schiebt sich im Juni oder Juli eine Kaltwasserzunge an der Ostküste Südafrikas nordwärts bis etwa nach Durban. Dies ist das Startsignal für das jährliche «Sardinen-Rennen», bei dem riesige Sardinenschwärme ihre kalten Meeresbereiche im Süden verlassen und nordwärts in subtropische Gewässer drängen, die ihnen normalerweise zu warm sind. Einige Schwärme sind bis zu 6,5 Kilometer lang. Sie werden verfolgt von einer kleinen Armada hungriger Räuber, wie Gewöhnlichen Delfinen, Großen Tümmlern, Gelbflossen-Thunfischen, Königsmakrelen und einigen Haiarten. Wenn die Meerestemperaturen wieder über 21 °C steigen, kehren die Sardinen nach Süden zurück und das große Fressen nimmt ein Ende.

Ozeane sind selbst an den ruhigsten Tagen niemals so ruhig wie Seen. Auch wenn das Meer manchmal völlig bewegungslos wirkt, existieren unter der Oberfläche Strömungen und Upwellings (Auftriebsphänomene). Auch der Gezeitenzyklus hat einen starken Einfluss auf das marine Leben, da er die Wasserzirkulation auch weit entfernt vom Festland beeinflusst, insbesondere bei Springflut (Springtide), die zweimal pro Monat auftritt. Es ist daher nicht erstaunlich, dass pelagische Arten (Bewohner des offenen Meeres) ihren dreidimensionalen Lebensraum, der ständig in Bewegung ist, voll nutzen, indem sie in der Wassersäule auf- und absteigen, um eine kräftige Strömung zu finden, die sie in der richtigen Richtung befördert. Das Schwimmen in schnellen Strömungen bietet einen weiteren Vorteil, da diese oft sehr nährstoffreich sind.

Viele Meeresströmungen folgen festgelegten Richtungen (wie auf der Karte rechts dargestellt), und wandernde Tiere passen sich eng an diese Strömungen an. Lederschildkröten lassen sich beispielsweise im Sommer vom warmen Golfstrom über den Nordatlantik zu den Küsten von Nordwesteuropa tragen, wo zu dieser Zeit die von ihnen geschätzten Quallen reichlich vorhanden sind; die Wanderungen von Mantarochen und Walhaien sind in den gesamten Tropen deutlich mit warmen Meeresströmungen verknüpft. Die Larven zahlloser pelagischer Fische, Weichtiere und Krebstiere können nur dank der Meeresströmungen aus ihren Laichgebieten verdriftet werden.

ATMOSPHÄRE IN BEWEGUNG

Auch die Lufthülle der Erde ist, ähnlich wie der marine Lebensraum, ständig in Bewegung. Da die atmosphärischen Bedingungen sehr rasch wechseln, müssen Vögel und andere Luftwanderer den Zeitpunkt ihres Abflugs sorgfältig festlegen, denn bereits Verzögerungen von wenigen Stunden können sich katastrophal auswirken. Ideale Zugbedingungen sind anhaltender Rückenwind und wolkenloser Himmel. Wenn die Temperaturen unter dem Durchschnitt liegen, sind die Bedingungen ebenfalls günstig, da sich die intensiv beanspruchte Brustmuskulatur dann nicht überhitzt. (Auch aus diesem Grund ziehen einige Vogelarten nachts, vor allem wenn sie Wüsten mit potenziell tödlicher Mittagshitze überqueren müssen.)

Fliegende Tiere starten nach Möglichkeit nicht an windstillen Tagen, da sie sonst zu viel kostbare Energie verbrauchen. Unter den Vögeln sind Albatrosse am stärksten auf Wind angewiesen: Die meisten Arten nutzen den Wind, um auf ihren schmalen Flügeln im dynamischen Segelflug über das stürmische Südpolarmeer zu gleiten (siehe S. 122–123). Bei Windstille und ruhiger See können sich diese großen Meeresvögel nicht in der Luft halten und müssen auf dem Meer wassern.

TRITTBRETTFAHRER

Zwei Formen von atmosphärischen Turbulenzen sind für Zugvögel besonders wichtig: Jetstreams (schnelle Höhenwinde, siehe rechts) und Thermiken (Aufwinde). Wenn ein Vogel in einen Jetstream gerät, kann er große Entfernungen mit erstaunlicher Geschwindigkeit zurücklegen. Im Jetstream könnte ein Knutt beispielsweise mit 240 Kilometern pro Stunde wandern – also wesentlich schneller als ein Wanderfalke im Sturzflug (dieser gilt normalerweise als schnellstes Tier der Erde). Auch bestimmte Insekten profitieren von den Höhenwinden, obwohl diese Wanderstrategie gleichzeitig bei vielen Individuen zu Verletzungen, Umkommen oder Verdriftung führt. Im Jahr 1976 tauchte mitten im Atlantik westlich von St. Helena ein Distelfalterschwarm auf, der vermutlich von seinem Startpunkt in Südwestafrika etwa 3200 Kilometer verdriftet worden war.

Für die Wanderungen vieler großer Vögel – beispielsweise Adler und Bussarde oder Pelikane und Störche – ist die Thermik von größter Bedeutung. (Unter Thermik versteht man Aufwinde, die durch aufsteigende, vom aufgeheizten Boden erwärmte Luftblasen erzeugt werden.) Diese Vogelarten, so genannte Thermiksegler, lassen sich mit der Thermik kreisend nach oben tragen und müssen dabei kaum mit den Flügeln schlagen. Sobald sie das obere Ende der Thermik erreichen, gleiten sie von dort aus weiter und verlieren langsam an Höhe, bis sie zur nächsten Thermik gelangen, wo sich der Vorgang wiederholt. Dieser thermische Segelflug ist eine äußerst effektive Fortbewegungsmethode. Da sich über dem Wasser, in der Nacht oder bei kaltem Wetter jedoch keine Thermik ausbildet, sind Thermiksegler, was Zugwege und Zugzeitpunkt angeht, eingeschränkt.

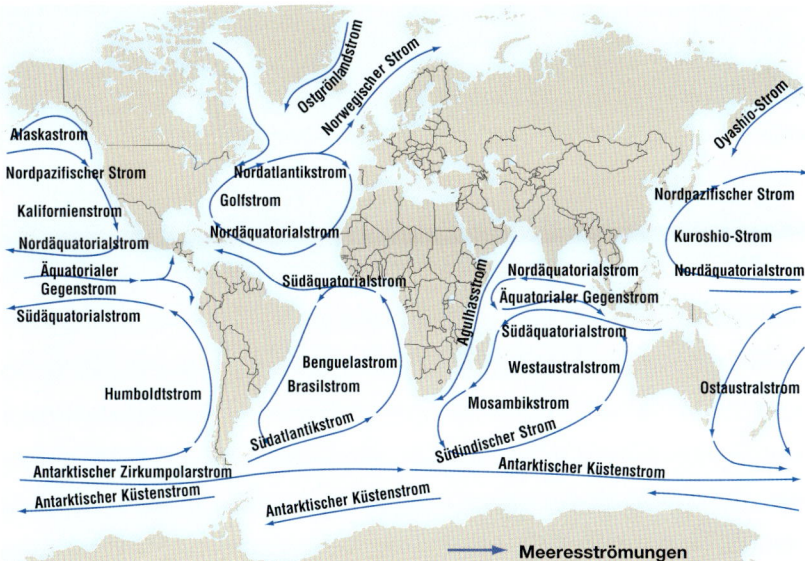

Oben Marine Wanderungen werden stark durch die Hauptmeeresströmungen beeinflusst. Deren Verlauf wird durch mehrere Faktoren bestimmt, wie vorherrschende Windrichtung, Corioliseffekt (durch die Erdrotation bedingt), Salzgehalt und Wassertemperatur sowie Topografie des Meeresbodens.

Unten Einige Zugvögel wandern mit Jetstreams. Diese Luftströmungen sind zwar unsichtbar, doch Wolkenbänder in großer Höhe geben oft einen Hinweis auf die Lage des Jetstreams.

Unterschiedliche Routen

Die meisten wandernden Tiere sind «Gewohnheitstiere» mit bewährter Routenkarte. Selten handelt es sich dabei um eine gerade Linie zwischen zwei Punkten. Der Zugverlauf ist durch die physische Gestalt von Festland und Ozean geprägt, deshalb sind Schleifenzug und Umwege um größere Hindernisse häufig, Hin- und Rückwanderung können unterschiedliche Wege nehmen.

Tierwanderungen verlaufen meistens in breiter Front – oft reicht diese Front über Hunderte von Kilometern und besteht aus vielen einzelnen Wanderströmen in derselben Richtung. Würde man das Vorankommen jedes einzelnen wandernden Tieres regelmäßig auf einer Karte aufzeichnen, so ähnelte das Muster einer Welle, die in einer langen Linie vorwärtsrollt. Auf diese Weise wandern die verschiedensten Tierarten wie äsende Huftiere, Wasservögel, Kleinvögel, Fledertiere, Schmetterlinge, Libellen und Landkrabben.

Bei einigen Arten verläuft die Wanderung jedoch in wesentlich enger begrenzten Bahnen, auf «schmaler Front». Der Schmalfrontzug ist für viele große Landvögel wie Störche, Kraniche und Greifvögel typisch. Auch Tierarten, die dem Küstenverlauf folgen, wie Grau- und Glattwale, wandern meistens auf schmaler Front und entfernen sich nur selten aus den flachen Gewässern des Kontinentalschelfs.

LEITLINIEN

Die kürzeste Route ist nicht immer die einfachste oder sicherste. Bestimmte topografische Merkmale wirken als «Leitlinien», welche die wandernden Tiere dazu veranlassen, bestimmten Wegen zu folgen – selbst wenn dies eine Reiseverlängerung bedeutet. Zu diesen Leitlinien gehören Flüsse und kleinere Wasserläufe, Seeufer, Täler, Gebirgszüge und Küstenlinien. Kleine und große Landtiere, aber auch viele Vögel oder Fluginsekten wandern entlang dieser Leitlinien, die häufig gleichzeitig ein Zughindernis darstellen: Die Rocky Mountains, die Appalachen oder die Anden sind beispielsweise deutliche Barrieren für West-Ost-Wanderungen, deshalb werden unzählige wandernde Insekten und Zugvögel längs der Gebirgsflanken in Nord-Süd-Richtung geleitet.

Auch in den Meeren gibt es Leitlinien, sie sind genauso wichtig wie diejenigen an Land, jedoch weniger offenkundig. Weißwale wenden sich nordwärts zu ihren arktischen Nahrungsgründen und folgen dabei Rinnen im Packeis, die für sie als praktische «Schnellwege» dienen. Weltweit orientieren sich Meeresschildkröten und Fische unter der Meeresoberfläche an unterseeischen Gebirgsketten und ziehen an den meeresseitigen Steilhängen von Korallenriffen entlang. Anscheinend können Haie bestimmte magnetische «Schienen» auf dem Meeresboden wahrnehmen und ihnen folgen (siehe S. 92–93).

Diese Seite Der «Schleifenzug» der Großen Sturmtaucher führt die Vögel im riesigen Rundflug um den Atlantik: von den Brutkolonien auf den Falklandinseln und Tristan da Cunha zu den Gewässern vor der nordamerikanischen Ostküste, weiter zu den europäischen Küsten und wieder südwärts.

FLYWAYS – ZUGSTRASSEN

Zugvögel orientieren sich genauso stark nach den topografischen Leitlinien der Erde wie Tiere, die über Land wandern. Routen, die für die Wanderungen durch die Luft typisch sind, werden als Zugstraßen oder Zugrouten (Flyways) bezeichnet. Auf dieser Karte sind die wichtigsten Zugstraßen für Nord- und Südamerika, Europa, Asien und Afrika eingezeichnet – sie alle werden zur Hauptzugzeit von vielen Vogelarten genutzt.

→ **Wanderrouten der Alten Welt**
→ **Südamerikanische Wanderrouten**
→ **Nordamerikanische Wanderrouten**

VERIRRT

Manchmal geht die Wanderung komplett in die falsche Richtung, und die Tiere finden sich weitab vom Ziel wieder. Vögel, Fledertiere und Insekten können bei tiefer Wolkendecke und Regen – alles Faktoren, die die Navigation erschweren, – rasch in Schwierigkeiten geraten. Im schlimmsten Falle landen sie schließlich weit außerhalb ihres normalen Verbreitungsgebiets: gelegentlich mitten im Ozean auf Schiffen oder auf Ölplattformen, manchmal sogar auf dem falschen Erdteil. Seitenwinde sind eine weitere potenzielle Gefahr: Ein leichter Seitenwind erscheint vielleicht anfangs harmlos, wenn er jedoch während des Fluges auffrischt, werden alle fliegenden Tiere unmerklich immer weiter vom Kurs abgetrieben.

Insgesamt sind die älteren, erfahreneren Individuen eher in der Lage, die mannigfaltigen Schwierigkeiten zu erkennen und zu kompensieren. Die Mehrzahl der hoffnungslos verirrten Wanderer (sogenannte Irrgäste) sind Jungtiere auf ihrer ersten Wanderung.

Besonders tragische Fälle gibt es bei Meeresschildkröten: Die frisch geschlüpften Tiere verwechseln die hell erleuchteten Diskotheken und andere Gebäude an der Küste mit dem diffusen Leuchten, das über dem Meereshorizont herrscht. Daher wenden sich die jungen Schildkröten ins Landesinnere und krabbeln ins Binnenland statt zur hell schimmernden Brandung.

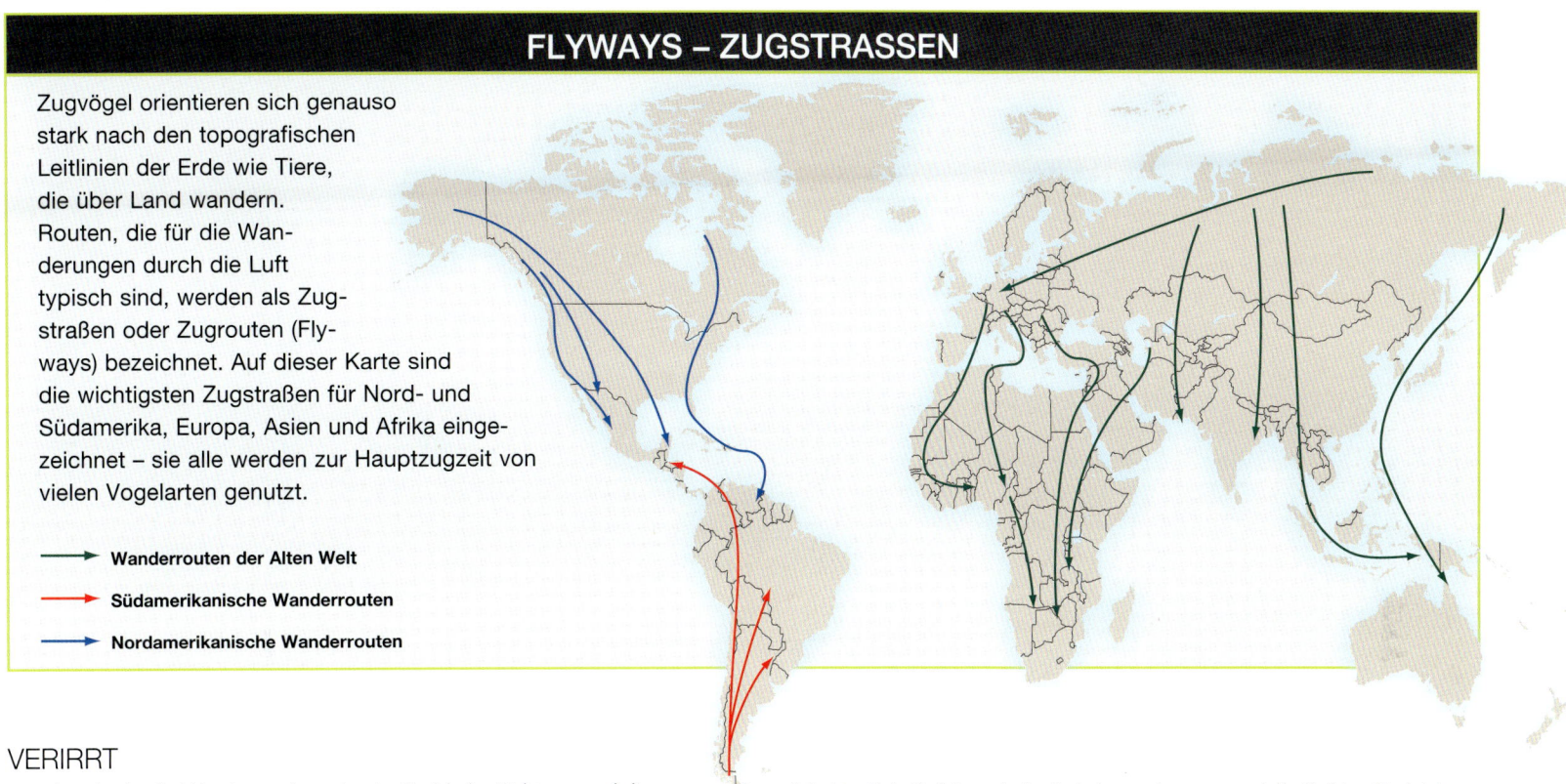

Oben Wandernde Weißwale folgen traditionellen Wegen – manchmal mehrere Hundert Kilometer lang – und nutzen auf diesen Wanderungen gerne Packeisrinnen.

ZUGSCHEIDE

Unterschiedliche Populationen einer wandernden Art haben oft ihre eigene Reiseroute – auch wenn das Endziel identisch ist. Dieses Phänomen zeigt sich am stärksten bei Arten, die um ein größeres Hindernis, wie Wüste oder Meer, herumwandern müssen. Wenn zwei Populationen (beispielsweise beim Weißstorch) unterschiedliche Routen wählen, bezeichnet man die Trennlinie zwischen ihnen als Zugscheide.

Sichtbare Anhaltspunkte

Tiere haben äußerst effiziente Navigationssysteme entwickelt, bei denen visuelle Hinweise oft eine zentrale Rolle spielen. Auf der Wanderung suchen die Tiere nach vertrauten geografischen Merkmalen, orientieren sich an der Sonne oder berücksichtigen die Bewegung der Sterne am Nachthimmel. Auf diese Weise können sie den richtigen Kurs über große Entfernungen und mit höchster Genauigkeit halten.

Orientierung – die Fähigkeit, die korrekte Richtung anhand verschiedenster äußerer Hinweise beizubehalten – ist für den Wandererfolg essenziell. Der zweite grundlegende Aspekt von Wanderungen ist die Navigation – die Fähigkeit, einen bestimmten Ort von einem anderen Ort aus genau anzupeilen. Die Kunst der Navigation ist womöglich noch komplexer und rätselhafter als die Orientierung, und es ist nicht genau bekannt, wie die unterschiedlichen Navigationssysteme bei einem wandernden Tier zusammenwirken.

AUF SUCHE NACH LANDMARKEN

Viele wandernde Tiere suchen die Landschaft für die Navigation im Nahbereich auf Landmarken ab, gewöhnlich im letzten Reiseabschnitt. Vögel, die in großer Höhe ziehen, haben einen Panoramablick auf die unter ihnen liegende Landschaft und können daher nach Bezugspunkten wie Flüssen und Küstenlinien suchen. Auf diese Weise bauen sie ein Bild ihrer Umgebung auf, an das sie sich auf dem nächsten Zug erinnern. Auch der Horizont selbst ist eine gute Erinnerungshilfe. Man konnte beispielsweise zeigen, dass Brieftauben das Ziel selten in einer direkten Linie ansteuern, sondern sich von den Kurven und Biegungen der wichtigsten topografischen Merkmale im Gebiet leiten lassen (auch von künstlichen Strukturen wie Straßen und Hochspannungsleitungen). Sogar für die Nachtzieher unter den Vögeln sind Landmarken hilfreich – Gewässer, die im Mondlicht aufscheinen, oder hell erleuchtete Städte.

Meerestiere nutzen beim Navigieren vermutlich ebenfalls ihre Kenntnisse der örtlichen Topografie. So können Robben und Wale wahrscheinlich bestimmte Merkmale des Meeresbodens wiedererkennen. Einige Meeresbiologen vermuten, dass frisch geschlüpfte Meeresschildkröten auf die unverwechselbaren Merkmale ihres Geburtsstrandes «geprägt» werden und die erwachsenen Weibchen diese Informationen auch Jahre später abrufen können, um genau diesen Strandabschnitt wiederzufinden.

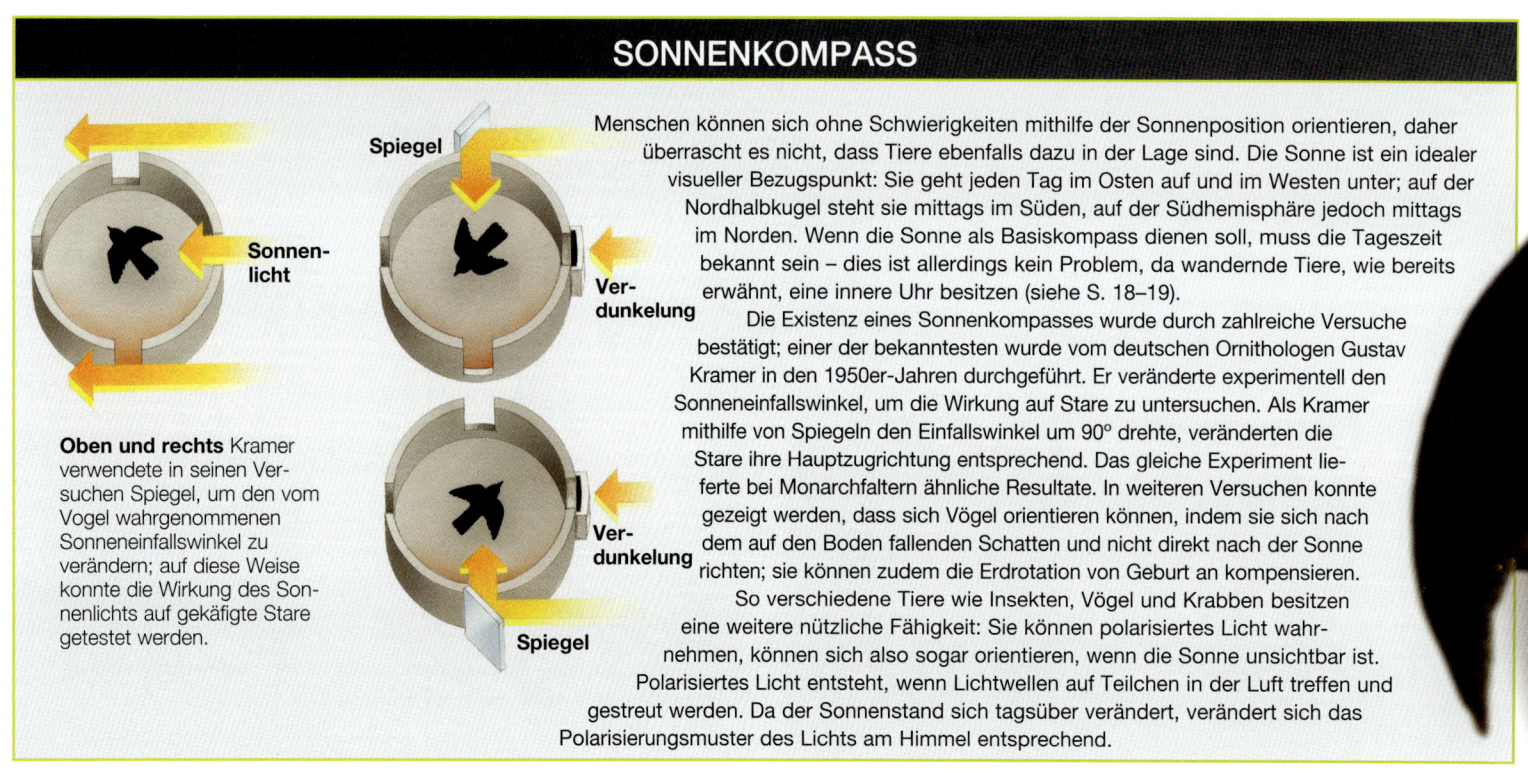

SONNENKOMPASS

Oben und rechts Kramer verwendete in seinen Versuchen Spiegel, um den vom Vogel wahrgenommenen Sonneneinfallswinkel zu verändern; auf diese Weise konnte die Wirkung des Sonnenlichts auf gekäfigte Stare getestet werden.

Menschen können sich ohne Schwierigkeiten mithilfe der Sonnenposition orientieren, daher überrascht es nicht, dass Tiere ebenfalls dazu in der Lage sind. Die Sonne ist ein idealer visueller Bezugspunkt: Sie geht jeden Tag im Osten auf und im Westen unter; auf der Nordhalbkugel steht sie mittags im Süden, auf der Südhemisphäre jedoch mittags im Norden. Wenn die Sonne als Basiskompass dienen soll, muss die Tageszeit bekannt sein – dies ist allerdings kein Problem, da wandernde Tiere, wie bereits erwähnt, eine innere Uhr besitzen (siehe S. 18–19).

Die Existenz eines Sonnenkompasses wurde durch zahlreiche Versuche bestätigt; einer der bekanntesten wurde vom deutschen Ornithologen Gustav Kramer in den 1950er-Jahren durchgeführt. Er veränderte experimentell den Sonneneinfallswinkel, um die Wirkung auf Stare zu untersuchen. Als Kramer mithilfe von Spiegeln den Einfallswinkel um 90° drehte, veränderten die Stare ihre Hauptzugrichtung entsprechend. Das gleiche Experiment lieferte bei Monarchfaltern ähnliche Resultate. In weiteren Versuchen konnte gezeigt werden, dass sich Vögel orientieren können, indem sie sich nach dem auf den Boden fallenden Schatten und nicht direkt nach der Sonne richten; sie können zudem die Erdrotation von Geburt an kompensieren.

So verschiedene Tiere wie Insekten, Vögel und Krabben besitzen eine weitere nützliche Fähigkeit: Sie können polarisiertes Licht wahrnehmen, können sich also sogar orientieren, wenn die Sonne unsichtbar ist. Polarisiertes Licht entsteht, wenn Lichtwellen auf Teilchen in der Luft treffen und gestreut werden. Da der Sonnenstand sich tagsüber verändert, verändert sich das Polarisierungsmuster des Lichts am Himmel entsprechend.

Gegenüber Vögel orientieren sich auf den Zug vorwiegend visuell – sie können sich an der Sonne, den Sternen, polarisiertem Licht und geografischen Landmarken orientieren. Das Vogelauge enthält eine besondere Struktur, den Pecten oculi; nach einer Hypothese soll diese Struktur ähnlich wie eine Sonnenuhr Schatten auf die Netzhaut werfen. Beim abgebildeten Vogel handelt es sich um einen Habicht.

STERNKOMPASS

Nur wenige Vögel, die bei Nacht ziehen, scheinen sich am Mondstand zu orientieren (tatsächlich ist Mondschein eher eine Ablenkung). Stattdessen beobachten Vögel die wechselnden Sternenmuster. Der entscheidende Faktor ist die Rotation des Nachthimmels um einen Fixpunkt; auf der Nordhalbkugel ist dies der Polarstern. Nachtzieher müssen keine einzelnen Sterne oder Sternkonstellationen erkennen können, solange sie den Rotationspunkt ausmachen können.

Der amerikanische Biologe Stephen Emlen untersuchte die Grundzüge des Sternkompasses mit gekäfigten Indigofinken in einem Planetarium. Die Vögel wurden auf einem Tintenkissen am Grund eines Papierkegels platziert, sodass sich anhand ihrer Tintenspuren die bevorzugte Hüpfrichtung erkennen ließ. Wenn die Sterne im Planetarium abgedeckt wurden, waren die Vögel desorientiert und hüpften ziellos umher. Wenn jedoch ein echter Sternenhimmel projiziert wurde, machten sie rasch den Polarstern aus und nutzten ihn, um Norden zu finden. Wenn der gesamte Himmel gedreht wurde, konnten die Vögel immer noch nach Norden fliegen; dies beweist, dass sie sich an der Sternenbewegung und nicht an der Sternposition am Himmel orientieren.

Über die Orientierung von Fledertieren ist weniger bekannt; die Große Braune Fledermaus und bestimmte andere Arten nutzen jedoch nachweislich das Abendrot nach Sonnenuntergang, um zu ihren Schlafhöhlen heimzufinden.

Links Emlen projizierte eine bewegliche Sternkarte in einem Planetarium, um die bevorzugte Flugrichtung wandernder Indigofinken zu ermitteln.

wahrer Himmel
Polarstern

Himmel um 90° gedreht

bewölkter Himmel

Unsichtbare Erkennungshilfen

Alle wandernden Tiere verfügen über ein bestimmtes Repertoire von Orientierungsmechanismen, deren Auslöser für den Menschen oft nicht wahrnehmbar sind. Einige Arten finden ihren Weg durch Geruch, Geschmack oder Laute (Schall). Andere analysieren Veränderungen in der Wasserzusammensetzung oder im Erdmagnetfeld.

Es erscheint unglaublich, dass Tiere sich eine Route schlicht «erschnüffeln» können, doch sehr viele wandernde Tierarten nutzen tatsächlich ihren Geruchssinn zur Orientierung. Gnus laufen mit gesenktem Kopf, um einer Pheromonspur durch das Gras zu folgen, die von Duftdrüsen im Fußbereich weiter vorne wandernder Tiere abgegeben wird. Meeresschildkröten nähern sich ihren Legeständen immer gegen den Wind, um sich vom typischen Landgeruch zum Strand leiten zu lassen. Sogar Vögel, die verglichen mit anderen Tieren einen relativ schlechten Geruchssinn besitzen, orientieren sich auf diese Weise: Bei Versuchen mit Brieftauben konnte man zeigen, dass diese den Geruch ihrer eigenen Nachbarschaft wiedererkennen. Man vermutet ferner, dass Seevögel wie Sturmtaucher und Sturmvögel im wahrsten Sinne des Wortes ihrer Nase folgen und sich an Gerüchen orientieren, die von Upwellings im Meer oder ihren streng riechenden Brutkolonien in Steilfelsen ausgehen.

Oben Insektenfressende Fledermäuse wie diese Kleine Braune Fledermaus aus Nordamerika nutzen die Echoortung vermutlich zur Navigation, aber auch zur Nahrungssuche.

Im Wasser lebende Tiere und vor allem Fische besitzen besonders empfindliche Geruchsorgane, die bei der Orientierung eine wichtige Rolle spielen. Wandernde Lachse können bereits auf hoher See die Mündung ihres Geburtsflusses lokalisieren, indem sie die wechselnden Salzkonzentrationen im Meerwasser ständig überprüfen; sie folgen einem Geruchsgradienten. Sobald sie in ihrem Heimatfluss sind, schwimmen sie mithilfe derselben Technik flussaufwärts zu den Laichgründen. Wale können möglicherweise die chemischen Signaturen verschiedener Meeresgebiete unterscheiden und gute Nahrungsgründe vielleicht schon anhand der Geruchs- beziehungsweise Geschmacksspuren von Planktonblüten aus der Ferne ausmachen.

SCHALL

Eine Wanderung ist häufig mit viel Lärm verbunden. Zum einen liegt dies daran, dass Tiergruppen unterwegs miteinander kommunizieren müssen, um zusammenzubleiben. Man nimmt zweitens an, dass der Schall selbst – zumindest über kurze Entfernungen – zur Orientierung dient. Vermutlich existieren zwei Hauptformen der Schallorientierung: Die einfachste, die sogenannte Phonotaxis, umfasst die Fähigkeit, Schallquellen genau zu lokalisieren. Diese ist für Frösche und Kröten typisch, die vornehmlich nachts durch die lauten Rufe der Artgenossen zum Laichgewässer gelockt werden. Bei der zweiten Form, der Echoortung, werden Schallpulse ausgesandt, und anhand des reflektierten Echos können sich die Tiere ein genaues Bild ihrer Umgebung machen. Unbestrittene Meister der Echoortung sind die insektenfressenden Fledermäuse (Unterordnung Microchiroptera) und die Zahnwale (Unterordnung Odontoceti), zu denen beispielsweise die Pottwale, Delfine und Schweinswale gehören.

Fledermäuse können nur Objekte ausmachen, die sich innerhalb der Echodistanz von etwa 100 Meter befinden – wenn Echoortung also ihre einzige Orientierungsmethode wäre, müssten sie dazu fähig sein, eine ganze Folge akustischer «Wegweiser» längs der Wanderroute in Erinnerung zu behalten. Daher ist es wahrscheinlich, dass Fledermäuse die Echoorientierung mit visuellen Hinweisen und einem Magnetkompass kombinieren. Die Rufe der Wale können sich dagegen unter Wasser über Hunderte von Kilometern fortpflanzen, und werden möglicherweise zur Langstreckennavigation eingesetzt: Man hat nachgewiesen, dass Pottwalverbände ihre extrem lauten Rufe wiederholt gegen den Kontinentalschelf gerichtet haben; nach einer Hypothese setzen sie diese Lautäußerungen ein, um den Verlauf ihrer Wanderungen zu kontrollieren.

Auch Umweltgeräusche spielen vielleicht eine Rolle bei der Orientierung. Da viele Vogel- und Säugerarten tiefe Frequenzen, die sich sehr weit fortpflanzen, wahrnehmen können, wäre es möglich, dass sie akustische Fernsignale, wie Wellen am Strand oder Wind in den Bergen, hören können. Schlüssige Beweise für diese Theorie gibt es jedoch noch nicht.

RÄTSELHAFTE KRÄFTE

Vielleicht wird man eines Tages nachweisen können, dass neben dem Magnetismus weitere geophysikalische Kräfte Tieren helfen, ihren Wanderweg einzuhalten. Hierzu zählen die Schwerkraft, die Corioliskraft, die bei der Erdrotation entsteht, sowie der atmosphärische Druck, der, wie erwähnt, Vögeln Hinweise zum besten Abflugtermin liefert. Es muss allerdings noch wissenschaftlich gezeigt werden, dass Tiere irgendeine dieser Kräfte als Orientierungshilfe nutzen.

MAGNETISMUS

Die Erde verhält sich wie ein riesiger Magnet mit einem ringförmigen Magnetfeld; dieses besteht aus elliptischen Feldlinien, die zwischen magnetischem Nord- und Südpol verlaufen. Seit Langem vermutete man, dass der Erdmagnetismus wandernde Tiere bei der Navigation unterstützt, doch die Existenz eines Magnetkompasses wurde experimentell erst in den 1960er-Jahren bewiesen. Damals setzten die deutschen Ornithologen Friedrich Wilhelm Merkel und Wolfgang Wiltschko Rotkehlchen in Käfige, die von elektrischen Spulen umgeben waren, mit denen sich das Magnetfeld gezielt variieren ließ. Wenn das Magnetfeld so verändert wurde, dass der magnetische Norden scheinbar in einer anderen Richtung lag, passten die Rotkehlchen ihre bevorzugte Flugrichtung entsprechend an. In weiteren Untersuchungen wurde gezeigt, dass die Rotkehlchen den wechselnden Winkel der magnetischen Feldlinien wahrnehmen und damit ermitteln konnten, über welchen Teil der Erdoberfläche sie gerade flogen.

Nicht nur Vögel besitzen einen Magnetkompass. Auch Schmetterlinge, Salamander und Molche, Hummer, Fledertiere, Wale, Meeresschildkröten sowie Haie verfügen darüber. Der Magnetsinn ist im Tierreich tatsächlich weit verbreitet – der Mensch fällt eher aus der Reihe, da er sich nicht auf diese Weise orientieren kann. Bisher ist noch nicht aufgeklärt, wie dieser Kompass funktioniert, obwohl der aktive Bestandteil vermutlich Magnetit ist. Charles Walcott und Kollegen machten 1979 die sensationelle Entdeckung, dass im Kopf von Brieftauben Magnetit enthalten ist; seither wurden auch in vielen weiteren wandernden Tieren winzige Magnetitmengen nachgewiesen – kürzlich erst im Körper von Monarchfaltern.

Der Vorteil des Magnetkompasses liegt darin, dass er von Wolkenbedeckung oder wechselnder Tageslänge unabhängig ist. Er kann jedoch bei heftigen elektromagnetischen Stürmen und bei Sonnenfleckenaktivität versagen. Anscheinend existiert eine Verbindung zwischen Sonnenflecken und Massenstrandungen von Pottwalen, was nahelegt, dass ihr Magnetkompass gestört war.

SUPERSINNE DER HAIE

Stimmt es, dass Haie geistlose Killer sind? Es wäre zutreffender, sie als schwimmende Computer zu bezeichnen. Haie besitzen im Verhältnis zur Körpergröße ein viel größeres Gehirn als die meisten anderen Fische und verarbeiten pausenlos einen Informationsstrom von Umweltdaten. Dank ihrer Fähigkeit, geringe Veränderungen von Temperatur, Salzgehalt und chemischer Zusammensetzung des Wassers wahrzunehmen, wie auch Wellen- und Strömungsmuster zu «lesen» und Magnetadern im Meeresboden zu erkennen, können Haie ihre Ortsbewegungen außerordentlich präzise regeln.

Per Satellitentelemetrie wurden bei vielen Haiarten bisher unbekannte Wanderungen nachgewiesen: Weißhaie überqueren beispielsweise regelmäßig die Ozeane, Riesenhaie ziehen von britischen bis in kanadische Gewässer.

Unten Der zu Unrecht in den Medien verschriene Weißhai sollte wegen seiner Wanderfähigkeiten eher bewundert werden. Wie andere Haie zeigen diese Nomaden der Meere erstaunliche Sinnesleistungen.

Kognitive Landkarten

Das Erstaunliche an Tierwanderungen ist, dass sie instinktiv verlaufen. Im Gehirn eines wandernden Tieres ist ein fest installiertes Programm vorgegeben, welches das Tier anweist, sich zu einem bestimmten Zeitpunkt auf bestimmte Weise in eine bestimmte Richtung aufzumachen. Selbstverständlich gibt es Ausnahmen, doch in der Regel werden die meisten Arten als Wanderer geboren und ererben von ihren Eltern einen Satz Anleitungen, der sie schließlich dazu befähigt, die vorprogrammierte Wanderung auch auszuführen.

Früher nahm man an, dass Wanderungen im Wesentlichen das Produkt aus Praxis und Erfahrung sind. Mit dieser Theorie ließ sich jedoch nicht befriedigend erklären, wie Jungtiere, die von ihren Eltern allein gelassen wurden, die Wanderung ohne Hilfe bewältigen können. Die meisten Zugvogelarten sind beispielsweise in der Lage, die erste Wanderung ohne Unterstützung der Eltern zu bewerkstelligen. Dies gilt ebenso für zahlreiche andere Tierarten, die ihre Elterntiere zum Teil niemals treffen.

Mittlerweile ist es akzeptiert, dass Wanderungen ein Beispiel für genetisch prädisponiertes Verhalten sind. Sie werden durch komplexe innere Antriebe kontrolliert, die von einer Generation zur nächsten weitergegeben werden. Dies schließt aber nicht aus, dass einzelne wandernde Individuen im Lauf ihres Lebens aufgrund ihrer Erfahrung dazulernen – wie zu erwarten, navigieren die älteren Wanderer tatsächlich am genauesten. Trotzdem dreht sich die Kerndebatte heutzutage nicht um den Gegensatz von angeborenen Eigenschaften und persönlicher Erfahrung («Nature versus Nurture»). Unabhängig davon, ob Instinkt oder Lernen wichtiger ist, beschäftigen sich neuere Forschungsansätze eher mit der Frage, wie die «innere Karte» im Gehirn der wandernden Tiere genutzt werden könnte.

KOGNITIVE LEISTUNGEN

Echte Navigation müsste *per definitionem* irgendeine Form von kognitiver Karte beinhalten; denn wenn eine Navigation stattfinden soll, muss das Tier eine Bezugsmarke besitzen, an der es die gegenwärtige Position in Relation zum angestrebten Zielort ermitteln kann. Die Wissenschaftler sind sich jedoch nicht einig, in welchem Ausmaß Tiere durch eine detaillierte Karte geleitet werden, die die Route vorgibt. Ein Teil glaubt, dass es noch ein weiteres, bisher nicht entdecktes Navigationssystem gibt. Tiere könnten sich zum Beispiel auf ein «Gradientensystem» beziehen, mit dessen Hilfe zwei veränderliche Merkmale der Erdoberfläche wiederholt miteinander verglichen werden.

Sicher ist jedoch, dass ein wanderndes Tier eine Unmenge an Informationen im Gedächtnis speichern müsste, um sein Ziel zu erreichen. Um den Reiseverlauf ständig zu aktualisieren, müsste das Tier wiederholt auf diese Datenbank zugreifen und dabei sämtliche verfügbaren visuellen und nicht-visuellen Orientierungshinweise berücksichtigen. Ist dies möglich? Wir wissen es einfach nicht. Es gibt jedoch keinen Zweifel, dass die analytischen neuronalen Fähigkeiten eines wandernden Tieres jedem tragbaren GPS-Gerät gewachsen sind. Bei Untersuchungen an ziehenden Singvögeln hat sich gezeigt, dass der Hippocampus (Hirnbereich, der für räumliche Orientierung, Lernen und Gedächtnis verantwortlich ist) bei diesen Arten größer ist als bei nahe verwandten, jedoch nicht ziehenden Arten. Reisen erweitert anscheinend wirklich den Horizont.

LEHRZEIT

Bei manchen wandernden Tierarten bleiben die Jungtiere geraume Zeit bei der Mutter oder beiden Elterntieren. Dabei lernen sie ein großes Areal kennen und bewältigen einen Wanderzyklus gemeinsam, bevor sie schließlich unabhängig werden. Dieses Verhalten ist für Gänse, Schwäne und Kraniche typisch, die im Familienverband mit beiden Elternvögeln wandern. Es kommt ferner bei verschiedenen Walarten und Huftieren vor, deren Nachkommen mit der Mutter wandern, solange sie noch gesäugt werden. Da die nächste Generation Gelegenheit hat, das etablierte Wandermuster von der Vorgängergeneration zu übernehmen, bilden diese Tiere die Ausnahme von der Regel, dass ein ausgeprägtes Wanderverhalten bereits bei der Geburt entwickelt ist.

Gegenüber Was «denkt» diese Unechte Karettschildkröte wohl, während sie ihrem Ziel entgegenschwimmt? Tatsächlich können wir niemals herausfinden, ob sie eine kognitive Karte besitzt oder wie diese funktionieren könnte.

GENETIK UND WANDERUNGEN

Der Kuckuck ist ein klassisches Untersuchungsobjekt, um die genetischen Grundlagen des Zugverhaltens zu erforschen. Der etwa taubengroße Kuckuck ist ein Brutparasit: Die Weibchen legen ihre Eier in die Nester anderer Singvögel. Obwohl die Jungkuckucke von Adoptiveltern einer anderen Art aufgezogen werden, wandern die Jungvögel im Spätsommer fast über die gleichen Routen südwärts, die ihre biologischen Eltern etwa ein zwei Monate früher eingeschlagen haben, und treffen in Ostafrika oder Südostasien auf die restlichen Artgenossen im Winterquartier. Jungkuckucke «wissen» also einfach, was sie tun müssen. Sie müssen offensichtlich einem von ihren Eltern ererbten Zugplan folgen, der auch die bevorzugte Wanderrichtung vorgibt.

Links Obwohl junge Kuckucke ihre biologischen Eltern niemals treffen, finden sie ihre Überwinterungsgebiete ohne Probleme. Dieser Jungvogel wächst im Nest eines Schilfrohrsängers auf.

Rätsel und Legenden

VEREHRUNGSWÜRDIGE VÖGEL

Nur wenige Zugvögel haben die Menschen aller Zeiten und Kulturen so inspiriert wie die Kraniche. Weltweit gelten diese eleganten, reiherähnlichen Vögel als Symbol der Hoffnung, Fruchtbarkeit, Langlebigkeit und jährlichen Erneuerung. Es ist die Wanderlust der Kraniche, die uns Menschen so fasziniert. Die meisten Kranicharten sind Langstreckenzieher und sie sind auffällig partner- und ortstreue Vögel, die Jahr für Jahr mit demselben Partner zum selben Ort zurückkehren. Diese Rückkehr wird von den Trupps mit trompetenden Rufen und eleganten Balztänzen angezeigt. In den Dörfern von Rajasthan (Nordindien) heißt man die überwinternden Jungfernkraniche mit Getreide willkommen; in 15 US-Staaten wie auch in China, Japan und Schweden gibt es Feste, die Ankunft und Durchzug der Kraniche feiern.

Unten Ziehende Trupps von Kanadakranichen haben in Nordamerika seit alters her Symbolcharakter; die trompetenden Rufe verkörpern die Rückkehr des Frühlings.

Dass Tiere wandern, fiel den Menschen zuerst in der Steinzeit auf, und diese Wanderungen erregen seitdem Neugierde, Erstaunen und sogar religiöse Verehrung. Jede Gesellschaft hat sich Mythen geschaffen, um den geheimnisvollen Ablauf dieses Naturphänomens zu erklären, und um das stete Kommen und Gehen der Tiere entwickelten sich Rituale und Feste.

Die ältesten menschlichen Zeugnisse von Tierwanderungen sind Felszeichnungen, die Tiere auf dem Weg durch die afrikanische Savanne zeigen. Einige der Bilder auf Höhlenwänden und Felsüberhängen sind mindestens 20 000 Jahre alt. Diese Kunstwerke wurden von nomadischen Jägern und Sammlern geschaffen und dienten vielleicht als Feldführer zu potenziellen Nahrungsquellen oder als visueller Hinweis auf gute Jagdgründe.

Tierwanderungen spielten auch im religiösen und im alltäglichen Leben des alten Ägyptens eine bedeutende Rolle. Das fruchtbare Niltal ist einer der wichtigsten Zugkorridore

Oben Dieser fantasievolle Holzschnitt aus Olaus Magnus Werk «Die Wunder des Nordens» von 1555 zeigt Fischer, die ein Netz mit Fischen und überwinternden Schwalben einziehen.

SÜDPAZIFISCHE ODYSSEE

Angeblich wurden mehrere Migrationsbewegungen in der Geschichte des Menschen durch wandernde Tiere ausgelöst. Dies mag sich erstaunlich anhören, könnte jedoch eine Erklärung für die Besiedlung Neuseelands liefern: Seefahrende Stämme von polynesischen Inseln im Südpazifik waren die ersten Menschen, die Neuseeland erreichten. Sie landeten dort vermutlich vor tausend Jahren mit Kanus. Wäre es möglich, dass sie durch Sichtungen von Seevögeln auf dem Zug geleitet wurden? Jedes Jahr wandern große Trupps von Sturmtauchern und Sturmvögeln von September bis November aus dem Nordpazifik südwärts zu ihren Brutgebieten rund um Neuseeland und Australien und kehren ein paar Monate später nach Norden zurück.

(Flyways) zwischen Eurasien und Subsahara-Afrika. Bereits damals wusste man, dass die immer wechselnden Wasservogelarten, die durch Ägypten zogen, mit dem Wechsel der Jahreszeiten und den verschiedenen Sonnen- und Sternkonstellationen im Lauf des Jahres zusammenhingen. In altägyptischen Grabmalereien sind über siebzig Vogelarten detailgetreu dargestellt, darunter zahlreiche Zugvögel aus dem Norden wie Kraniche, Strandläufer, Enten sowie drei Gänsearten, die in der Arktis brüten – Saatgans, Blässgans und Rothalsgans.

Auch viele andere frühe Kulturen beobachteten die Tierwanderungen genau, weil sie diese Tiere als wichtige Nahrungsquelle nutzten. Viele Indianerstämme Nordamerikas waren davon abhängig, Karibus, Bisons, Wasservögel oder Wale zum richtigen Zeitpunkt aufzustöbern, und diese Tiere spielten auch in ihren religiösen Bräuchen eine wichtige Rolle. Andernorts waren die saisonalen Wanderbewegungen von Vögeln, Wild und sogar Insekten Teil des landwirtschaftlichen Kalenders, da die Ankunft bestimmter Arten als günstiges Zeichen für Aussaat und Pflanzung galt.

AUSGEFALLENE HYPOTHESEN

Die Philosophen im alten Griechenland waren die Ersten, die eine annähernd wissenschaftliche Hypothese über das Wanderverhalten bei Tieren entwickelten, auch wenn ihre Schlussfolgerungen häufig eher ins Reich der Alchemie gehörten. Aristoteles (384–322 v. Chr.) erkannte, dass zahlreiche Vögel Zugvögel waren, doch er erklärte das plötzliche Verschwinden der Sommergäste, wie der Schwalben, Laubsänger und Grasmücken, durchaus fantasievoll damit, dass diese sich auf magische Weise in andere Vogelarten umgewandelt hätten, die dann im Winter anwesend waren. Seine Vorstellung der Transmutation hielt sich bis weit ins Mittelalter.

Noch bis ins 19. Jahrhundert waren manche Naturforscher der Auffassung, die verschwundenen Zugvögel überwinterten im Schlamm am Grund von Teichen und Seen. Das mag uns heutzutage weit hergeholt erscheinen, doch dies waren verständliche Versuche, ein sehr merkwürdiges Ereignis sinnvoll zu erklären. Frühere Naturforscher bemühten sich auch, das Rätsel zu lösen, warum erwachsene Flussaale in den Flüssen häufig waren, dort jedoch niemals Laich oder Jungfische gefunden wurden. Diese Frage wurde erst in den 1920er-Jahren beantwortet, als man die Laichgründe der Flussaale in der Sargassosee entdeckte.

WISSENSCHAFTLICHER FORTSCHRITT

Im Lauf des 18. und 19. Jahrhunderts entwickelte sich eine neue Wissenschaft, die sich mit der Erforschung der Pflanzen, Tiere und anderer Lebewesen befasste, wie auch mit den Beziehungen dieser Organismen untereinander und mit ihrer Umwelt – heute würde man dies als Ökologie bezeichnen. Carl von Linné (1707–1778), einer der Väter der Ökologie, entwickelte ein klares Klassifizierungssystem für alle Arten und bereitete damit den Weg für die systematische Verhaltensforschung an wild lebenden Tieren.

Als Botaniker und Zoologen Forschungsreisen in die ganze Welt unternahmen, um neue Arten zu entdecken und zu benennen, sammelten sie dabei auch immer mehr Informationen über die Wandermuster der Tiere. Die wirklichen Durchbrüche in dieser Disziplin fanden jedoch erst im 20. Jahrhundert statt.

Oben Felszeichnungen wie hier in Damaraland (Namibia, Afrika) sind die ältesten bekannten Darstellungen von Tierwanderungen und liefern Hinweise über die historischen Verbreitungsgebiete von wandernden Arten.

Oben Einige Mönchsgrasmücken ziehen von ihren europäischen Brutgebieten nicht mehr nach Südeuropa und Nordafrika. Man hat herausgefunden, dass diese sesshaften Mönchsgrasmücken kleinere Flügel besitzen als die ziehenden Individuen – ein Beispiel für das aktuelle Wirken der Evolution.

Herkunft

Tierwanderungen sind ein kontinuierlicher, sich ständig entwickelnder Prozess. Obwohl sich einzelne Individuen an eine vorhersehbare Route und Routine halten, verändert sich das Wandermuster einer Art mit der Zeit; dies geschieht in Reaktion auf veränderte Risiken und Chancen in ihrer Umwelt. Wanderverhalten ist nur ein Beispiel für die ständige Anpassung der Arten an ihre Umgebung, während sie um Lebensraum und Ressourcen konkurrieren.

Die Erde ist in ihrer gesamten geologischen Geschichte im Wandel begriffen, was tief greifende Konsequenzen für Tier- und Pflanzenleben hat. Die Kontinentaldrift und das damit einhergehende Auftreten neuer Küstenlinien, Landbrücken und Gebirgsketten haben die Tiere über Jahrmillionen gezwungen, ihre Wanderrouten kontinuierlich anzupassen. Diese Kräfte betreffen auch die marinen Arten. Beispielsweise waren die ausgedehnten Wanderungen der Buckelwale und Grauwale in der Vergangenheit vielleicht wesentlich kürzer, doch seither sind ihre Kaltwasser-Nahrungsgründe und Warmwasser-Wurfgebiete durch den Wandel der Meeresströmungen räumlich immer weiter getrennt worden.

Der wichtigste Faktor, der Tierwanderungen beeinflusst hat, war wohl der Eiszeitenzyklus, der den für jede Art spezifischen Lebensraum im Lauf der Zeit über die Erdoberfläche hin und her bewegt hat. Viele der Langstreckenwanderungen, die wir heute kennen, haben ihren Ursprung in der globalen Erwärmung, mit der die letzte Eiszeit vor etwa 10 000 Jahren zu Ende ging. Als mit steigenden Temperaturen die Eisdecke auf der Nordhalbkugel langsam zur Arktis nach Norden zurückwich, zog sich gleichzeitig die Tundrazone zurück, die an der Südgrenze der Eisdecke lag. Für Arten, die zur Fortpflanzung in die Tundra wanderten, wie Karibus, Strandläufer, Schwäne und Gänse, wurde die Reise zum Winterquartier im klimatisch milderen Süden mit jeder Generation etwas länger.

EVOLUTION DER TIERWANDERUNGEN

Wanderverhalten ist in der biologischen Welt nicht gleichmäßig verteilt – es entwickelt sich in bestimmten Biomen und Tiergruppen eher als in anderen. Wie bereits erwähnt, sind echte Wanderungen bei Primaten selten (siehe S. 14–15), obwohl es 230 rezente Primatenarten gibt. Dasselbe gilt für Papageien: Von den 350 bekannten Arten unternehmen nur wenige lange saisonale Wanderungen, und nur zwei Arten fliegen auf dem Zug regelmäßig über das Meer. Dies ist jedoch kaum erstaunlich, da Primaten und Papageien bevorzugt in tropischen Regenwäldern leben, wo die konstant hohen Temperaturen und der viele Regen

Oben Pottwale gehören zu den Zahnwalen und erbeuten Tintenfische. Die Art hat mit der Zeit ein besonderes Wanderverhalten entwickelt: Nur die großen Bullen wandern über weite Strecken, während Weibchen und Kälber ganzjährig in den Tropen bleiben.

zu einem ganzjährig üppigen Pflanzenwuchs führen und daher wenig Anlass zum Wegziehen besteht.

Im tropischen Grasland gehört der regelmäßige Wechsel zwischen Trocken- und Regenzeit mit Klimaextremen dagegen zum Jahreszyklus. Daher findet das Pflanzenwachstum in Schüben statt, und in der Zwischenzeit ist in der braungelben, vertrockneten Landschaft kaum Nahrung zu finden. Die dominanten Tiergruppen der Savannenbiome sind Herbivoren (Pflanzenfresser), insbesondere Paarhufer (Artiodactyla) – es ist kein Zufall, dass die meisten Mitglieder dieser großen Säugetierordnung eine obligat wandernde oder nomadische Lebensweise haben.

ALLMÄHLICHER WANDEL

Die genetische Grundlage des Wanderverhaltens bedeutet, dass es sich wie eine ererbte Eigenschaft durch natürliche Selektion nach und nach entwickelt. Das «eingebaute Wanderprogramm» jeder Art passt sich allmählich über aufeinanderfolgende Generationen an, sodass sich die Überlebenschancen verbessern. Die Veränderung verläuft für uns gewöhnlich fast unmerklich. Manchmal erfolgt der Wandel jedoch sehr rasch, sogar innerhalb eines Menschenlebens.

Ein bemerkenswerter Fall ist der Zug der Mönchsgrasmücke, einer kleinen insektenfressenden Singvogelart; sie brütet in Waldgebieten in Europa und Westasien und überwintert in Südeuropa und Subsahara-Afrika. Seit den 1970er-Jahren bleiben jedoch immer mehr Mönchsgrasmücken da und überwintern in Südengland – zweifellos aufgrund der wärmeren Witterung. Vermutlich kam es

RÄTSELHAFTE WALE

Es bleibt eines der größten Rätsel der Tierwanderungen, warum die meisten Bartenwale zum Werfen in die Tropen schwimmen, obwohl diese Gewässer für die planktonfressenden Großsäuger Nahrungswüsten sind. Es wäre doch sicher sinnvoller, ganzjährig in den nährstoffreichen Polarmeeren zu bleiben. Grönlandwale verbringen tatsächlich ihr ganzes Leben in den produktiven arktischen Meeren. Vielleicht haben andere Bartenwalarten vor Jahrtausenden begonnen, in die südlicheren Gewässer zu ziehen, da sie dort einen besseren Fortpflanzungserfolg hatten. Die trächtigen Weibchen benötigen zum Werfen ruhige, geschützte Küstenabschnitte, die sich in den Tropen eher finden. Zudem lauern dort weniger Große Schwertwale, und die flachen Tropengewässer sind warm und sehr salzhaltig; damit sind sie eine ideale Kinderstube für neugeborene Walkälber, denen die dicke Blubberschicht und damit Isolierung und Auftrieb noch fehlen.

anfangs zufällig zu diesem Standvogel-Verhalten, als einige Individuen nicht in der üblichen Art wegzogen. Mittlerweile hat es sich jedoch bei einer Teilpopulation der Mönchsgrasmücken fest etabliert: Denn so entfällt die Anstrengung der Wanderung und damit steigen die Überlebensaussichten. Diese Population könnte sich langfristig zu einer eigenen Art entwickeln.

Untersuchung von Tierwanderungen

Unser Verständnis von Tierwanderungen hat sich in den letzten Jahren sehr verbessert. Dank ausgefeilter Sender und Datenaufzeichnungsgeräte können wir mittlerweile sogar die Wanderungen von kleinen, fragilen Tieren wie Libellen detailliert nachvollziehen. Neue Analysemethoden gewähren den Wissenschaftlern sogar einen detaillierten Einblick in die Körperfunktionen der wandernden Tiere selbst.

Bis zum frühen 20. Jahrhundert waren es vor allem Walfänger und Großwildjäger oder Sammler für Naturkundemuseen, die Erkenntnisse über das Wanderverhalten der Tiere zusammentrugen. Als sich in den 1940er- und 1950er-Jahren jedoch die Identifizierungsmöglichkeiten im Feld und die Qualität der optischen Geräte verbesserten, konnten Naturforscher Tiere während der Wanderung selbst systematisch untersuchen. Auf Inseln, Landspitzen und an anderen markanten Schwerpunkten des Vogelzuges wurden Beobachtungsstationen errichtet, um das Zuggeschehen zu verfolgen. Heutzutage, im Zeitalter der Online-Erhebungen, werden die Sichtungen von Scharen begeisterter Beobachter ständig aktualisiert, sodass ein detailliertes Bild der Tierwanderungen in Echtzeit entsteht.

Um aktuelle Wanderungen aus der Luft zu verfolgen, nutzen die Forscher diverse Fluggeräte von Ultraleichtfliegern oder Heißluftballons bis zu Leichtflugzeugen. Bestandsaufnahmen aus der Luft sind geeignet, um schwer fassbare Arten mit großem Verbreitungsgebiet zu zählen – insbesondere die Pflanzenfresserarten im Grasland und die großen Meereswanderer wie Blauwale, Walhaie und Lederschildkröten. Wenn ein repräsentatives Gebiet erfasst werden soll, patrouillieren die Erkundungsflugzeuge in etwa 150 Meter Höhe längs bestimmter Linien.

MARKIEREN VON INDIVIDUEN

Zu den einfachsten Methoden, um wandernde Tiere zu untersuchen, zählt die Markierung einzelner Individuen, anhand derer sie später wiederzuerkennen sind. Anschließend kann man die Sichtungsorte durch gerade Linien verbinden und sich so ein Bild von den Wanderbewegungen machen. Diese Methode wurde 1899 vom dänischen Lehrer Hans Christian Mortensen eingesetzt, der die «Vogelberingung» erfand: In verschiedenen Starennestern beringte er die Nestjungen, indem er einen Aluminiumring mit fortlaufender Seriennummer und Rücksendeadresse am Bein befestigte. Jeder, der einen seiner Vögel fand, konnte ihm Einzelheiten zu Fundort und Datum mitteilen.

CHEMISCHE ANALYSE

Die Isotopenanalyse zählt zu den neuesten Methoden der Zugforschung: Dabei misst man beispielsweise die Menge des Deuteriums (eines stabilen Wasserstoffisotops). Die Deuteriumkonzentration im Gefieder eines wandernden Singvogels entspricht der Deuteriumkonzentration in der Vegetation des Brutgebiets und dient damit als Indikator für die geografische Herkunft des Vogels. Mit dieser Technik konnte bei in Mexiko überwinternden Monarchfaltern auch der Schlüpfplatz einzelner Individuen bestimmt werden.

Seit 1899 sind weltweit schätzungsweise über 200 Millionen Vögel beringt worden, doch der Anteil der «Wiederfunde» ist gering (Wiederfunde umfassen wiedergefangene oder abgeschossene Exemplare sowie Totfunde). Aber selbst eine Wiederfundrate von 1 zu 300, wie sie für Kleinvögel typisch ist, ermöglicht wertvolle Erkenntnisse über die Zugziele. Als Alternative zur Beringung kann man Farbmarkierungen oder Plastikmarkierungen an Hals oder Rücken anbringen – dies wird genauso effektiv auch bei Säugetieren praktiziert. Für die Flossen von Meeresschildkröten sind spezielle «Plomben» entwickelt worden. Sogar Insekten wurden erfolgreich markiert, indem man zum Beispiel die Flügel von Monarchfaltern farbig markierte oder winzige Schildchen anbrachte.

RADIO- UND SATELLITENTELEMETRIE

Durch die rasche Entwicklung des Radars nach dem Zweiten Weltkrieg ließen sich die Wanderbewegungen zum ersten Mal in Echtzeit aufzeichnen. Die Radar-Beobachter waren anfangs durch die Störsignale auf dem Radarschirm verwirrt (und bezeichneten diese Störsignale als «Engel»), doch sie erkannten bald, dass diese Muster durch Vogelschwärme verursacht wurden. Moderne Radargeräte haben eine so hohe Auflösung, dass sie Flughöhe, Geschwindigkeit und Flügelschlag einzelner Vögel oder Fledertiere erkennen können. Mit den entsprechenden Unterwassergeräten (Sonaren) lassen sich die Wanderungen von Fischschwärmen verfolgen.

Oben Ein Pop-up Archival Tag (PAT) für Großfische; das Gerät übermittelt zum programmierten Zeitpunkt Daten zu Standort, Tiefe, Lichtverhältnissen und Temperatur in der Umgebung des Fisches an ein Satellitensystem.

In den letzten Jahrzehnten wurde die Erforschung der Tierwanderungen durch die Satellitentelemetrie verbessert. Bei dieser satellitengestützten Ortung werden die wandernden Tiere mit einem sogenannten Platform Transmitter Terminal (PTT) versehen, einem Gerät, das in festgelegten Intervallen Signale an bestimmte Satelliten in der Erdumlaufbahn sendet, die diese Information dann an Computer in der Bodenstation weiterleiten. Seit den 1990er-Jahren sind die Transmitter (Sender) immer kleiner und leichter geworden, dazu die Batterien langlebiger und das Signal stärker (und damit die Reichweite größer), sodass die

Wanderungen der Tiere mittlerweile über Monate verfolgt werden können. Die neuesten Sender sind sehr vielgestaltig und können beispielsweise in Form von Halsbändern, Pfeilen, Fußringen und anderen mehr am Tier fixiert werden; bei Insekten werden sogar Miniatursender auf den Thorax geklebt. Diese Sender liefern nicht nur Daten über Wanderbewegungen und Umwelt, sondern auch über Körperfunktionen des Tieres.

Neben den Ortungssendern gibt es Geräte zur Langzeit-Datenspeicherung, die gewöhnlich bei Fischen eingesetzt werden. Zum Ablesen müssen die Tiere allerdings wieder eingefangen und aufgeschnitten werden. Als Alternative bieten sich so genannte Pop-up Archival Tags (PATs) an, die derart programmiert sind, dass sie sich zum festgelegten Zeitpunkt vom Tier loslösen, zur Wasseroberfläche aufsteigen und von dort ihre gespeicherten Daten per Satellit übermitteln – das PAT selbst muss also nicht wiedergefunden werden.

DUNKLEN STURMTAUCHERN AUF DER SPUR

Im Jahr 2005 setzte man satellitengestützte Sender ein, um die Zerstreuungswanderungen bei einem der weltweit häufigsten Seevögel, dem Dunklen Sturmtaucher, zu untersuchen. Neunzehn Sturmtaucher wurden am Brutplatz in Neuseeland mit den Sendern ausgerüstet und anschließend auf ihrem Weg über den Pazifik verfolgt, der sie in einer Rundwanderung (Schleifenzug) über den Äquator bis nach Japan, zur Kamtschatka-Halbinsel (Russland) und nach Alaska führte. Jeder Sender übermittelte die Positionsdaten für den jeweiligen Vogel sowie die Tiefe der Tauchgänge und die Umgebungstemperatur.

Karte A (unten) zeigt die verschiedenen Wege, welche die Sturmtaucher im Lauf von 222 bis 313 Tagen wählten: Die hellblauen Linien stehen für Nahrungsflüge während der Brutzeit, Gelb zeigt die Flugwege zu Beginn des Wegzugs nach Norden, Orange steht für Flugbewegungen im Winterquartier und den anschließenden Rückzug nach Süden. Die **Karten B–D** zeigen die vollständigen Zugwege einiger verpaarter Vögel in der Stichprobe. Auffällig ist, dass der Zug in Form einer Acht verläuft, und die Vögel sich im Zentralpazifik an einen schmalen Korridor halten – vermutlich, um globale Windzirkulationsmuster auszunutzen.

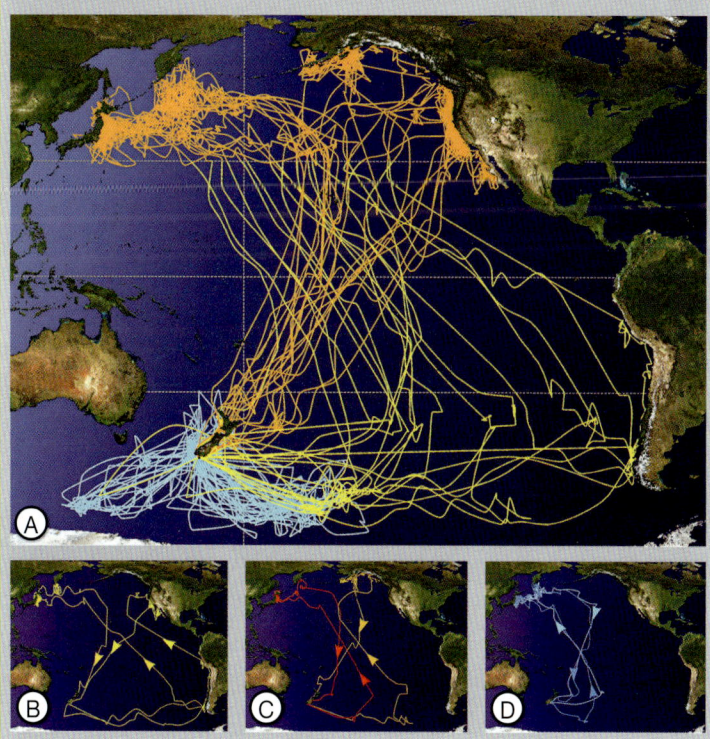

Links oben Vögel werden der Einfachheit halber gewöhnlich als Nestjunge beringt, doch man kann sie auch auf dem Zug mit verschiedenen ungefährlichen Methoden fangen, so wie hier im dünnen, kaum sichtbaren Japannetzen.

Links unten Dieses junge Karibu trägt ein sogenanntes Geolocating-Halsband, das Signale aussendet, mit deren Hilfe sich das Tier aufspüren lässt. Da die großen Zahlen von Weitem mit dem Fernglas abgelesen werden können, wird das Tier dabei kaum gestört.

Wachsende Gefahren

Seit Jahrtausenden wandern viele Tierarten und haben trotz aller Gefahren auf dem Zug bis heute überlebt. Der Mensch hat diesen biologischen Status quo jedoch innerhalb kürzester Zeit nachhaltig gestört, weil er die Risiken für wandernde Tiere stark erhöht hat. Tiere müssen heutzutage nicht nur mit einem immensen Jagd- und Fischereidruck zurechtkommen, sondern ebenso mit unzähligen menschgemachten Hindernissen und einer ungezügelten Habitatzerstörung.

Zu den ältesten Formen, mit denen der Mensch in Wildtierbestände eingreift, gehört die Jagd; in den letzten 200 bis 250 Jahren hat sich jedoch das Ausmaß, was Gefährdung und Anzahl der bedrohten Arten angeht, enorm erhöht. Viele Arten der heute lebenden Megafauna, wie Elefanten, Nashörner, Bisons und Wale, hätten es beinahe nicht bis in die zweite Hälfte des 20. Jahrhunderts geschafft. Die Kapitäne der Walfänger wetteiferten miteinander um die höchsten Fangmengen. Großwildjäger glaubten an eine «unerschöpfliche» Jagdbeute und brüsteten sich mit riesigen Jagdstrecken auf ihren Safaris; so listet eine einzige Seite im Jagdtagebuch eines südafrikanischen Wildhüters 1908 den Abschuss von 996 Nashörnern auf!

Auch kleinere Tierarten blieben nicht verschont. Auf den Ebenen des südlichen Afrikas übertrafen die Massenwanderungen der Springböcke früher die Wanderungen der Gnus in Ostafrika – bis die weißen Siedler so viele Springböcke abschossen, dass das «Trekbokken» (Bezeichnung der Springbockwanderung auf Afrikaans) verschwand. Heutzutage existiert es fast nur noch als volkstümliche Erinnerung. Springbockherden, die früher Millionen Tiere zählten, bestehen heutzutage meistens aus ein paar Hundert Tieren.

Wir sollten es im 21. Jahrhundert besser wissen, doch das Abschlachten geht weiter. Hier eine Liste von wandernden Tierarten, die zurzeit durch Überjagung beziehungsweise Überfischung bedroht sind: die meisten Thunfischarten, Störarten und Haie sowie Kabeljau (Dorsch) und mehrere verwandte Arten in der Ordnung der Dorschartigen, ferner sechs der insgesamt sieben Meeresschildkrötenarten, dazu zahlreiche Federwild- und Wasservogelarten, schließlich asiatische Antilopen wie Saiga und Tschiru. Manchmal werden die Opfer gar nicht absichtlich getötet – pro Jahr sterben zum Beispiel schätzungsweise 100 000 Albatrosse durch die Fischerei mit Langleinen, die eigentlich zum Thunfischfang bestimmt sind: also alle fünf Minuten ein Albatros!

Links Von den weltweit 1,5 Milliarden Hektar landwirtschaftlicher Nutzfläche ist ein großer Teil von Monokulturen bedeckt – sterile, gesichtslose Landschaften, die für wandernde Tiere so gut wie nutzlos sind.

WACHSENDE GEFAHREN

Links An Hochspannungsleitungen kommen zahllose Vögel um, insbesondere große, langsam fliegende Arten wie Störche und Greifvögel. Die Elektrizitätswerke werden zunehmend für diese tödliche Situation zur Rechenschaft gezogen, und man führt die Oberlandleitungen jetzt nicht mehr an den wichtigsten Zugwegen entlang.

KÜNSTLICHE HINDERNISSE

In unserer zunehmend beengten Welt sind Naturräume zur Mangelware geworden, und so gibt es immer weniger Raum für ungehinderte Tierwanderungen. An Land finden Tiere, vom großen Elefanten bis zur kleinen Kröte, ihre traditionellen Routen durch Zäune, Autobahnen und Verstädterung versperrt. Kein Gebiet ist ausgenommen – sogar entlegene Landstriche in der Hocharktis werden immer stärker von Öl- und Erdgaspipelines durchschnitten; betroffen sind hier die traditionellen Wanderwege der Karibus. In der Luft müssen Zugvögel mit tödlichen Hochspannungsleitungen fertig werden oder den blinkenden Windradparks ausweichen, die auf Bergrücken und in Küstengewässern emporgeschossen sind.

Immer mehr zeigt sich, dass Telefonmasten sowie Radio- und Fernsehtürme eine zusätzliche Gefahr darstellen: Die blinkende Lichter und die von ihnen ausgehenden magnetische Strahlung beeinträchtigen bei Vögeln anscheinend die Navigierfähigkeit. Wie Untersuchungen an Bobolinks (*Dolichonyx oryzivorus*, einem kleinen Neuwelt-Stärling) gezeigt haben, lassen sich diese Nachtzieher durch rote Lichter desselben Typs wie auf Sendetürmen verwirren und fliegen direkt in sie hinein. Dies könnte ein massives Problem sein – wie eine Bestandsaufnahme in den USA befürchten lässt, kommen alleine dort möglicherweise drei bis vier Millionen Vögel pro Jahr durch Sendetürme um.

ZERSTÜCKELTE LANDSCHAFTEN

Wandernde Tiere zählen häufig zu den bedrohten Arten – einer der Gründe ist die Tatsache, dass diese Tiere Wanderkorridore mit geeigneten Habitaten benötigen, um von einem Teil des Verbreitungsgebiets in einen anderen wechseln zu können. Auf lokaler Ebene können die Wanderkorridore bereits einer kleinen Maßnahme wie dem Beseitigen eines Waldes, Teichs, Wassergrabens oder einer Wiese zum Opfer fallen. Auf übergeordneter regionaler Ebene werden saisonale Habitate (in denen die Tiere sich nur zeitweilig aufhalten) zurzeit massenweise für neue Nutzungsformen zerstört. Weltweit sind bereits 35 Prozent der Landfläche in Agrarland umgewandelt worden. Ungefähr ein weiteres Drittel wird als verstädtert eingestuft. Flüsse wurden gestaut, begradigt und trockengelegt. Heutzutage findet eine der größten ökologischen Veränderungen in der Geschichte der Erde statt, und die wandernden Tiere, insbesondere die Säugetiere, sehen sich riesigen Sperrgebieten gegenüber.

Da die meisten Nationalparks und Schutzgebiete lange bevor die Lage von wichtigen Wanderkorridoren bekannt war, geplant und eingerichtet wurden, wurden diese nicht berücksichtigt. Ein zufälliger Flickenteppich aus kleinen isolierten Schutzgebieten reicht nicht aus – was wir brauchen, ist ein zusammenhängendes Netzwerk von Schutzflächen, die sowohl in Privathand als auch öffentliches Eigentum sind. Nur eine globale Herangehensweise an den Naturschutz kann wandernde Arten schützen, die internationale und regionale Grenzen überschreiten.

ENDGÜLTIG AUSGEROTTET

Das Schicksal der Wandertaube (*Ectopistes migratorius*), deren letzte frei lebende Exemplare bis 1901 abgeschossen oder vergiftet worden waren, ist ein tragisches Beispiel dafür, dass sogar häufige Arten ausgerottet werden können. Wandertauben brüteten in dichten, großen Kolonien in den Wäldern der östlichen USA und Südkanadas und zogen nach der Brut zum Überwintern in die Südstaaten und nach Mexiko. Auf ihrer Wanderung durch den Mittleren Westen bildeten sie vermutlich die größten je gesehenen Vogelansammlungen – angeblich waren manche Schwärme bis zu 1,6 Kilometer breit und 500 Kilometer lang! Doch die wandernden Tauben wurden in einem solchen Ausmaß abgeschlachtet, um Fleisch oder Dünger zu gewinnen, die Ernte auf dem Feld zu schützen oder einfach «als Sport», dass zum Schluss das Unvorstellbare passierte und die letzte Wandertaube 1914 im Zoo von Cincinnati starb. Das Verschwinden dieser Art zeigt beispielhaft, dass Arten, die sich nur an wenigen Orten versammeln, durch Bejagung gefährdet sind.

Oben Die Wandertaube war einst der häufigste Vogel in Nordamerika, wurde jedoch innerhalb weniger Jahrzehnte ausgerottet – eine Warnung, das Überleben wandernder Tierarten niemals als selbstverständlich anzusehen.

Oben Der Dreischluchtendamm (Provinz Hubei, China) staut den Jangtsekiang auf und ist der größte seiner Art – er wurde zum Symbol rücksichtsloser Umweltzerstörung durch maßlose Wasserkraftprojekte.

Unten Die Olive Bastardschildkröte ist heute in größerer Bedrängnis als je in ihrer langen Geschichte. Für diese Art könnte die vom Menschen verantwortete globale Erwärmung das Ende bedeuten, wenn – wie vorhergesagt – sich der Meeresspiegel und die Sandtemperaturen an den Laichstränden erhöhen und die Meeresströmungen ihren Lauf verändern. All dies wäre für diese Art eine Katastrophe.

Der Anfang vom Ende?

Der Klimawandel könnte sich zur stärksten Bedrohung für wandernde Tierarten entwickeln. Bereits jetzt schädigen steigende Temperaturen und zunehmend unvorhersehbare Witterung einige Habitate, wo sich die wandernden Arten saisonal aufhalten, beziehungsweise stören alt-etablierte Wandermuster. Es wird sich zeigen, ob der Mensch die Kraft besitzt, um diesen potenziell katastrophalen Prozess umzukehren.

Durch das rücksichtslose Verfeuern fossiler Brennstoffe haben wir Menschen etwas in Gang gesetzt, das sich zu einer Massenausrottung entwickeln könnte oder bereits diesen Tatbestand erfüllt – es wäre das sechste derartige Ereignis in der Erdgeschichte. Abertausende von Arten werden wahrscheinlich vom Erdball verschwinden, wenn diese Prozesse nicht schnellstens abgestellt werden. Die Wissenschaftler sind sich zunehmend einig, dass uns allenfalls bis zum Jahr 2015 Zeit bleibt, um zu verhindern, dass die Emissionen der Klimagase den kritischen Wert überschreiten, bei dem die globale Erwärmung nicht mehr aufzuhalten ist.

AUS DEM TRITT

Wandernde Tierarten sind durch ein unbeständiges Klima stärker gefährdet als die meisten anderen Tiere, da sie ihre Wanderungen so legen müssen, dass sie kurzlebige jahreszeitliche Ressourcen wie Wasser und Nahrung ausnutzen können. Im Lauf eines Jahres oder Lebens durchqueren diese Arten oft unterschiedliche Habitate und müssen sich in jedem Habitat genau zum richtigen Zeitpunkt aufhalten. Wenn sie sich verspäten, kann es zur Katastrophe kommen. Der Klimawandel hat zudem zur Folge, dass die Wanderungen schon an sich gefährlicher werden – er kann dazu führen, dass Wüsten sich ausbreiten, Meeresströmungen sich verschieben, Meereis auseinanderbricht und Stürme heftiger werden. Da wandernde Tiere so empfindlich auf den Wandel reagieren, wirken sie als Frühwarnsystem für den Zustand unseres Planeten – und die Aussichten sind nicht rosig.

BISHERIGE BEFUNDE

Beunruhigende Trends bei einer Reihe von biologischen Indikatoren deuten darauf hin, dass es einigen wandernden Tierarten nicht gut geht. Bei einer Grauwalzählung im Ostpazifik (2006–2007) fand man heraus, dass der Klimawandel ihren Fortpflanzungserfolg und Allgemeinzustand beeinträchtigte. Ungewöhnlich viele Wale befanden sich in schlechtem körperlichem Zustand, was darauf hinweist, dass sie in ihren wichtigsten Nahrungsgründen, dem Beringmeer, nicht genügend wirbellose Beute finden konnten. Vielleicht ist das Meer zu warm geworden, und der Nährstoffreichtum hat sich dadurch vermindert. Das Südpolarmeer, am entgegengesetzten Ende der Welt, heizt sich ebenfalls auf: Für die dortigen, an das kalte Wasser angepassten marinen Lebewesen sind die Folgen genauso gravierend und betreffen den winzigen Krill ebenso wie Albatrosse, Robben und Wale an der Spitze der Nahrungspyramide.

In den mexikanischen Bergen überleben weniger Monarchfalter die Zeit ihrer Winterstarre als früher; dies liegt vielleicht an den häufigeren Stürmen und dem Wechsel zu wärmeren, trockeneren Wintern, die durch das La-Niña-Wettermuster ausgelöst werden. Gewöhnlich kann sich die Art im nächsten Jahr rasch erholen, doch Faktoren wie Pestizideinsatz und Habitatzerstörung im nordamerikanischen Sommerquartier der Falter haben den Druck auf die Populationen stark erhöht. Es ist die Kombination von Klimawandel und anderen Formen der Umweltdegradierung, die für den Monarchfalter so problematisch ist. Das Gleiche gilt für viele andere wandernde Tierarten. Meeresschildkröten sind stammesgeschichtlich alte Überlebenskünstler, die über 150 Millionen Jahre wechselnder Klimasituationen überstanden haben, doch in Verbindung mit Bejagung, Meeresverschmutzung und Habitatzerstörung ist dies vielleicht mehr, als sie ertragen können.

Wandernde Tiere können sich auf den Klimawandel einstellen und tun dies auch. Einige Zugvögel treffen zum Beispiel früher in ihren Brutgebieten ein, während andere später abfliegen. Doch in vielen Fällen reagieren sie nicht rasch genug. Global trifft der Frühling pro Jahrzehnt um 2,3 Tage früher ein, sodass sich die jeweiligen Habitate in den gemäßigten (temperaten) Breiten zu den Polen hin verschieben: Die wandernden Tiere bleiben möglicherweise hilflos zurück – zur falschen Zeit am falschen Ort.

VERSCHWINDENDE TUNDRA

Wenn die globale Erwärmung sich ungehindert fortsetzt, gehört die arktische Tundra zu den ersten Land-Habitaten, die davon betroffen sind. Eine anhaltende Verschiebung zu milderen Wintern und längeren Sommern wird nach den Prognosen ein weitflächiges Auftauen des Permafrostbodens auslösen. Dadurch können die borealen Nadelwälder auf Kosten der offenen, baumlosen Tundra weiter nach Norden vordringen. Im schlimmsten Falle hätten die Arten, die in die Tundra wandern, um dort ihre Jungen aufzuziehen (wie Wat- und Wasservögel sowie die großen Karibuherden) keine Bleibe mehr.

Oben Man erwartet, dass bis 2070 drei Viertel des Rothalsgans-Brutgebiets von Nadelbäumen bedeckt ist.

Oben Diese Herde Steppenzebras bewegt sich in vollem Galopp über die Ebene. Zebrafamilien legen jährlich viele Hundert Kilometer zurück, um frisches Grün zu suchen.

Land

Die Landtiere dieser Welt unternehmen seit undenklichen Zeiten ausgedehnte Wanderungen. Manchmal sind sie wochenlang unterwegs, bevor sie endlich ihren Bestimmungsort erreichen, und durchqueren dabei so schwieriges Gelände wie morastige Tundren, Eisflächen, heiße Wüstengebiete, Gebirge oder sogar Regionen mit aktiven Vulkanen. Anders als Wassertiere, die sich von raschen Strömungen mitnehmen lassen können, müssen landlebende Tiere zu Fuß wandern. Daher sind ihre Wanderungen in der Regel kürzer als diejenigen fliegender oder schwimmender Tiere, doch die schiere Zahl wandernder Landtiere ist oft erstaunlich.

Karibu

Karibus wandern jedes Jahr weiter als alle anderen Landsäuger. Jeden Sommer kehren sie in die baumlosen Tundraregionen zurück, wo sie traditionellerweise ihre Jungen werfen (kalben); anschließend ziehen sie nach Süden, wo sie den Winter in geschützten Wäldern verbringen. Der große Zug der Karibus überquert Berge, Flüsse und Seen und braucht unter Umständen Tage, um einen einzigen Punkt zu passieren.

Karibus sind die ausdauerndsten Wanderer der Hirschfamilie. Diese ewigen Nomaden streifen in der Übergangszone zwischen den borealen Nadelwäldern und der öden, windgepeitschten Tundra des Hohen Nordens durch einige der größten Wildnisregionen auf Erden. Zwischen ihren Sommer- und Winterhabitaten liegen etwa 160 bis 800 Kilometer, doch wenn man lokale Bewegungen mit einbezieht, ist die Gesamtkilometerzahl weitaus größer. Bei einem Radiotelemetrieprojekt in Kanada wurde festgestellt, dass einzelne Tiere bis zu 6000 Kilometer pro Jahr wandern.

In Europa und im sibirischen Russland wurden Karibus, die dort üblicherweise als Rentiere bezeichnet werden, früher häufig als Haustiere gehalten. Noch heute werden sie von mehreren nomadisch lebenden Volksstämmen, wie den Samen in Lappland oder den Nenet in Sibirien, in Herden gehalten; diese Völker wandern mit ihren Rentierherden, schlafen in Zelten aus Rentierfell und transportieren ihre Habe auf Schlitten, die von Rentieren gezogen werden.

LOKALE UNTERSCHIEDE

Wilde Karibuherden unterscheiden sich beträchtlich in ihrem Umfang und können einige Tausend bis rund hunderttausend Individuen umfassen; drei Herden werden auf 500 000 Tiere geschätzt. Auch die zurückgelegten Entfernungen variieren je nach Topografie, Witterung und Herde stark. In der Regel sind weiter im Norden lebende Herden größer und wandern weiter. Echte Fernwanderer sind die sogenannten Barren-Ground-Karibus, die im Sommer in die Tundra ziehen.

Eine der am besten bekannten Barren-Ground-Herden ist nach dem alaskischen Porcupine River benannt, an dem die Karibus im Frühjahr und im Herbst entlangziehen. Die Porcupine-Herde wird seit vielen Jahren mit den verschiedensten Erfassungsmethoden untersucht, darunter auch Satellitentelemetrie. Im Zeitraum 2007–2008 umfasste die Herde rund 125 000 Tiere, von denen fast fünfzig mit Sendern ausgestattete Halsbänder trugen. Daher konnten die Karibus regelmäßig bis auf tausend Meter genau lokalisiert und die Bewegungen der Herde in Echtzeit aufgezeichnet werden.

JÄHRLICHE ZYKLEN

Die Porcupine-Herde überwintert in Teilen des Yukon-Territoriums (Kanada) sowie in Alaska südlich der Brooks Range und wandert anschließend nach Norden zu ihren traditionellen Wurfplätzen in der Küstenebene und den gebirgigen Ausläufern eines Naturschutzgebietes, des Arctic National Wildlife Refuge. Die jährliche Wanderung der Herde ist jedoch mehr als ein Pendeln zwischen zwei Gebieten: Das Jahr der Herde lässt sich in acht Jahreszeiten unterteilen, die auf Veränderungen der Schneedecke und der Art der verfügbaren Nahrung basieren.

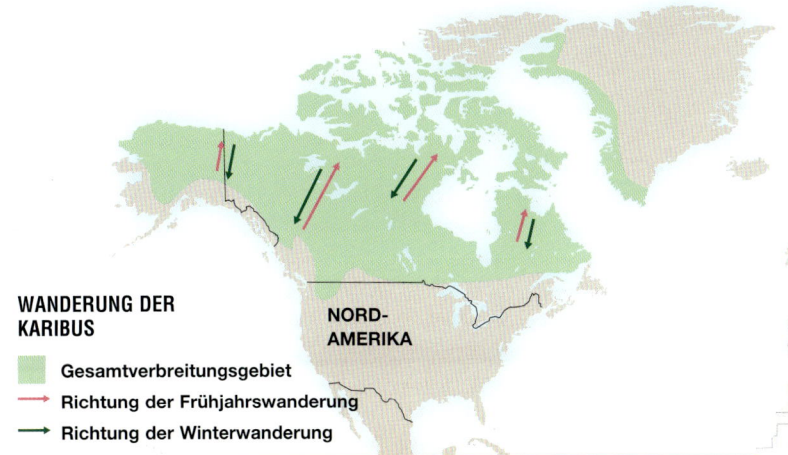

WANDERUNG DER KARIBUS

- Gesamtverbreitungsgebiet
- Richtung der Frühjahrswanderung
- Richtung der Winterwanderung

Unten Während der harschen Wintermonate schlagen sich Karibus mühsam mit Flechten durch, die sie unter der Schneedecke suchen.

AUF EINEN BLICK

Wissenschaftl. Name	*Rangifer tarandus*
Wanderroute	von der Tundra im Sommer zu den borealen Nadelwäldern im Winter
Länge der Wanderung	bis zu 800 km pro Strecke
Beobachtungsorte	Arctic National Wildlife Refuge, Alaska, USA
Beobachtungszeiten	Juni–Juli

WANDERUNG DER PORCUPINE-KARIBU-HERDE ZU IHREM WURFGEBIET

- Haupt-Wurfgebiet
- Gesamt-Wurfgebiet
- Route der Frühjahrswanderung
- Gesamtverbreitung der Herde

Im Winter ist die Grundnahrung der Karibus eine Flechte, die umgangssprachlich auch als «Rentiermoos» bezeichnet wird und von den Tieren mit Geweih und Hufen unter der Schneedecke freigelegt wird. Im März oder April ziehen die Karibus, die inzwischen abgemagert und ruhelos sind, auf der Suche nach besseren Weiden nach Norden. Sie laufen im Gänsemarsch hintereinander und treten in die Fußstapfen ihres Vorgängers, um nicht durch tiefen Schnee stapfen zu müssen, wobei sie von Zeit zu Zeit eine Pause einlegen, um die spärlichen Flechten und Seggen am Wegesrand abzuweiden. Mit dieser höchst energiesparenden Gangart können sie bis zu fünfzig Kilometer pro Tag zurücklegen, ohne sich zu verausgaben. Karibus orientieren sich auf ihren Wanderungen vermutlich an optischen Landmarken sowie einem Magnet- und einem Sonnenkompass – in einer Untersuchung wurde festgestellt, dass sie sich an einen schmalen Wanderkorridor nicht breiter als 15° halten.

Ende Mai erreichen sie schließlich üppige, mit jungem Wollgras bedeckte Weidegründe, und finden endlich wieder genügend Nahrung. Die hochträchtigen Kühe der Herde treffen als Erste ein; sie haben die Bullen und Jungtiere hinter sich gelassen. Wie jahrelange Datenerhebungen gezeigt haben, finden fast alle Geburten zwischen dem 1. und dem 10. Juni statt. Das plötzliche Überangebot an neugeborenen Karibus «überschwemmt» Räuber wie Wölfe und Braunbären förmlich und minimiert damit die Zahl der Tiere, die sie erbeuten können. Außerdem ermöglichen die synchronisierten Geburten der ganzen Herde, gemeinsam weiterzuziehen. Junge Karibus können bereits im Alter von nur einem Tag jedem Weltklassesprinter davonlaufen.

Anfang Juli erfüllen riesige Schwärme von Stechmücken und Dasselfliegen die warme, feuchte Tundraluft und zwingen die Karibus, sich zusammenzudrängen und an der Küste oder auf Eisfeldern Zuflucht zu suchen, wo kühle Brisen die Insekten fernhalten. Trotz dieser Taktik verlieren erwachsene Karibus pro Tundra-Woche etwa ein Liter Blut durch blutsaugende Insekten. Gegen Ende Juli verlassen die Karibus die Küste und wandern nach Süden in höher gelegene Gebiete, wo sie bis Ende September oder Anfang Oktober bleiben. Schließlich ziehen sie weiter zu ihren Brunftplätzen und von dort zu ihren bewaldeten Winterquartieren, um den Zyklus von Neuem zu beginnen.

JAGENDE WÖLFE

Karibus werden hauptsächlich von Polarwölfen gejagt. Diese Wölfe, die ein dichtes, fast weißes Fell tragen, stellen die größte Unterart des Wolfs *(Canis lupus)* dar; auf ihr Konto gehen bis zu siebzig Prozent aller Todesfälle bei Karibukälbern; darüber hinaus töten sie zahlreiche alte und kranke Tiere. Wolfsrudel können im Winterquartier Überraschungsangriffe auf Karibus ausführen, doch zu anderen Jahreszeiten verfolgen sie die wandernden Herden über die offene Tundra, wo es keine Chancen für einen Hinterhalt gibt. Wolfswelpen sind bis zu einem Alter von rund zehn Monaten zu schwach, um an solchen Jagden teilzunehmen; war die Jagd erfolgreich, werden sie von den zurückkehrenden Rudelmitgliedern mit hochgewürgtem Fleisch gefüttert. Während das Rudel auf der Jagd ist, werden ungeschützte Welpen manchmal von Bären oder Wölfen anderer Rudel getötet.

Gegenüber Diese Luftaufnahme zeigt eine Herde alaskischer Karibus, die über den weichen Tundraboden zu ihren Nahrungsgründen weiter im Norden zieht, wo sie sich vor dem kommenden Winter eine Fettschicht anfrisst.

Rechts Beharrlich folgen Polar- oder Tundrawölfe den Karibuherden tage- oder wochenlang über die offene Tundra und warten geduldig auf den richtigen Moment zum Angriff.

Eisbär

Der Winter ist eine Zeit der Fülle für Eisbären. Dann durchstreifen sie das gefrorene Nordpolarmeer auf der Suche nach Robben. Da ihre eisige Jagdplattform im Sommer jedoch teilweise verschwindet, müssen die weiter im Süden lebenden Bären an Land gehen. Oft müssen sie viele Kilometer schwimmen, bis sie auf Land stoßen.

Eisbären sind die größten landlebenden Fleischfresser (Carnivoren): Ein zehnjähriges erwachsenes Männchen kann bis zu 800 Kilogramm wiegen. Eisbären stehen an der Spitze der arktischen Nahrungspyramide und wandern wie viele derart große Räuber jährlich mehrere Hundert Kilometer auf der Suche nach Beute umher. Meereis ist ein beweglicher Lebensraum, der von Meeresströmungen verdriftet wird; daher ist das Verbreitungsgebiet der Eisbären riesig. Selbst ein kleines Streifgebiet umfasst 50 000 Quadratkilometer, während die größten rund sieben Mal so groß sind – etwa so groß wie die Bundesrepublik Deutschland. Im Gegensatz zu vielen anderen Carnivoren sind Eisbären nicht territorial – ihre Streifgebiete überlappen sich, und es gibt keine festen Grenzen.

DIE GEFRORENE GRENZE

Eisbären leben zwischen der dauernd gefrorenen Polkappe und der Tundraregion – anders, als gemeinhin angenommen, gibt es in den Eiswüsten in der Nähe des Nordpols keine Bären. Ihre Hochburg ist eine außerordentlich reiche Ökozone, die als arktischer «Ring des Lebens» bezeichnet wird. Dabei handelt es sich um ein Labyrinth aus Polyjas (offene Wasserflächen, die von Eis umgeben sind, aber das ganze Jahr eisfrei bleiben) und Adern (Wasserkanäle und Spalten im Eis), die sich parallel zur Küste durch die ganze Arktis ziehen. Diese Ökozone bietet den Eisbären optimale Jagdgelegenheiten.

WANDERUNG DER EISBÄREN

- permanentes arktisches Meereis
- größte Ausdehnung des arktischen Meereises
- Verbreitungsgebiet der Eisbären
- → Wanderung in Richtung des zufrierenden Meeres
- → bei Eisschmelze Rückzug aufs Land

AUF EINEN BLICK

Wissenschaftl. Name	*Ursus maritimus*
Wanderroute	Südliche Populationen kommen im Sommer an Land und kehren im Winter aufs Meereis zurück.
Länge der Wanderung	bis zu 1125 km pro Jahr
Beobachtungsorte	Churchill, Manitoba, Kanada
Beobachtungszeiten	Mitte Oktober–November

Links Von Hunger getrieben, durchwühlen Eisbären eine Müllkippe am Rande von Churchill, Manitoba, Kanada. Da ihre normale Beute knapp ist, sind sie in den letzten Jahren immer dreister geworden und wagen sich manchmal sogar bis in die Stadt.

EISBÄREN UND MENSCHEN

Die kanadische Stadt Churchill an der Westküste der Hudson Bay nennt sich selbst «Welthauptstadt der Eisbären». Jedes Jahr versammeln sich hier fast tausend Bären und warten darauf, dass die Bucht zufriert – die größte und südlichste Zusammenkunft von Eisbären weltweit. Dann gibt es mehr Eisbären als Einwohner in der Stadt, und seit den 1980er-Jahren verdienen die Einwohner nicht schlecht an diesem Schauspiel. Touristen kommen nach Churchill, um die Bären zu beobachten, die sich inzwischen so sehr an dieses jährliche Ritual gewöhnt haben, dass man sich ihnen mit Schneemobilen bis auf wenige Fuß Entfernung nähern kann.

Dieses Modellbeispiel für Ökotourismus ist jedoch durch die Klimaerwärmung bedroht. Im Sommer bricht das Packeis der Bucht inzwischen drei Wochen früher auf als vor dreißig Jahren, und die kürzere Meereissaison lässt den Bären weniger Zeit zur Robbenjagd. Wenn das Eis verschwindet, werden die Eisbären weniger, magerer und aggressiver.

SÜDLICHE WANDERER

Die Eisbärpopulationen im Süden unternehmen die längsten Wanderungen, denn dort bricht das Eis weiter auf und bleibt länger offen. Dazu gehören die Bären in der Hudson Bay und in Labrador (beide Kanada), in der Südhälfte von Grönland, im Beringmeer sowie im Süden der Tschuktschensee und der Beaufortsee. Diese Bären folgen auf ihren Wanderungen, allgemein gesagt, einer Nord-Süd-Route, wenn sich das Packeis im Frühjahr nach Norden zurückzieht und im Herbst wieder nach Süden vordringt, doch es gibt viele lokale Unterschiede.

Die Beaufortsee-Population ist sehr gut dokumentiert, denn es laufen Studien mit Eisbärweibchen, die einen Kragen mit Sendern tragen, mit dessen Hilfe sich ihre Ortsveränderungen per Satellitentelemetrie verfolgen lassen. Diese Daten haben gezeigt, dass sich die Bären bei ihren Wanderungen nicht vom Zufallsprinzip leiten lassen; vielmehr folgen sie der Küstenlinie und den Kanälen durchs Eis. Sie wandern recht langsam und legen pro Tag selten mehr als fünfzig Kilometer zurück.

EIN NEUER KALTER KRIEG

Heutzutage gehört das Schicksal der Eisbären zu den meistdiskutierten Themen der Umweltpolitik. Durch die globale Erwärmung wird die Fressperiode der Eisbären bereits eingeschränkt, denn die arktische Eisdecke geht zurück; das hat dazu geführt, dass Eisbären heute im Durchschnitt 80 bis 90 Kilogramm weniger wiegen als noch vor 15 Jahren. Ein Gutachten des US Geological Survey kam 2007 zu dem Schluss, dass zwei Drittel der weltweiten Eisbärenpopulation – einschließlich sämtlicher Eisbären in Alaska – bis 2050 verschwunden sein werden, wenn der Ausstoß von Treibhausgasen in den kommenden Jahren nicht drastisch verringert werden kann.

Ringelrobben, vor allem die Neugeborenen, deren Körper bis zu drei Vierteln aus Fett besteht, sind Hauptbeute der Eisbären, doch die Bären jagen auch Bartrobben, Narwale sowie junge Weißwale und Walrosse, doch diese sind beträchtlich größer und schwieriger zu erbeuten. Den ganzen Winter hindurch jagen Eisbären Robben, indem sie ihnen an ihren Atemlöchern im Eis auflauern. Dort warten sie geduldig, bis eine Robbe zum Atemholen auftaucht und ziehen sie aus dem Wasser. Die Robben sind während ihrer Wurfsaison von Mitte März bis April, wenn die neugeborenen Jungen in Schneehöhlen unter Eisvorsprüngen Schutz suchen, besonders gefährdet. Der außerordentlich gute Geruchssinn kann Eisbären aus fünf Kilometer Entfernung zu einem im Schnee verborgenen Robbenjungen führen, aber an den Atemlöchern ist kaum eine von drei Attacken von Erfolg gekrönt.

Den größten Teil ihrer wachen Zeit verbringen die Eisbären mit Jagen und mästen sich mit Robbenspeck, um Fettreserven für die magereren Sommermonate anzulegen, die vor ihnen liegen. Ab Anfang Juni stehen die Robbenhöhlen leer, denn die Jungtiere haben das offene Wasser aufgesucht, und durch die steigenden Temperaturen entstehen immer breitere Lücken in der Eisdecke, sodass die Bären schwimmen müssen. Als kräftige Schwimmer können sie im Notfall stundenlang paddeln und wurden schon 95 Kilometer vor der nächsten Küste gesichtet. Schließlich werden die zerbrochenen Eisschollen jedoch zu klein und sind zu weit verstreut für eine effiziente Jagd, sodass die Bären trockenes Land aufsuchen müssen.

Paradoxerweise ist der Sommer für Eisbären eine schwierige Zeit. An Land wird es den Bären in ihrem dichten Fell unangenehm warm, und sie müssen mit Beeren und Wurzeln als Nahrung vorliebnehmen. Zwar fangen sie gelegentlich ein paar Seevögel und Lemminge, aber für derart große Räuber ist das nur ein kleiner Happen, und die Bären sind ständig hungrig. Ende Oktober warten die stark abgemagerten Bären ungeduldig darauf, dass die See wieder zufriert, um erneut auf Robbenjagd gehen zu können.

Gegenüber Eisbären leben in einer außerordentlich dynamischen Umwelt. Da Meereis ständig in Bewegung ist, müssen die Bären es ihm gleichtun.

Oben Eine Bärin nimmt ihre beiden Jungen auf Robbenjagd mit. Die Überlebenschancen der Jungen hängen von ihrer Fähigkeit ab, sich im Labyrinth der treibenden Eisschollen und Freiwasserkanäle zu orientieren, um die produktivsten Jagdgründe zu lokalisieren.

Leben am Gipfel

Mit ihrer dünnen Luft, ihrem schwierigen Terrain und ihrer kargen Vegetation sind die Gipfel des Himalajas alles andere als lebensfreundlich, doch vertikale Wanderungen erlauben einer überraschend großen Zahl von Tieren, in dieser kalten und wüsten Einöde zu existieren.

Auf jedem Kontinent mit Ausnahme von Australien und der Antarktis gibt es einheimische Pflanzenfresser, die mit dem Lauf der Jahreszeiten die Berge hinauf- und hinunterziehen. Auch Hirten führen ihre Herden von den alpinen Sommerweiden im Winter in tiefer gelegene Täler – diese alte Form der Weidewirtschaft bezeichnet man als Transhumanz. Durch einen Abstieg von einigen Tausend Metern können Mensch und Tier ebenso viele klimatische Vorteile gewinnen, als ob sie Hunderte Kilometer weit in Richtung Äquator zögen.

Das Himalaja-Gebirge ist ein evolutionärer Hotspot, der viele isolierte Lebensräume mit unterschiedlichen Klimata enthält, die durch den ungleichmäßigen Einfluss des Monsunregens geschaffen werden. Dort lebt ein breites Spektrum von Hochgebirgstieren, von denen die Mehrheit der Säugerarten auf die winterliche Schneebedeckung mit saisonalen Vertikalwanderungen reagiert. Dazu zählen Schafe wie Blauschaf (Bharal) und Altai-Wildschaf (Argali), mehrere Hirscharten, Schraubenziege (Markhor) und Thar sowie der rinderähnlich aussehende Takin. Sie alle besitzen zum Schutz vor der bitteren Kälte ein langes, zottiges Fell.

Der wichtigste Fressfeind dieser untersetzten, trittsicheren Pflanzenfresser ist der bedrohte Schneeleopard, von dem heute nur noch 5000 Exemplare in freier Wildbahn leben, dünn verstreut über die entlegenen Hochgebirgsregionen von zwölf zentralasiatischen Ländern. Diese selten gesichtete Raubkatze streift auf der Suche nach Beute weit umher, begibt sich im Sommer in Höhen von 5000 Meter und mehr und kommt im Winter bis in die Zwergstrauchzone und an den Rand der Wacholderwälder auf 3000 Meter Höhe hinunter.

Links Viele Pflanzenfresser der Himalaja-Region wie dieser Tahr in Nepal ziehen im Sommer ins Hochgebirge, um die karge Vegetation in größeren Höhenlagen abzuweiden.

Unten links Im Winter ziehen sich die Takins in bewaldete Schluchten und auf windabgewandte Berghänge zurück. Dabei bewegen sie sich auf ausgetretenen Pfaden, die den Konturen des Terrains folgen.

Unten rechts Das Verhalten der Schneeleoparden spiegelt die jahreszeitlichen Wanderungen ihrer bevorzugten Beute, Böcken (Tahr) und Rindergemsen (Takin), wider. Nahrung ist knapp, doch in der Regel tötet ein Schneeleopard alle zwei Wochen ein großes Beutetier.

Dallschaf

Dallschafe bewohnen eine der lebensfeindlichsten und zerklüftetsten Landschaften in ganz Nordamerika. Im Sommer suchen sie hoch gelegene alpine Weiden auf, während sie den Winter auf schneefreien Hängen in tieferen Lagen verbringen.

Dallschafe sind wegen ihrer Fähigkeit, fast senkrechte Felsklippen zu erklimmen, und wegen der heftigen Brunftkämpfe der Widder berühmt. In den Augen der Öffentlichkeit verkörpern sie die Wildnis schlechthin und haben in Nordamerika eine interessante Geschichte. Während der letzten Eiszeit, die vor rund 110 000 Jahren begann, schoben sich von den polaren Eisfeldern riesige Gletscher nach Süden vor und drängten die Vorfahren der Dallschafe in zwei eisfreie Hauptregionen ab. Die Population in Alaska entwickelte sich zu einer Art mit schlanken, weit geschwungenen, spitz zulaufenden Hörnern und wird im Amerikanischen als *thinhorn* (wörtlich *Dünnhorn*) (Dallschaf, *Ovis dalli*) bezeichnet; die Art in den Rocky Mountains und den Wüsten im Südwesten der USA entwickelte dickere, stumpfer zulaufende Hörner und erhielt den Namen *bighorn* (Dickhornschaf, *Ovis canadensis*).

Dallschafe tragen ihren Namen zu Ehren des amerikanischen Naturforschers und Entdeckers William Dall (1845–1927); die Unterart *Ovis dalli dalli* ist reinweiß. Ihre Heimat sind die entlegenen nordwestlichen Gebirgszüge im Nordwesten des Kontinents, das heißt Gebirge in Alaska wie auch im Yukon-Territorium, den Nordwest-Territorien und in British Columbia. Ausgewachsene, mindestens vier Jahre alte Dall-Widder bieten einen großartigen Anblick: Ihre Schulterhöhe beträgt 81 bis 104 Zentimeter, und wenn sie im Herbst gut im Futter sind, wiegen sie durchschnittlich 82 Kilogramm – etwa doppelt so viel wie die leichter gebauten Mutterschafe.

HÖHENWANDERER

Viele Wildschafe in aller Welt, darunter Rocky-Mountain-Dickhornschafe und bergbewohnende Wildschafe in Europa und Asien, unternehmen vertikale Wanderungen, das heißt, bei ihren saisonalen Wanderungen handelt es sich mehr um eine Bewegung zwischen unterschiedlichen Höhenlagen als zwischen weit entfernten Orten. Ein derartiges Wanderleben hat offensichtliche Vorteile. Auf hoch gelegenen Weiden gibt es weniger Raubfeinde als in der Ebene, sodass die agilen Tiere ihre Jungen in relativer Sicherheit großziehen können, und es gibt kaum andere Huftiere, die mit ihnen um Nahrung konkurrieren. Natürlich haben diese Vorteile ihren Preis: Die Notwendigkeit, steile Felsklippen zu erklimmen, setzt der Größe der Schafe enge Grenzen, und das Gras ist in größeren Höhenlagen von geringerer Qualität.

Gegenüber Mit beeindruckender Trittsicherheit kann ein Dallschaf über steile Felswände setzen, um Fressfeinden zu entkommen und im Sommer hoch gelegene Weiden aufzusuchen.

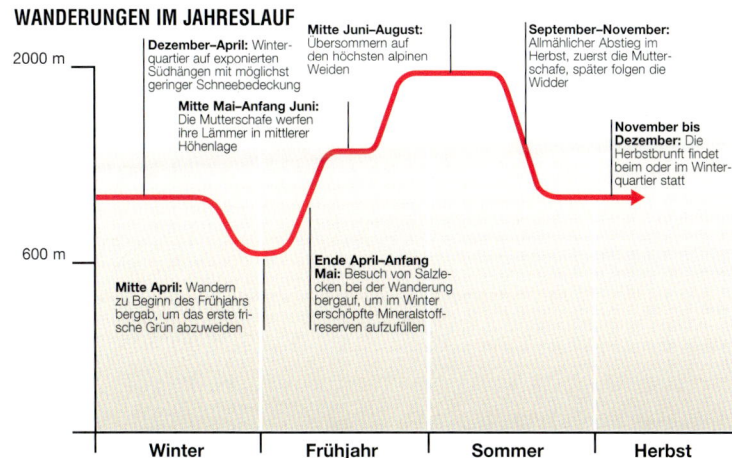

WANDERUNGEN IM JAHRESLAUF

- **Dezember–April:** Winterquartier auf exponierten Südhängen mit möglichst geringer Schneebedeckung
- **Mitte Mai–Anfang Juni:** Die Mutterschafe werfen ihre Lämmer in mittlerer Höhenlage
- **Mitte Juni–August:** Übersommern auf den höchsten alpinen Weiden
- **September–November:** Allmählicher Abstieg im Herbst, zuerst die Mutterschafe, später folgen die Widder
- **November bis Dezember:** Die Herbstbrunft findet beim oder im Winterquartier statt
- **Mitte April:** Wandern zu Beginn des Frühjahrs bergab, um das erste frische Grün abzuweiden
- **Ende April–Anfang Mai:** Besuch von Salzlecken bei der Wanderung bergauf, um im Winter erschöpfte Mineralstoffreserven aufzufüllen

AUF EINEN BLICK

Wissenschaftl. Name	*Ovis dalli dalli*
Wanderroute	im Sommer in größeren Höhenlagen
Länge der Wanderung	Vertikale Wanderungen zwischen 600 und 2000 m Höhe
Beobachtungsorte	Kluane National Park, Yukon, Kanada; Chugach Mountains, Alaska, USA
Beobachtungszeiten	Oktober–Februar

Dallschafe verbringen das ganze Jahr oberhalb der Baumgrenze. Die erwachsenen Männchen bilden Gruppen von bis zu 15 Tieren; die Weibchen finden sich zu größeren Gruppen zusammen, die von jungen Widdern und (ab Frühsommer) von ihren Lämmern begleitet werden. Die Gruppen mischen sich in der Brunftzeit im November–Dezember und trennen sich anschließend wieder. Jede Gruppe zeigt ihr eigenes charakteristisches Bewegungsmuster, das von der Strenge des lokalen Klimas und den topografischen Gegebenheiten abhängt, doch der Wandertrieb ist allgemein stark ausgeprägt.

Gegen Ende April oder im Mai verlassen die Tiere ihre Winterquartiere und folgen der Frühjahrsschmelze bergauf, um auf den nun schneefreien Bergwiesen zu grasen. Die Mutterschafe, die bereits seit Winteranfang trächtig sind, werfen in der zweiten Maihälfte oder Anfang Juni. Dazu suchen sie einen geschützten Platz in einer Schlucht oder unter einem Felsüberhang auf. Jedes Mutterschaf bringt alle zwei Jahre ein einziges Lamm zur Welt, und schon nach wenigen Tagen gesellen sich Mutter und Kind wieder zu ihrer Gruppe.

Im Lauf des Sommers steigen die Schafe zu den alpinen Matten empor, die in der alaskischen Brooke Range bis zu 2000 Meter hoch liegen können. Zu Herbstbeginn, wenn das Gras weitgehend abgeweidet ist, steigen die Schafe wieder in subalpine Bergregionen und Täler herab, und der Hunger zwingt sie, ihren Speiseplan mit Flechten, Zwergweiden und Moosen aufzubessern. Wenn es schließlich zu schneien beginnt, suchen sie auf nach Süden gelegenen Grasflecken Zuflucht, vor allem auf ungeschützten Kämmen, wo der Wind den Schnee fortfegt, sodass die Grasnarbe freiliegt.

TRADITIONELLE HEIMATGEBIETE

Dallschafe sind keine großen Wanderer. Gewöhnlich bleiben sie ihr ganzes Leben lang im selben, oft recht kleinen Aktionsraum. Ein ideales Streifgebiet umfasst eine Mischung aus offenen Weidegebieten, Steilklippen (um Fressfeinden zu entkommen), geschützten Schluchten, nach Süden weisenden Berghängen und Salzlecken (besonders im Frühjahr wichtig, um während des Winters erschöpfte Mineralstoffreserven aufzufüllen). Dieser «Flickenteppich» von Habitaten ist durch ein Netz von ausgetretenen Pfaden verbunden. In Feldstudien zeigte sich, dass junge Widder bevorzugt älteren Widdern mit schweren Hörnern folgen; ebenso folgen jüngere Weibchen erfahrenen älteren Mutterschafen. Auf diese Weise werden diese so wichtigen Kenntnisse über das eigene Heimatgebiet an die nächste Generation weitergegeben.

Anders als Karibus (S. 44–45) und Elche unternehmen Dallschafe offenbar nur sehr ungern Zerstreuungswanderungen oder erkunden neue Lebensräume – Jäger haben diese Standorttreue lange zu ihrem Vorteil genutzt. Nicht vertraute Schluchten und bewaldete Täler sind gefährliche Orte, wo Wölfe und Kojoten lauern, daher haben die Schafe allen Grund, vorsichtig zu sein.

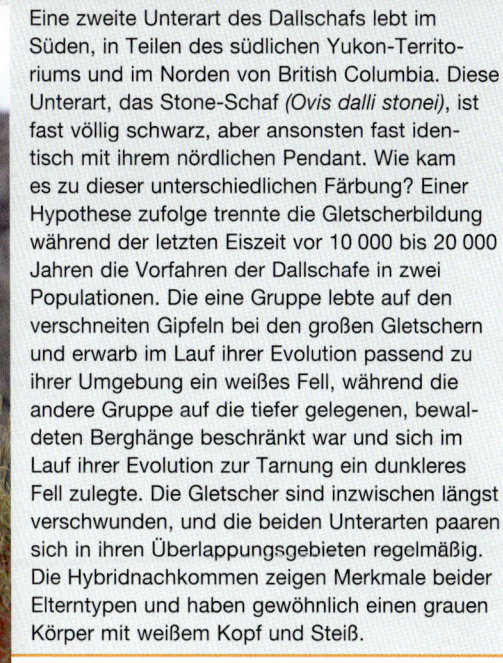

AUFSPALTUNG WÄHREND DER EISZEIT

Eine zweite Unterart des Dallschafs lebt im Süden, in Teilen des südlichen Yukon-Territoriums und im Norden von British Columbia. Diese Unterart, das Stone-Schaf (*Ovis dalli stonei*), ist fast völlig schwarz, aber ansonsten fast identisch mit ihrem nördlichen Pendant. Wie kam es zu dieser unterschiedlichen Färbung? Einer Hypothese zufolge trennte die Gletscherbildung während der letzten Eiszeit vor 10 000 bis 20 000 Jahren die Vorfahren der Dallschafe in zwei Populationen. Die eine Gruppe lebte auf den verschneiten Gipfeln bei den großen Gletschern und erwarb im Lauf ihrer Evolution passend zu ihrer Umgebung ein weißes Fell, während die andere Gruppe auf die tiefer gelegenen, bewaldeten Berghänge beschränkt war und sich im Lauf ihrer Evolution zur Tarnung ein dunkleres Fell zulegte. Die Gletscher sind inzwischen längst verschwunden, und die beiden Unterarten paaren sich in ihren Überlappungsgebieten regelmäßig. Die Hybridnachkommen zeigen Merkmale beider Elterntypen und haben gewöhnlich einen grauen Körper mit weißem Kopf und Steiß.

Links Diese Unterart des Dallschafs behält das ganze Jahr hindurch ein vollkommen weißes Fell, obwohl die Schneedecke nur einige Monate liegen bleibt. Ihre helle Färbung könnte mit der eiszeitlichen Vergangenheit in Verbindung stehen.

Bison

Die amerikanischen Bisons («Büffel») haben in der Vergangenheit durch Äsen und die immerwährende Suche nach neuen Weidegründen für den Erhalt der natürlichen Prärielandschaft gesorgt. Das wahllose Abschlachten der riesigen Herden beendete diese uralte Beziehung, bevor sie überhaupt genauer untersucht werden konnte. Heute sind die meisten Bisons domestiziert und haben den Wandertrieb ihrer Vorfahren verloren.

Vor dem amerikanischen Unabhängigkeitskrieg war der Mittlere Westen die Serengeti Nordamerikas. Seine Weiten waren übersät von großen Bisonherden, dazu kamen Gabelböcke, Hirsche und Milliarden von Präriehunden. Die schiere Menge dieser Pflanzenfresser schien unendlich – zu den immer wiederkehrenden Schöpfungsmythen amerikanischer Prärieindianer gehörte ein Loch im Boden, aus dem Bisons quollen wie Wasser aus einer Quelle. Zu Beginn des 19. Jahrhunderts trafen weiße Siedler auf eine Bisonherde, die sie auf mindestens vier Millionen Tiere schätzten.

UNGELÖSTE RÄTSEL

Die kommerzielle Bisonjagd, die Mitte des 19. Jahrhunderts einsetzte, war verheerend und führte rasch zum «Erfolg». Später erklärte Sitting Bull, der Häuptling der Hunkpapa-Sioux: «Ein kalter Wind wehte über die Prärie, als der letzte Büffel fiel – ein Todeswind für mein Volk.» Aufgrund des Ausmaßes der Schlächterei wissen wir nur wenig über die Biologie der Art während ihrer damaligen Blütezeit. Wir werden niemals sicher sagen können, welche Wanderroute die Bisons nahmen, wie weit sie zogen und wie viele es waren.

Zu Beginn des 19. Jahrhunderts gab es wahrscheinlich mehrere Dutzend Millionen Bisons, die sich überwiegend im westlichen Kurzgras- und im mittleren «Mixed-Grass»-Prärieuürtel aufhielten. Diese Vegetationszonen bedeckten damals rund 1,5 Millionen Quadratkilometer, von den Rocky Mountains im Westen bis zu einer Linie im Osten, die sich von Zentral-Saskatchewan bis Oklahoma und nach Süden bis nach Texas zog. Noch früher erstreckte sich das Grasland beinahe über das gesamte Gebiet, das heute Kanada, die USA und Nordmexiko umfasst; daher konnten sich die Bisonherden fast über den ganzen Kontinent mit Ausnahme des hohen Nordens ausbreiten. Im Sommer wanderten die Bisons wohl in riesigen Herden über die weiten Ebenen, bis die winterliche Schneefülle sie zwang, sich zu zerstreuen und in bewaldeten Flusstälern oder im Windschatten von Gebirgen Schutz zu suchen. Wahrscheinlich wanderten die Bisons jährlich mehrere Hundert Kilometer.

Mithilfe neuer Technologien können Wissenschaftlern heute die verschwundenen Wanderrouten der Bisons durch Analysen von Zahnemail und Knochenkollagen in alten Bisonskeletten zu rekonstruieren. Beim Äsen sammeln sich bestimmte Isotopen (vor allem von Sauerstoff und Kohlenstoff) aus der Nahrung im Bisonkörper an, deren Häufigkeit von Ort zu Ort und in Abhängigkeit von den Klimabedingungen variiert. Diese «Signatur», die als Isotopenverhältnis bezeichnet wird, hilft den Forscher herauszufinden, wo und wann ungefähr das Tier lebte und wie das Klima war. Mit dieser Technik lassen sich langfristige ökologische Trends über viele Jahrhunderte studieren.

DOMESTIKATION

Die Bisons, aber auch die Prärien, sind heute nur noch ein Schatten ihrer selbst. Die Prärien sind in die Getreidemonokulturen der Welt verwandelt worden, sodass es inzwischen nur noch einzelne Regionen mit natürlichem Grasland gibt – und 97 Prozent der heute lebenden Bisons sind domestiziert. Es gibt noch wild lebende Bisons, beispielsweise im Yellowstone und im Wind Cave National Park sowie im Elk Island National Park in Kanada, doch sie überleben als Inselpopulationen unter all ihren domestizierten Artgenossen. Diese friedfertigen Tiere, «Bufftattle» oder «Beefalo» genannt, die auf Ranches und in privaten Reservaten gehalten werden, sind Mischlinge (Hybriden). Die Zahl der genetisch reinrassigen Bisons liegt unter 15 000 Individuen. Von ihnen sind die Angehörigen der Yellowstone-Population die einzigen wirklich frei lebenden Bisons.

Jeden Winter findet im Yellowstone Park eine Bisonwanderung statt; dann treibt der Schnee viele Herden bergab in geschützte Täler und bewaldete Regionen. Der Umfang der jährlichen Wanderbewegung hängt vom Schneeaufkommen ab. In harten Wintern überqueren die Tiere die westliche und nördliche Grenze des Parks und folgen den Flusstälern von Madison und Yellowstone, um

---

AUF EINEN BLICK

Wissenschaftl. Name	*Bison bison*
Wanderroute	historische Massenwanderungen über die amerikanischen Prärien
Länge der Wanderung	bis zu 320 km jährlich (heute)
Beobachtungsorte	Yellowstone National Park, Wyoming, USA
Beobachtungszeiten	Juli–August

Oben Bisons wächst ein zottiges Winterfell, das sie in der bitteren Kälte warm hält. Die Tiere können den Schnee wegscharren, um an das Gras zu gelangen. Wenn die Schneedecke jedoch zu dick ist, müssen sie in geschützte Täler ziehen oder hungern.

VERBREITUNGSGEBIET DER BISONS
- gegenwärtige Verbreitung wild lebender Bisons
- primäre historische Verbreitung
- sekundäre historische Verbreitung

NORDAMERIKA

Oben Frei umherstreifende Bisons haben nur in einigen Reservaten überlebt, ihre Zahl ist nicht annähernd so groß wie vor 200 Jahren. Dennoch ist es faszinierend, einer galoppierenden Herde zuzusehen; sie ist nach wie vor *das* Symbol der amerikanischen Wildnis.

tiefer gelegene Winterquartiere zu erreichen; dabei folgen sie auf ihrem Weg oft den Spuren von Schneemobilen. All das bringt sie in Konflikt mit lokalen Ranchern, die trotz des geringen Risikos befürchten, dass die Bisons ihre Rinder mit Brucellose anstecken; das führt zu umstrittenen Abschüssen von Bisons, die eine festgelegte geografische Grenze überqueren. In der modernen parzellierten Landschaft, wo sich Eigner mit ganz unterschiedlichen Interessen gegenüberstehen, führt das Wanderverhalten von wilden Bisons häufig zu Konflikten.

SCHUTZ VON NATURRÄUMEN

Gegenwärtig gibt es ehrgeizige Pläne zur Schaffung riesiger Bisonreservate, indem man bereits bestehende Nationalparks und Parks der Bundesstaaten, Schutzgebiete und verbliebene Wildnisareale verbindet. Die Buffalo-Commons-Initiative, die 1987 erstmals zur Diskussion gestellt wurde, forderte, alle Zäune auf den Great Plains zu entfernen, um eine intensive Rinderzucht durch eine Restaurierung von Lebensräumen zu ersetzen, sodass sich die einheimischen Pflanzenfresserarten wieder erholen und ihre ursprünglichen Bestandszahlen erreichen können. Währenddessen ist das *Yellowstone to Yukon* (Y2Y)-Projekt bestrebt, längs der Rockies einen Wanderkorridor von 3200 Kilometer zu sichern.

MIT DER EISENBAHN IN DEN RUIN

Im 19. Jahrhundert wurde der Bison innerhalb von dreißig Jahren durch Bejagung an den Rand der Ausrottung getrieben. In den 50er- und 60er-Jahren des 19. Jahrhunderts schossen professionelle Jäger Tausende von Bisons auf einmal ab, um die Arbeiter zu ernähren, die Amerikas erste transkontinentale Eisenbahn bauten. Als die Strecke 1869 fertiggestellt war, erlaubte sie einen raschen Transport der Bisonkadaver in die Fleischverarbeitungsanlagen. Zudem brachte die Eisenbahn zusätzliche Jäger von der Ostküste in den Westen, sodass sich das Abschlachten der Bisons in den 1870er-Jahren weiter beschleunigte. Jäger wie «Buffalo Bill» Cody wurden zu Nationalhelden. Die Eisenbahngesellschaft ließ Bisons verfolgen, weil die wandernden Herden häufig die Strecke blockierten und eine Gefahr für die Lokomotiven darstellten. Zu diesem mutwilligen Abschlachten kamen riesige Rinderfarmen hinzu, die die Prärien überzogen. Die Bisons fanden ihre traditionellen Wanderrouten durch Gatter und Stacheldrahtzäune versperrt und ihre Weiden durch Weidevieh erschöpft. Mitte der 1880er-Jahre waren von den vielen Dutzend Millionen Bisons nur noch einige Hundert Tiere übrig.

Rechts Oft wurden Bisons nur wegen ihrer Häute oder Zunge geschossen. Ihre ungenutzten Kadaver verrotteten in der Prärie.

Ein Meer aus Gras

Überall in der afrikanischen Savanne trifft man auf wandernde Tiere, doch was Ausmaß und Dramatik angeht, reicht keine Wanderung an die enormen Tierherden heran, die auf der Suche nach neuen Weidegründen über die sonnenverbrannte Serengeti-Ebene donnern und dabei große Staubwolken aufwirbeln.

Die Savanne ist ein komplexes Mosaik aus offenem Grasland, Buschland und Waldgebieten, geformt von sengender Sonnenhitze und einem endlosen Zyklus von Regen- und Trockenzeiten. Die Serengeti-Masai-Mara-Region, die zwischen Viktoriasee und dem Grabenbruch des Rift Valley liegt, ist wohl das am besten erhaltene Beispiel für dieses Biom in ganz Afrika. Vor rund vier Millionen Jahren spielte diese Region für die Evolution des aufrechten Ganges beim Menschen eine wichtige Rolle. Hier entwickelte sich zudem eine erstaunlich vielfältige Gemeinschaft wandernder Weidegänger, die ihrerseits vielen Räubern (Prädatoren) und Aasfressern Nahrung lieferten, von Löwen und Hyänen bis zu Geiern und Mistkäfern.

Im Serengeti-Masai-Mara-Ökosystem gibt es zwei Regenzeiten. Eine kürzere Regenzeit im November/Dezember lockt die wandernden Herden nach Süden; zu einer längeren Regenzeit kommt es zwischen März und Mai, und wenn diese Regengüsse abgetrocknet sind, ist dies das Signal für die Rückwanderung nach Norden und Westen.

Gnu, Thomson-Gazelle und Steppenzebra koexistieren aufgrund ihrer versetzten Wanderung und ihrer selektiven Ernährungsweise – ein Phänomen, das man als Weidesukzession bezeichnet. Die Steppenzebras machen sich als Erste auf den Weg und fressen die längsten, zähesten und trockensten Stängel; damit legen sie die weicheren, nahrhafteren Blätter und Halme für die folgenden Gnus frei. Die gute Versorgung mit Gnu- und Zebradung führt zu einem üppigen Rasen frischer Schösslinge, welche von den Gazellen, die sich als Letzte auf Wanderschaft begeben, mit ihren empfindlichen Mäulern abgeweidet werden.

Andere Pflanzenfresser, darunter Kaffernbüffel und Antilopen wie Impala, Grant-Gazelle, Kuhantilope und Topi, bleiben das ganze Jahr hindurch im selben Gebiet, oft in bewaldeten Regionen. Diese Arten sind weniger zahlreich; nur durch Wanderungen können Gnu, Thomson-Gazelle und Steppenzebra derart riesige Populationen aufrechterhalten.

Links Wandernde Gnus ziehen in langen Reihen über die Serengeti-Ebene in Tansania. Im Gänsemarsch bewegen sich die großen Herden langsam auf den fernen Horizont zu.

Unten, von links nach rechts Zebras können sich von langen, trockenen, faserhaltigen Gräsern ernähren, während Gnus kürzeres Gras bevorzugen. Thomson-Gazellen sind am wählerischsten und fressen vornehmlich die saftigsten jungen Halme.

Die wichtigsten Pflanzenfresser der Serengeti-Masai-Mara-Region

Art	Körpergewicht (in kg)*	Typische Nahrung	Typische Gruppengröße	Gruppengröße auf Wanderung	Population**
Gnu	165–290	Kürzere Stängel und Blätter von durchschnittlichem Nährwert	Herden bis zu 500 Weibchen und Jungtiere; die erwachsenen Männchen wandern separat	Einige Zehntausend	1,5 bis 1,8 Millionen
Thomson-Gazelle	20–30	Zarte junge Schösslinge von hohem Nährwert	Herden bis zu 150 Weibchen und Jungtiere; die erwachsenen Männchen wandern separat	Mehrere Tausend	350 000–450 000
Steppenzebra	220–320	Längste, zähe Stängel von oft geringem Nährwert	Harem von 3–8 Stuten und ihren Jungen, geführt von einem Hengst	Mehrere Hundert	200 000–250 000

* erwachsenes Männchen   ** in Serengeti–Masai-Mara

Gnu

Gnus, die über die Ebenen von Kenia und Tansania ziehen, gehören zu einer großen Wanderbewegung, an der mehr als zwei Millionen Weidegänger teilnehmen. Diese riesigen Herden, die das Grasland mit ihren Hufen, Zähnen und Ausscheidungen strukturieren, beeinflussen die Form des gesamten Savannen-Ökosystems.

Das Serengeti- und das Masai-Mara-Wildschutzgebiet bilden eine Schutzzone, die sich auf beiden Seiten der kenianisch-tansanischen Grenze im afrikanischen Grabenbruch (Great Rift Valley) erstreckt; seit den 1950er-Jahren ist dieses Gebiet zu einem Synonym für Tierwanderungen geworden. Die Namen dieser Schutzgebiete sind vor allem mit den spektakulären Massenwanderungen des Weißbartgnus verbunden, die sich nach der jahreszeitlich schwankenden und regenabhängigen Verteilung von frischem Gras in der Region richten. Zwischen 1,5 und 1,8 Millionen Gnus durchstreifen die 24 000 Quadratkilometer des Serengeti-Mara-Ökosystems; zu manchen Jahreszeiten bilden sie unermesslich große Herden, so weit das Auge reicht. Mit den Gnus wandern bis zu 350 000 Thomson-Gazellen sowie Elenantilopen und andere Antilopen in geringerer Zahl; dazu kommen rund 200 000 Steppenzebras.

Im Vergleich zum schlanken Bau vieler Verwandten in der Unterfamilie Antilopen (Antilopinae) sehen Gnus untersetzt und fast rinderartig aus. Mit ihrem länglichen Kopf, der zottigen Mähne und Brustbehaarung sowie dem ständig schlagenden Schwanz vermitteln sie den Eindruck von Masse und erinnern an einen zu klein geratenen Bison. Doch obgleich sie plump erscheinen mögen, sind Gnus sehr zäh und ausdauernde Wanderer. Da sie den größten Teil ihres Lebens in Bewegung sind, können sie den meisten Fressfeinden davonlaufen; diese lauern Gnuherden, die ihr Territorium durchqueren, zwar auf, können aber auf Dauer nicht mithalten. Mit anderen Worten ist Nomadentum eine effiziente Strategie, um den Einfluss von Raubfeinden zu minimieren, die selbst keine Nomaden sind.

DEM REGENBOGEN HINTERHERJAGEN

In ihrer viele Tausend Jahre währenden Evolution haben sich Gnus an die Nutzung einer Nahrungsquelle angepasst, die reichlich verfügbar ist (sodass sie sehr hohe Individuendichten erreichen können), dafür aber instabil (daher müssen sie ständig in Bewegung bleiben). Ihre Wanderzyklen folgen dem sprießenden jungen Gras an verschiedenen Orten – sie ziehen von einer «grünen Insel» zur nächsten. Es ist, als jagten sie den Regen bringenden Wetterfronten über die Savanne nach. Tatsächlich ist vermutet worden, dass die Wanderungen der Gnus teilweise von Veränderungen des Luftdrucks und der Luftfeuchtigkeit geleitet werden (für die Weidegänger wie Zebras nachweislich empfindlich sind), sowie von sichtbaren Hinweisen wie fernen Sturmwolken.

Die Gnus der Serengeti-Mara folgen einer annähernd kreisförmigen Wanderroute und legen pro Jahr bis zu 3200 Kilometer im Uhrzeigersinn zurück. Wie anderenorts variieren bei dieser Population Zeitpunkt und Entfernung der Wanderung von Jahr zu Jahr, doch zwei Hauptbewegungen stechen hervor: Von Juni bis September ziehen die Gnus nach Nordosten, wobei die Hauptbewegung gewöhnlich von Juli bis August stattfindet, und von November bis Dezember bewegen sie sich allmählich nach Südosten. Von Januar bis März halten sich die Tiere an ihren traditionellen Wurfplätzen in der südlichen Serengeti auf, vor allem im Ngorongoro-Schutzgebiet. Hier finden sich die Gnus zu eng aneinandergedrängten Gruppen zusammen, sodass ihre Dichte für ein paar Wochen tausend Tiere pro Quadratkilometer erreichen kann. Von der Spitze eines «Inselbergs», Kopje genannt, kann man dann auf einen Blick bis zu 100 000 Gnus ausmachen.

AUF EINEN BLICK

Wissenschaftl. Name	*Connochaetes taurinus*
Wanderroute	jährlicher Rundweg in der Serengeti-Mara-Region
Länge der Wanderung	bis zu 3200 km pro Jahr
Beobachtungsorte	Masai-Mara-Nationalpark, Kenia
Beobachtungszeiten	Juli–September

SERENGETI-WANDERUNG DER GNUS
- Kurzgrasebenen
- Waldgebiete
- → Juni
- → August
- → September–Oktober
- → November–Dezember

VERBREITUNGSGEBIET DER GNUS
- Gesamtverbreitung

Nach der Geburt der Jungtiere ziehen die Gnus in den westlichen Abschnitt ihrer Wanderschleife, wo von Mai bis Juni die jährliche Brunft stattfindet, bevor sie sich wieder nach Norden wenden.

Gnus wandern in einem stetigen Trott und bewegen sich in vielen langen, gewundenen Kolonnen über die Ebene. Gewöhnlich folgen sie auf breiter Front nicht genau festgelegten Pfaden (Breitfrontzug) – wandernde Herden sind ohne die Hilfe eines Flugzeugs oft schwer zu lokalisieren, und Touristen müssen oft enttäuscht umkehren. Am geschwollenen Mara River müssen sich die Gnus jedoch an einigen wenigen Stellen zusammendrängen, denn es gibt nur sieben Furten, an denen schon zahlreiche Nilkrokodile warten. Tatsächlich werden jedoch wahrscheinlich mehr Gnus von ihren panischen Artgenossen zu Tode getrampelt, als von Krokodilen gefressen.

NORD UND SÜD

In den meisten Jahren fällt im Norden von Serengeti-Mara doppelt soviel Regen wie in weiter südlich gelegenen Regionen. Der Norden ist geprägt von hohem Graswuchs und Baumsavannen, während der Süden baumlos ist und Kurzgras dominiert. Warum verlassen die Gnus dann den grüneren Norden? Es ist wohl so, dass die Herden selbst in dieser üppigen Umgebung die Ressourcen ihrer Umwelt rasch aufbrauchen. Zudem suchen sie auf ihrer Wanderung südwärts nach Proteinen und Mineralstoffen, vor allem Phosphaten, die auf den Baumsavannen im Norden knapp, auf den Grasflächen im Süden, die auf vulkanischen Böden wachsen, jedoch reichlich vorhanden sind. Vor allem die Weibchen sind auf diese Nährstoffe angewiesen, um Milch für ihre Kälber zu produzieren.

Unten Gelegentlich flüchtet eine Gnuherde, wie auf dieser Luftaufnahme zu sehen, und donnert im Galopp über die Savanne, doch in der Regel findet die Wanderung im gemächlichen Schritttempo statt.

SCHUTZ IN DER MASSE

Die Gnus der Serengeti-Mara werfen jährlich fast eine halbe Million Kälber, mindestens neunzig Prozent davon in einem engen Zeitfenster von 2 bis 3 Wochen zwischen Ende Januar und Mitte März. Die Kälber müssen innerhalb von zehn Minuten nach ihrer Geburt bereits auf eigenen Beinen stehen, denn Löwen und Tüpfelhyänen umkreisen die Herden und halten nach leichter Beute Ausschau. Der Tribut, den diese Räuber erheben können, ist jedoch begrenzt, und sie werden bald vom «Babyboom» überwältigt. Die synchronisierten Wurfzeiten sind eine Folge der ebenfalls kurzen und intensiven Brunft Ende Mai/Anfang Juni, wenn viele Hunderttausend Weibchen zur selben Zeit in den Östrus kommen. Es ist nicht genau bekannt, was dazu führt, dass all die Gnuweibchen, die über eine breite Fläche verstreut sind, plötzlich *en masse* empfängnisbereit werden. Vielleicht rufen die kehligen Brunftschreie der Bullen eine «Östrus-Epidemie» hervor, von der sämtliche Gnukühe angesteckt werden – auf jeden Fall machen die Bullen gemeinsam mehr Lärm als irgendeine andere Versammlung von Weidegängern.

Rechts Eine Gnukuh leckt ihr neugeborenes Kalb ab. Sobald es zum ersten Mal getrunken hat, werden sich die beiden der nächsten Mutter-Kind-Herde anschließen.

Afrikanischer Elefant

Für Afrikanische Steppenelefanten ist das Leben eine lange Wanderung, gelenkt von Regen- und Trockenzeiten. Eng verbundene Familienherden nutzen die genauen Kenntnisse ihres Lebensraums, um Wasser und lebenswichtige Mineralstoffe zu lokalisieren, und einsame Bullen begeben sich, von Testosteron getrieben, auf weite Wanderungen, um empfängnisbereite Weibchen zu finden.

Elefanten gehören zu den wenigen Arten großer landlebender Tiere, die – ebenso wie Nashörner, Bisons und Kaffernbüffel – die prähistorischen Zeiten überlebt haben. Sie sind schwergewichtige Pflanzenfresser mit einem entsprechenden Appetit – ein geschlechtsreifer Afrikanischer Elefantenbulle braucht bis zu 300 Kilogramm Nahrung pro Tag; das entspricht rund fünf Prozent seiner Körpermasse. Die unausweichliche Folge ist, dass diese Säuger ein großes Streifgebiet brauchen und eine stark nomadische Lebensweise entwickelt haben.

Der Aktionsradius eines Afrikanischen Steppenelefanten variiert je nach Verfügbarkeit von Nahrung und Wasser. In fruchtbaren Gebieten mit viel Regen kann er rund 15 Quadratkilometer umfassen, in ariden Regionen, wie in der Namib- oder Kalahari-Wüste können es hingegen bis zu 2000 Quadratkilometer sein. Elefanten leben auch in den Regenwäldern von West- und Zentralafrika, doch Verhalten und Wandermuster von waldbewohnenden Elefanten sind kaum bekannt und werden hier nicht diskutiert (die Karte zeigt nur die Verbreitung von Steppenelefanten).

UNTER WEIBLICHER LEITUNG

In der Savanne, die einen Großteil von Ost- und Südafrika bedeckt, leben Elefanten in von Weibchen dominierten oder matriarchalischen Gesellschaften. Eine typische Herde besteht aus mehreren erwachsenen Weibchen und ihren Kälbern, zusammen mit zwei Generationen herangewachsener Nachkommen. Die Mitglieder einer jeden Familie entwickeln sehr enge, langfristige emotionale Bindungen und werden von einem der ältesten und kräftigsten Weibchen geführt, der Matriarchin. Ihre Führung und ihre Erfahrung sind für das Wohlergehen der Herde außerordentlich wichtig; sie verkörpert das Gedächtnis der Familie und verfügt über eine mentale Karte voller Informationen über Wasserstellen, saisonale Nahrungsressourcen, mineralreiche Ablagerungen und Gefahrenquellen in ihrem Streifgebiet.

Steppenelefanten leben in einer Welt, die von der Suche nach Wasser geprägt ist. In der Trockenzeit, die sich 6 bis 7 Monate hinziehen kann, locken die wenigen zuverlässigen Wasserstellen Herden aus nah und fern an. Wenn sich die Dürre allmählich verschlimmert, können sich Elefanten in beträchtlicher Zahl an den Wasserlöchern einfinden, begleitet von anderen durstigen Pflanzenfressern, wie Antilopen, Zebras und Kaffernbüffeln.

Jedes Jahr zwischen April und Oktober findet am mäandernden Chobe River im Norden von Botswana die größte Elefantenversammlung auf Erden statt. Gegen Ende August, wenn die meisten Wasserstellen in der Region längst ausgetrocknet sind und die Mittagstemperaturen 40 °C erreichen, geben sich am Chobe River an die 45 000 Elefanten ein Stelldichein. Die Herden ziehen aus 325 Kilometer Entfernung zum Fluss und benutzen dabei altvertraute Routen, sodass man aus der Luft breit ausgetretene Pfade erkennen kann, die sich durch den ausgedörrten Busch ziehen. Diese «Elefanten-Schnellstraßen» werden von

AUF EINEN BLICK

Wissenschaftl. Name	*Loxodonta africana*
Wanderroute	saisonale Wanderbewegungen auf der Suche nach Wasser, Mineralstoffen und Geschlechtspartnern
Länge der Wanderung	Jede Wanderung kann mehrere Hundert Kilometer umfassen.
Beobachtungsorte	Chobe-Nationalpark, Botswana
Beobachtungszeiten	August–Oktober

VERBREITUNGSGEBIET
- Gesamtverbreitung
- Wanderung der Chobe-River-Herde

Unten Familiengruppen von Afrikanischen Elefanten wandern in enger Formation; dabei halten sich die verwundbaren jungen Kälber in der Mitte der Herde, wo sie am besten geschützt sind.

zahlreichen anderen Tierarten genutzt und dienen einer nützlichen Funktion im Ökosystem der Savanne; zudem keimen im umgepflügten Boden zahlreiche Pflanzensamen aus.

MINERALSTOFFE UND MUSTH

Neben der Suche nach genügend Wasser und Futter gibt es auch noch andere Gründe, die Elefanten veranlassen, sich auf Wanderschaft zu begeben. Da Gras und Blätter oft arm an Mineralstoffen sind, müssen sich die Elefanten an anderen Orten nach gewissen Mineralstoffen umsehen, vor allem nach Eisen-, Natrium- und Phosphorsalzen. Herden aus der kenianisch-ugandischen Grenzregion ziehen zu den Hängen des Mount Elgon, eines alten Vulkans, wo sie in Höhlen die dort reichlich vorkommenden Mineralsalze abkratzen. Generation um Generation haben Elefanten diese Reise zum Mount Elgon unternommen; das Wissen um diese Höhlen und den Weg dorthin ist ein wichtiger Teil ihrer ererbten Kultur und wird von Mutter an Tochter weitergegeben.

Da ältere Elefantenbullen solitär leben, müssen sie periodische Wanderungen unternehmen, um Geschlechtspartnerinnen zu finden. Ihre Wanderungen werden von einem Anstieg der Geschlechtshormone, vor allem von Testosteron, ausgelöst, dessen Spiegel das Fünfzigfache des normalen Wertes erreichen kann. Ein Bulle auf der Höhe seiner Fortpflanzungsbereitschaft – man sagt, er ist in «Musth» – wird ruhelos und aggressiv und wandert in seinem fieberhaften, hormongetriebenen Zustand innerhalb eines Monats unter Umständen mehrere Hundert Kilometer umher. Gewöhnlich suchen Bullen zu Beginn der Trockenzeit nach Geschlechtspartnerinnen, während sie die feuchten Monate dazu genutzt haben, sich ein Fettpolster zuzulegen, obgleich dieses Wanderverhalten ebenso wie der weibliche Östrus zu jeder Jahreszeit auftreten kann.

FERNKOMMUNIKATION

Offenbar lokalisieren Bullen in Musth Weibchenherden, indem sie auf die niederfrequenten Kontaktrufe – eine Art Infraschall – reagieren, mit deren Hilfe Elefantengruppen in Kontakt bleiben. Diese akustischen Signale sind erstaunlich weit tragend, besonders in ruhiger, kalter Luft, weshalb Elefanten vorwiegend zur Zeit der Abend- und der Morgendämmerung rufen. Die Schallwellen werden auch vom Boden weitergeleitet, und die Elefanten können sie mit Vibrationssensoren in ihren Füßen, den Paccinischen Körperchen, wahrnehmen.

Immer mehr Hinweise sprechen für die entscheidende Rolle, die Schallsignale bei Elefantenwanderungen spielen. Möglicherweise nehmen Herden sogar bis zu 250 Kilometer entfernte Gewitter wahr, sodass sie sich direkt in Richtung des Regens aufmachen können, auf den frisches Grün folgt.

Links In Süd- und in Ostafrika kommt es immer häufiger vor, dass Elefanten in Dörfern und Farmen randalieren, weil sich immer mehr Menschen auf Land ansiedeln, das früher offen und ohne Zäune war. Es wird daher immer schwieriger, den widerstreitenden Bedürfnissen von einheimischer Bevölkerung und wandernden Elefanten gerecht zu werden.

WANDERUNGEN MIT HINDERNISSEN

Im Lauf von vielen Jahrtausenden haben Steppenelefanten Wandermuster entwickelt, um mit Dürreperioden fertig zu werden, doch während der letzten hundert Jahre hat sich ihr Lebensraum radikal verändert. Große Landstriche von Afrika südlich der Sahara sind inzwischen zu einem Flickenteppich von eingezäunten Reservaten, Jagdhütten und Farmen geworden, was die freie Bewegung der Elefanten zunehmend einschränkt. Viele Herden sind tatsächlich auf kleinem Raum eingeschlossen. Werden sie vor Wilderern geschützt, kann es passieren, dass ihre Zahl die Tragfähigkeit ihres Lebensraums überschreitet und die Tiere beginnen, Waldgebiete zu zerstören, indem sie Bäume ausreißen und Pflanzen zertrampeln. Eine Lösung besteht darin, die Elefanten zu töten, um den Bestand in tragbaren Grenzen zu halten *(culling)*. Von 1966 bis 1994 war dies die gängige Strategie im Krüger-Nationalpark; dort schätzte man die optimale Elefantenpopulation auf 7000 bis 7500 Tiere. Seit diese Praxis 1994 beendet wurde, sind einige Zäune des Parks entfernt worden, damit die Elefantenpopulation ihre Zahl durch Auswandern selbst regulieren kann. Eine andere nicht letale Möglichkeit besteht darin, die überzähligen Elefanten in andere Gebiete umzusiedeln.

Von der Wüste ins Delta

Das fruchtbare Okavango-Delta im südlichen Afrika ist eine ganz andere Welt als die ausgedörrten Ebenen, Salzpfannen und Sandwüsten, die es von allen Seiten umgeben. Zur Zeit der jährlichen Überschwemmung wird das smaragdgrüne und saphirblaue Feuchtgebiet zeitweilig zu einem Refugium für große Scharen von Wildtieren.

Im April und Mai erwacht das Okavango-Delta zum Leben und verwandelt den Nordwesten von Botswana in eines der größten Feuchtgebiete der Erde. Es wird von sintflutartigen Regenfällen aus den fernen angolanischen Bergen gespeist, deren Wasser aufgrund einer geologischen Besonderheit des Terrains ins Landesinnere statt ins Meer fließt. Die Flutwelle transportiert zehn Milliarden Kubikmeter schlammbeladenen Wassers durch den mäandernden Okavango-Fluss hinunter und füllt damit ein Labyrinth von tief gelegenen Lagunen, Sumpf- und Überschwemmungsgebieten auf. Schließlich umfasst die sumpfige Wildnis 15 000 Quadratkilometer, doch bis September ist sie bereits wieder geschrumpft, weil das Wasser in der brütenden Hitze rasch verdunstet.

Die Überschwemmung löst einen großen Zustrom von Pflanzenfressern aus, vor allem Elefanten, Steppenzebras, Kaffernbüffel, Gnus, Kuhantilopen und Springböcke. Die meisten kommen aus der nördlichen Kalahari-Wüste und den Makgadikgadi-Salzpfannen – einer riesigen Salzwüste, die von November bis April Wasser führt, sich zu anderen Zeiten aber in eine leblose Einöde verwandelt. Im Delta angelangt, folgen die Herden häufig den ausgetretenen Pfaden, die von den einheimischen Flusspferden angelegt wurden. Einige verbringen die ganze Trockenzeit der Kalahari im Delta, während andere mehrere Hundert Kilometer weiter nach Norden, bis zum Linyati-Sumpfgebiet und zum Chobe River, ziehen, bevor sie sich schließlich wieder nach Süden wenden.

Oben Diese Satellitenaufnahme (von Norden gesehen) zeigt die ariden Ebenen von Botswana; die auffällige «Pfannenstiel-Form» des Okavango-Deltas ist deutlich zu erkennen.

Links Elefanten waten durch einen der unzähligen Wasserkanäle, die sich nach der winterlichen Überschwemmung bilden. Trotz ihrer Größe sind Elefanten gute Schwimmer, die ihren Rüssel beim Durchqueren tiefer Lagunen als Schnorchel benutzen.

Unten, von links nach rechts Das Hochwasser führt zu einem explosiven Pflanzenwachstum, das Weidegängern, die von nah und fern ins Delta strömen, reichlich Nahrung verspricht. Zu den Arten, die sich dort versammeln, gehören Kaffernbüffel und Zebras, die in großen Herden über die grünen Weideflächen und Sumpfgebiete ziehen, dicht gefolgt von Raubtieren wie Löwen.

Mongoleigazelle

Mehr als eine Million Gazellen durchstreifen die mongolischen Steppen, eines der größten, noch existierenden Grasland-Ökosysteme der Welt. Die ruhelosen Herden bleiben selten länger an einem Ort und legen pro Jahr Tausende von Kilometern zurück, doch die komplexen Bewegungen dieser nervösen Tiere sind noch nicht völlig aufgeklärt.

Wenn wir an große Herden von Weidegängern denken, haben wir gemeinhin die ostafrikanische Savanne oder den nordamerikanischen Mittleren Westen vor Ankunft der weißen Siedler vor Augen. Im Vergleich zu diesen berühmten Naturschauspielen sind die riesigen Gazellenherden in der östlichen Mongolei so gut wie unbekannt. Der Grund dafür ist einfach: Die Isolation der Steppen und ihr extremes Klima – bitterkalte subarktische Winter und glühend heiße Sommer, in denen die Temperaturen tagsüber vierzig Grad Celsius übersteigen – machen es sehr schwierig, die Biologie der Mongoleigazelle zu untersuchen. In einem endlosen Meer aus Gras, das eine Fläche von 260 000 Quadratkilometer bedeckt, nach diesen wachsamen, mobilen Tieren zu suchen, gleicht der sprichwörtlichen Suche einer Nadel im Heuhaufen.

UNGEZÄHMTE WILDNIS

Besuchern erscheinen die Steppen oft öde und verlassen. Ohne Bäume, Hecken oder Straßen wirkt die Landschaft konturlos: eine einsame, sanft geschwungene Ebene, die sich in alle Himmelsrichtungen bis zum Horizont erstreckt. Doch tatsächlich handelt es sich um ein höchst produktives Biom, das hohe Populationsdichten von wilden Huftieren ernähren kann. Im Jahr 1989 wurde die Zahl der Gazellen in der Ostmongolei und den benachbarten Regionen von Südrussland und Nordostchina auf ein bis zwei Millionen Tiere geschätzt; dazu kommt eine kleinere Zahl von Tieren, die in der Westmongolei lebt.

Anders als die amerikanischen Prärien und viele andere Graslandschaften in gemäßigten Breiten, die nur bruchstückhaft erhalten sind, sind die Steppen im entlegenen Osten der Mongolei in weiten Teilen noch intakt. Die natürliche Steppenvegetation, die von Federgräsern sowie spärlich verteilten Zwergsträuchern dominiert wird, hat bisher überlebt, weil Oberflächenwasser so knapp ist, dass Ackerbau praktisch unmöglich und auch Rinder- und Schafszucht nur eingeschränkt möglich sind.

Oben In der flimmernden Mittagshitze verschwimmen die höchst mobilen Gazellengruppen leicht mit ihrer Umgebung, doch in der Morgen- oder Abenddämmerung sind sie leichter zu entdecken.

Gegenüber Zusammen mit den Gazellen leben nomadische Viehzüchter in der Steppe, die auf ihren Pferden mit ihren Herden ziehen und in runden, «Jurten» genannten Zelten wohnen. Ihr Vieh konkurriert zunehmend mit den Wildtieren um Weidegründe und die kostbaren Wasserreserven.

ECHTE NOMADEN

Mongoleigazellen, auch Mongolische Gazellen genannt, sind an diesen kargen Lebensraum gut angepasst. Sie kommen mit lang anhaltender Dürre, Winterkälte und Sommerhitze zurecht – und vor allem trödeln sie nicht herum. Wie eine Studie herausfand, ziehen die Gazellen selbst außerhalb ihrer Hauptwanderzeit mindestens 19 Kilometer pro Tag. Ihr nomadischer Lebensstil wird durch die ständige Suche nach frischen Weidegründen und die Notwendigkeit angetrieben, der dicken Schneedecke zu entkommen, die in einigen Gebieten bis in den April hinein liegen bleibt. Auch die Suche nach lebenswichtigen Mineralsalzen und das Meiden von Raubfeinden sowie Schwärmen stechender oder beißender Insekten spielt dabei eine Rolle.

Wie die meisten Antilopen entziehen sich Mongoleigazellen Gefahren durch ihre erstaunliche Fluchtgeschwindigkeit, aber auch ihr Gruppenleben erleichtert es ihnen, auf der Hut zu sein und nach Feinden – vorwiegend Wölfen – Ausschau zu halten. Dem Vernehmen nach können sie im Spurt eine Geschwindigkeit von 65 Kilometer pro Stunde erreichen und diese über 14 Kilometer lang aufrechterhalten. Eine typische Gruppe umfasst 20 bis 30 Gazellen und kann im Winter auf 100 bis 120 Tiere anwachsen. Im Frühjahr und im Frühsommer werden die Gruppen für kurze Zeit deutlich größer und außerordentlich variabel: Verschiedene Herden mischen und trennen sich wieder und können lockere Ansammlungen von 6000 bis 8000 Tieren bilden. Der Forscher George Schaller hat beschrieben, wie mehrere Zehntausend Gazellen gelegentlich abends eine Superherde bilden, die sich nach Tagesanbruch wieder zerstreut.

WERTVOLLE ERKENNTNISSE

Mongoleigazellen sehen sich immer mehr Bedrohungen gegenüber, darunter Bejagung, Ölbohrungen, Nahrungskonkurrenz durch Viehhaltung sowie künstliche Barrieren auf ihren Wanderrouten, wie Zäune und Pipelines. Um einen Plan zum Schutz der Gazellen zu entwickeln, hat die Wildlife Conservation Society (WCS) von Nordamerika ein Forschungsprojekt ins Leben gerufen, in dem Lebenszyklus und ökologische Bedürfnisse der Gazellen untersuchen werden sollen. Die Forscher fangen neugeborene Kälber, wiegen sie, prüfen ihren Gesundheitszustand und stellen das Geschlechterverhältnis der neuen Generation fest. Sie suchen auch nach Krankheiten, wie Maul- und Klauenseuche, die zwischen Gazellen und Hausrindern übertragen werden und zu Konflikten mit Viehzüchtern führen können. Weitere Bestandsaufnahmen in der Region haben die ersten präzisen Daten über Größe und Struktur von Mongoleigazellen-Populationen geliefert.

Rechts WCS-Feldforscher wiegen eine junge Gazelle.

VERBREITUNGSGEBIET DER MONGOLEIGAZELLE
■ Gesamtverbreitung

AUF EINEN BLICK

Wissenschaftl. Name	*Procapra gutturosa*
Wanderroute	ganzjährige nomadische Wanderbewegungen
Länge der Wanderung	Jede Wanderung kann mehrere Hundert Kilometer umfassen.
Beobachtungsorte	Choibalsan-Region, Ostmongolei
Beobachtungszeiten	Juni–Juli

SYNCHRONISIERTES KALBEN

Die Paarungszeit der Mongoleigazellen liegt im November und Dezember. Wenn der Schnee im Frühjahr schmilzt, können die Herden über die Steppen nach Norden zu ihren sommerlichen Weidegründen ziehen, wobei sie pro Tag bis zu 300 Kilometer zurücklegen und Flüsse durchschwimmen, die ihren Weg blockieren. Ende Juli treffen sie an ihren traditionellen Wurfplätzen ein, wo die hochträchtigen Weibchen kalben.

Wie die Gazellen zu ihren Wurfplätzen finden, ist nicht bekannt, doch für kurze Zeit gibt sich dort die größte Ansammlung von Großsäugern in ganz Asien ein Stelldichein. Die Gazellenmännchen versammeln sich am Rand der Wurfplätze, während die Weibchen reine Weibchenherden bilden. Jedes Muttertier bringt ein bis zwei Kälber zur Welt, und zwei Drittel aller Weibchen kalben innerhalb einer Woche, sodass die Steppe geradezu gesprenkelt ist mit jungen Gazellen. Bereits im Alter von einer Woche folgen die Jungtiere ihren Müttern auf kurzen Trips zur Nahrungssuche; nach einigen Wochen beenden die Gazellen ihre kurze Sesshaftigkeit, verlassen die Wurfplätze und nehmen ihr Wanderleben wieder auf.

Synchronisierte Fortpflanzung ist eine gegen Raubfeinde gerichtete Strategie, die diese Gazellen mit anderen Steppenbewohnern wie Karibus, Gnus und Schneegänsen teilen (s. S. 44–45, 56–57 und 118–119). Durch die plötzliche Flut von Jungtieren werden Räuber mit einem Überangebot an Beute konfrontiert, und da die Beutemenge, die ein Räuber konsumieren kann, begrenzt ist, bleibt der größte Teil der Jungtiere verschont.

Berglemming

Berglemminge können sich im Rekordtempo vermehren, und in manchen Jahren schießt ihre Zahl steil in die Höhe. Dann drängen Heerscharen hungernder Lemminge auf Nahrungssuche aus den skandinavischen Bergen ins Tiefland, bekämpfen sich gegenseitig und fallen über Feldfrüchte her.

Weltweit machen Nager mehr als vierzig Prozent aller Säugerarten aus, doch nur wenige Arten kann man wirklich als wandernde Arten bezeichnen – die geringe Größe der meisten Nager verhindert regelmäßige Fernwanderungen, und die meisten Arten verbringen ihr ganzes Leben im selben Territorium. Lemminge sind zweifellos die berühmtesten wandernden Nager. Ihr extremer Populationsanstieg in manchen Jahren («Lemmingjahren») und die anschließenden Masseninvasionen in angrenzende Gebiete haben die Menschen seit Jahrhunderten fasziniert, doch es ist nach wie vor ein Rätsel, was genau sich hinter diesem Phänomen verbirgt. Die dramatischen Fluktuationen der Lemmingzahlen von einem Jahr zum anderen, die als Lemmingzyklen bezeichnet werden, werden zwar wissenschaftlich erforscht, doch eine abschließende Antwort steht noch aus.

Alle fünf Arten der Gattung *Lemmus* haben «zyklische» Populationen und leben in der Arktis. In normalen Jahren beschränkt sich das Vorkommen von Berglemmingen auf den Norden von Norwegen, Schweden und Finnland sowie den Nordwestzipfel von Russland. Wie ihre Verwandten haben diese Lemminge ein dichtes, samtweiches Fell und behaarte Pfoten zum Schutz vor der Kälte, doch während die anderen Arten die offene Tundra bewohnen, bevorzugen Berglemminge feuchte Weiden- und Birkenwälder in höheren Lagen.

RASANTE VERMEHRUNG

Berglemminge können ausgezeichnet graben und legen im Sommer Tunnelsysteme an, aus dem sie rund um die Uhr (so weit im Norden geht die Sonne nicht unter) ins Freie gelangen können, um den saftigen Teppich aus Gräsern und krautigen Pflanzen auf dem Waldboden abzuweiden. Im Winter verlassen sie ihre Baue und ziehen bergauf zu schneebedeckten Torfmooren, wo sie unter der Schneedecke Tunnel anlegen. In diesen gefrorenen Gängen sind die Lemminge geschützt; sie halten keinen Winterschlaf, sondern bleiben den ganzen Winter hindurch aktiv und knabbern Wurzeln und Moose ab, um zu überleben. Erstaunlicherweise können sich die Weibchen den ganzen Winter hindurch fortpflanzen.

Lemmingweibchen sind den Männchen zahlenmäßig überlegen und haben ein phänomenales Fortpflanzungspotenzial. Im Frühjahr und im Sommer, wenn es reichlich Nahrung gibt, werfen die Weibchen nach einer Trächtigkeit von nur 16 bis 20 Tagen bis zu zwölf Junge, wobei der Abstand zwischen den Würfen lediglich rund einen Monat beträgt. Sobald die weiblichen Jungtiere aus diesen Würfen 2 bis 3 Wochen alt sind, beginnen sie ebenfalls mit der Fortpflanzung. Daher steigt die Zahl der Lemminge unter günstigen Bedingungen explosionsartig an und nimmt zwischen Frühjahr und Herbst manchmal um das Zweihundertfache zu. Wenn das geschieht, werden die Tiere so zahlreich, dass ein Wanderer kaum einen Schritt tun kann, ohne sie in alle Richtungen auseinanderzujagen.

Unten Lemminge sind überraschend gute Schwimmer. Bei einem starken Populationsanstieg kann die Überbevölkerung so drängend werden, dass hungernde Lemminge auf der Suche nach Nahrung Seen und Flüsse oder selbst Meeresbuchten durchqueren.

Ein Populationswachstum dieser Größenordnung kann nicht uneingeschränkt weitergehen, daher bricht der Lemmingbestand nach 3 bis 5 Jahren aufgrund von Hunger und Platzmangel plötzlich zusammen. Der Zyklus wiederholt sich immer wieder, wobei es alle 30 bis 35 Jahre zu einem besonders hohen Gipfel kommt; dann löst die chronische Überbevölkerung eine Massenwanderung aus. In einem solchen Fall breitet sich eine Lemmingwelle über das Land aus, die sich pro Tag bis zu 16 Kilometer weiter vorschiebt.

AUSWANDERUNG

Wandernde Lemminge ziehen in keine bestimmte Richtung. Vom Hunger getrieben, verteilen sich die Auswanderer nach dem Zufallsprinzip und überqueren alle möglichen Hindernisse, von Flüssen und Seen bis zu Straßen, was mit einer hohen Verlustrate einhergeht; bei der Lemmingwanderung 1970 wurden beispielsweise auf einem Straßenabschnitt von 195 Kilometer Länge 20 000 Lemminge überfahren. Die höchste Dichte tritt dort auf, wo das Gelände die Tiere zum Zusammendrängen zwingt, und an diesen Engpässen («Zugtrichtern»)

Oben Wenn die Zahl der Lemminge einen Höhepunkt erreicht, fällt es Raubtieren wie diesem Polarfuchs leicht, Beute zu machen; die plötzliche Nahrungsschwemme ermöglicht den Prädatoren dann, große Familien aufzuziehen.

reagieren die gestressten Tiere aggressiv auf einander und zeigen auch keinerlei Furcht vor Menschen. Nur sehr selten stürzen die Tiere über Klippen oder versuchen, aufs Meer hinauszuschwimmen.

Diese spektakulären Ereignisse werden von Wissenschaftlern als Auswanderung bezeichnet – Bewegungen in eine Richtung ohne die Absicht zurückzukehren, ähnlich wie die Emigration beim Menschen. Neben Lemmingen unternehmen einige andere Nager aus nördlichen Breiten Auswanderbewegungen, darunter die in Skandinavien heimischen Populationen der Erdmaus, die in Japan heimische Graurötelmaus und die in Alaska heimische Wiesenwühlmaus. Auf lange Sicht ermöglicht ein solches Verhalten diesen Arten, ihr Verbreitungsgebiet auszudehnen, indem sie neue Territorien besiedeln, das hat zur Folge, dass sie sich zumindest theoretisch an allmähliche Klimaveränderungen anpassen können.

AUF EINEN BLICK

Wissenschaftl. Name	*Lemmus lemmus*
Wanderroute	Eine Populationsexplosion zwingt die Lemminge zur Abwanderung.
Länge der Wanderung	bis zu 160 km
Beobachtungsorte	Bergwälder und Hochmoore in Nordskandinavien
Beobachtungszeiten	Mai–August (Wanderungen unregelmäßig; erfolgen im Herbst)

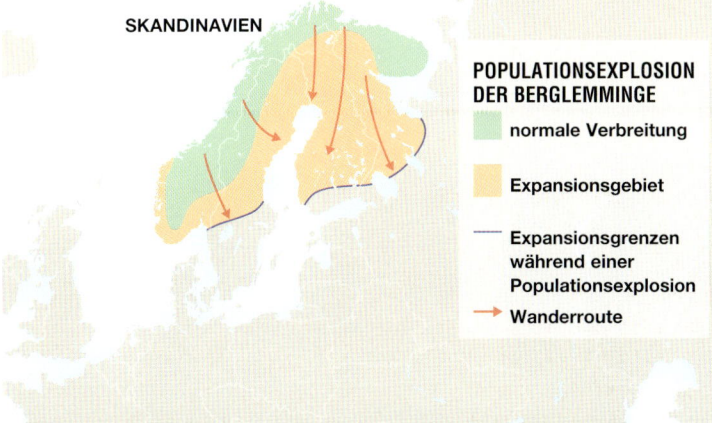

SKANDINAVIEN

POPULATIONSEXPLOSION DER BERGLEMMINGE
- normale Verbreitung
- Expansionsgebiet
- Expansionsgrenzen während einer Populationsexplosion
- Wanderroute

LEMMINGLEGENDEN

«Lemmingjahre» haben zu zahlreichen Volksmythen geführt, von denen einige bis ins Mittelalter zurückreichen. Eine Legende aus der Mitte des 16. Jahrhunderts berichtet, dass die Lemmingscharen Wolken bildeten und wie Regen auf die Erde fielen; auch in Kirchenbüchern zeichnete man die Lemmingwanderungen auf, weil diese als Zeichen eines bevorstehenden Krieges gedeutet wurden. Die Inuit kennen ebenfalls eine Reihe von Lemminglegenden; so erzählen sie, die Tiere seien mit den Schneestürmen gekommen und stammten eigentlich aus dem Weltall. Frühe Zoologen entwickelten die Idee, Lemminge schwämmen ins Meer, um ihre alte Heimat wiederzufinden, eine Art Nager-Atlantis. Am hartnäckigsten hält sich jedoch der Mythos, dass Lemminge scharenweise Selbstmord begehen, indem sie sich von den Klippen ins Meer stürzen und sich so ertränken. Der Disney-Dokumentarfilm *White Wilderness* aus dem Jahr 1958 enthielt bekanntermaßen gefälschte Filmszenen eines Massenselbstmords, der mit gefangenen Tieren inszeniert wurde. Es hat jedoch auch ernsthafte Bemühungen gegeben, dieses Verhalten zu erklären; so wurde zum Beispiel argumentiert, Lemminge zeigten dieses Verhalten, nachdem sie aufgrund von Nahrungsmangel Giftpflanzen gefressen hätten.

Rechts In Lemmingjahren tauchen Lemminge auch in städtischen Gebieten in Parks und Gärten auf. Viele dieser Lemminge werden überfahren.

Kaiserpinguin

Die strapaziösen Märsche, die Kaiserpinguine zu und von ihren Brutkolonien auf dem antarktischen Schelfeis unternehmen, sind zu einem Symbol für die Gefahren geworden, die das Leben auf dem «Großen weißen Kontinent» mit sich bringt. Die Pinguineltern wechseln sich ab, um vom Meer über die gefrorene Einöde zu ihrem wartenden Küken zu eilen; dabei trotzen sie Witterungsbedingungen, die zu den härtesten auf Erden gehören.

Die meisten Tiere, die in der Packeiszone des Südpolarmeeres leben, darunter Buckelwale und Küstenseeschwalbe (s. S. 78–79 und 142–143), sind Langstreckenzieher, die nur ein paar Monate im Sommer zu Besuch kommen und dann wieder nach Norden ziehen. Nur sehr wenige Arten halten sich ganzjährig hier auf. Ohne Zweifel ist der bekannteste Antarktisbewohner der Kaiserpinguin, der rund um das antarktische Festland circumpolar verbreitet ist. Nur selten findet man die Vögel in wärmeren Gewässern; ihr Lebenszyklus wird von dem jahreszeitlichen Vordringen und Zurückweichen des Eises bestimmt.

EINE WELT AUS EIS

Zwischen Januar und März – Spätsommer im Südpolarmeer – streifen Kaiserpinguine in den kalten, nährstoffreichen Gewässern umher, die die Küste der Antarktis und ihrer vorgelagerten Inseln umgeben. Die Pinguine jagen Krill, Fische und Kopffüßer und folgen ihrer Beute in die produktivsten Meeresregionen. Wenn das Meer ab März zufriert, ziehen die Kaiserpinguine im Fortpflanzungsalter (vier Jahre und älter) nach Süden, sammeln sich vor der Antarktisküste und warten, bis das Eis tragfähig ist. Dann beginnen sie mit ihrer Wanderung landeinwärts.

Nur wenige Kaiserpinguine setzen jemals wirklich den Fuß ins Landesinnere. Vielmehr wandern sie über sogenanntes Festeis: Meereisschollen, die mit der Antarktisküste verbunden sind. Fast alle vierzig Kaiserpinguin-Brutkolonien liegen auf Festeis. Das Eis muss bis Ende Dezember «vor Anker» liegen, damit die Pinguine erfolgreich brüten können; wenn es zu dünn ist und zu früh abbricht, könnten die Küken von ihren Eltern getrennt werden und in den Tod driften. Aus diesem Grund variiert die Länge der Pinguinwanderungen. In Gebieten mit dickem, starkem Festeis liegen die Kaiserpinguinkolonien nur wenige Kilometer vom offenen Meer entfernt; ist das Eis hingegen weniger stabil, sind die Kolonien unter Umständen bis zu 200 Kilometer von der Eiskante entfernt.

DER LANGE MARSCH

In März und April wandern die Pinguine zu ihren Kolonien, wobei sie lange Reihen bilden, die sich wie Karawanen über die Eisfläche winden. Offensichtlich können sie sich auf ihrer Wanderung nicht nach Landmarken richten, da sich die Eislandschaft ständig verändert. Einer Theorie zufolge nutzen sie die Spiegelung des Wassers an Wolken, die eine Art «Wasserhimmel» schafft, aber das kann nur die Navigation in Richtung Meer erklären, nicht in Richtung Brutkolonie. Wie sie sich tatsächlich orientieren, ist bisher umstritten.

Nach Ankunft in der Brutkolonie bilden die Pinguine rasch Paare, und nach einer lärmenden Werbephase legt das Weibchen gewöhnlich im Mai oder Anfang Juni ein einziges Ei. Anschließend kehrt das Weibchen sofort ins Meer zurück, um nach Nahrung zu suchen, und lässt das zunehmend hungriger werdende Männchen zurück, um in der anhaltenden Dunkelheit des arktischen Winters das Ei auf seinen Füßen, durch eine Bauchfalte geschützt, zu bebrüten. Während der neunwöchigen Bebrütungsdauer drängen sich die Pinguinmännchen an geschützten Stellen einer Schelfeisformation dicht zusammen und wärmen sich gegenseitig, um den heulenden Winden zu trotzen, die den Chill-Faktor auf –60 °C treiben. Sie haben den ganzen Kontinent praktisch für sich allein, denn außer Robben und Menschen überwintert kein anderes Wirbeltier in der Antarktis.

PERFEKTES TIMING

Im Juli kehren die Kaiserpinguinweibchen, die sich beim wochenlangen Fischfang eine Fettschicht angefressen haben, in die Kolonie zurück. Sie passen ihre Rückkehr zeitlich so ab, dass sie mit dem Schlüpfen der Küken zusammenfällt. Selbst wenn sie eine Woche zu spät eintreffen, ist noch nicht alles verloren, weil die Männchen, obwohl halb verhungert, in ihrer Speiseröhre eine milchige Flüssigkeit sezernieren und das Küken damit vorm Verhungern bewahren können.

Unten Kaiserpinguineltern müssen die Eisflächen vor der Küste überqueren, um Futter für ihr Junges zu holen. Da ihr Körperbau eher ans Schwimmen denn ans Laufen angepasst ist, können sie an Land nur mühsam watscheln und rutschen oft auf dem Bauch vorwärts, um Energie zu sparen.

Oben Ein einzelner erwachsener Kaiserpinguin beaufsichtigt einen «Kindergarten» halbwüchsiger Jungvögel, während die anderen Altvögel der Kolonie auf Fischfang sind. Die Jungvögel drängen sich eng zusammen, um warm zu bleiben, den meist gesenkten Kopf zum Zentrum der Gruppe gewandt.

Vermutlich lokalisieren die Weibchen ihren Partner im Gedränge der eng zusammenstehenden Männchen anhand seines charakteristischen Rufes, und nachdem die Partner sich begrüßt haben, erhält das Küken seine erste richtige Mahlzeit: einen proteinreichen Brei, den das Weibchen aus seinem Kropf hochwürgt. Endlich ist das Männchen seiner Pflichten ledig und eilt zum Meer, um sein Fasten zu brechen. Das ist wohl das Bemerkenswerteste an der Wanderung der Kaiserpinguine, denn ein Männchen nimmt im Normalfall 13 bis 16 Wochen keine Nahrung zu sich und verliert dabei 40 bis 45 Prozent seines Körpergewichts.

Sechs Wochen lang kehren die Eltern abwechselnd ins Meer zurück und kommen jedes Mal mit einem Kropf voller Nahrung zu ihrem Küken zurück; danach ist es alt genug, um mit den übrigen Jungvögeln der Kolonie im Kindergarten zu bleiben, während die Eltern auf Fischfang gehen. Wenn das Eis schmilzt, verkürzt sich der Weg zum offenen Meer, daher sinkt auch der Abstand zwischen den Fütterungen. Im Durchschnitt wird ein Kaiserpinguinküken ein Dutzend Mal gefüttert, bevor es bereit ist, im Dezember oder Januar selbst zum Meer zu wandern. Der gesamte Brutzyklus der Art ist so abgestimmt, dass die fünf Monate alten Küken im antarktischen Sommer erstmals selbstständig auf Jagd gehen, wenn es reichlich Nahrung gibt und die Überlebenschancen am besten sind.

AUF EINEN BLICK

Wissenschaftl. Name	*Aptenodytes forsteri*
Wanderroute	Wandert zwischen Brutkolonien und dem Meer hin und her.
Länge der Wanderung	bis zu 200 km pro Fangtrip
Beobachtungsorte	Snow Hill Island, Weddellsee
Beobachtungszeiten	November–Dezember

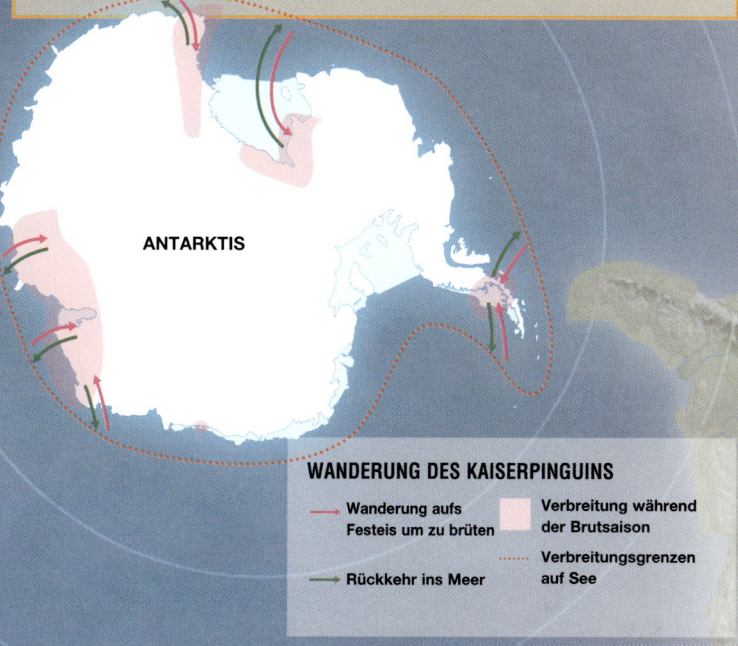

WANDERUNG DES KAISERPINGUINS

— Wanderung aufs Festeis um zu brüten
— Rückkehr ins Meer
▫ Verbreitung während der Brutsaison
┄ Verbreitungsgrenzen auf See

BEDROHUNG DURCH DEN KLIMAWANDEL

Der Kaiserpinguin verdankt sein Überleben der Fähigkeit, Nahrung zu transportieren und lange zu fasten, doch seine genau abgestimmten Wanderungen geraten durch die globale Klimaerwärmung aus dem Gleichgewicht. In den 1990er-Jahren werteten französische Zoologen Daten über Kaiserpinguinpopulationen aus der Kolonie bei Point Géologie aus, die vierzig Jahre weit zurückreichten. In den Jahren mit höherer Meerestemperatur und weniger Eis wanderten die Vögel zum Brüten weiter ins Landesinnere, und der Krill war knapper, was zu einer höheren Mortalität und einer geringeren Schlüpfrate führte. Während einer längeren Warmperiode zu Ende der 1970er schrumpfte die Point-Géologie-Kolonie um die Hälfte.

Rotseitige Strumpfbandnatter

Im Frühling, wenn die Rotseitigen Strumpfbandnattern in sich windenden Knäueln ihre Winterquartiere verlassen, findet in den sumpfigen Ebenen von Zentralkanada für ein paar Wochen die weltweit größte Versammlung von Schlangen statt. Diese dramatischen Szenen wiederholen sich im Herbst, wenn die Schlangen in ihre Baue zurückkehren, um dort den Winter zu verschlafen.

AUF EINEN BLICK

Wissenschaftl. Name	*Thamnophis sirtalis parietalis*
Wanderroute	zu und von den Überwinterungsquartieren
Länge der Wanderung	bis zu 20 km pro Strecke, möglicherweise auch mehr
Beobachtungsorte	Narcisse Wildlife Management Area, Manitoba, Kanada
Beobachtungszeiten	Ende April–Mai

Rotseitige Strumpfbandnattern verbringen die acht kältesten Monate des Jahres in einer tiefen Winterstarre, um dann zu erwachen und den kurzen Sommer in einem Fress- und Paarungsrausch zu verbringen. Diese außerordentliche Stop-and-Go-Existenz ist die einzige Möglichkeit für diese wechselwarmen Tiere, das extreme Kontinentalklima von Zentralkanada zu überleben, wo die Temperaturen im Winter auf −40 °C fallen. Ein Zyklus von lang anhaltender Starre (Torpor), unterbrochen von einer hochaktiven Sommerphase, erfordert ein präzises Zeiterfassungssystem und stellt außerordentliche Anforderungen an die Körperprozesse der Schlangen, die ihren Stoffwechsel so weit drosseln, dass kaum noch ein Lebenszeichen zu spüren ist.

LEBEN IM GEFRIERSCHRANK

Die Rotseitige Strumpfbandnatter ist eine Unterart der Gewöhnlichen Strumpfbandnatter, die in großen Teilen von Nordamerika häufig ist. Von den elf bekannten Unterarten sind die Rotseitigen Strumpfbandnattern am weitesten nach Norden vorgedrungen: Die nördliche Grenze ihres Verbreitungsgebiets zieht sich von British Columbia über die Nordwest-Territorien bis nach Ontario und reicht stellenweise bis zu 60° nördlicher Breite. Keine andere amerikanische Schlange lebt so nahe an der Arktis. Strumpfbandnattern produzieren ein schwaches Gift, sind für Menschen aber nicht gefährlich.

Obgleich Massenüberwinterungen keineswegs nur bei Rotseitigen Strumpfbandnattern vorkommen, bildet diese Unterart doch die spektakulärsten Winteransammlungen. Jeden Herbst kommen in der Narcisse Wildlife Management Area in Manitoba (Kanada) geschätzte 50 000 dieser Schlangen zusammen und verschwinden in vier Haupt-«Winterhöhlen» sowie mehreren kleineren Bauen. Die Größe dieser Schlangenversammlungen ist durch zwei besondere Umweltfaktoren bedingt. Zum einen bietet das Narcisse Area den Strumpfbandnattern viel idealen Lebensraum (Tümpel und Sümpfe), in dem ihre Lieblingsbeute – Fröschen – so häufig ist, dass sich hier eine große Schlangenpopulation entwickeln konnte. Zum anderen zeichnet sich das Gebiet durch gute Überwinterungsmöglichkeiten aus (tiefe Spalten und Kavernen in Kalksteinaufschlüssen); aus diesem Grund suchen die Schlangen diese bevorzugten Örtlichkeiten in so großer Zahl auf.

Herpetologen haben experimentell untersucht, wie hoch die Gefriertoleranz von Rotseitigen Strumpfbandnattern ist, und festgestellt, dass die Schlangen im Herbst selbst dann kurze Zeit überleben können, wenn ihre Körperflüssigkeiten zu vierzig Prozent gefroren sind. Nach etwa zehn Stunden sterben die Schlangen jedoch in der Regel, und sie verlieren diese Kältetoleranz im tiefsten Winter völlig – mit anderen Worten ist ihre Kältetoleranz eine kurzfristige Taktik, um mit verfrühten Kälteeinbrüchen im Herbst fertig zu werden. Diese Fähigkeit kann die Schlangen nicht durch den ganzen Winter bringen; deshalb müssen sie sich in den Boden zurückziehen, um unterhalb der Frostgrenze Schutz zu suchen. Einmal in ihrem Winterquartier, können die Schlangen sicher «abschalten» und auf das nächste Frühjahr warten.

Links Ein warmer, sonniger Frühlingstag lockt die Strumpfbandnattern aus den unterirdischen Bauen, in denen sie überwintert haben. Für mehrere Tage verwandelt sich der felsige Untergrund dann in einen wahren Hexenkessel aus Schlangenkörpern.

Oben Kanadas Sümpfe und schilfgesäumte Tümpel bieten den Rotseitigen Strumpfbandnattern ideale Jagdgründe, um Fröschen nachzustellen.

VERBREITUNGSGEBIET

- Gesamtverbreitung
- Winterquartier der Schlangen in Narcisse

PAARUNGSKNÄUEL

Wenn die Lufttemperatur rund 25 °C erreicht, was gewöhnlich Mitte April der Fall ist, werden die Schlangen wieder aktiv. Die Männchen verlassen das Winterquartier als Erste und drängen sich um den Eingang, um sich mit den später hervorkommenden Weibchen zu paaren; während sie warten, wärmen sie sich auf und werden immer aktiver. Die Weibchen sind viel dicker und länger und den Männchen zahlenmäßig stark unterlegen; diese kämpfen darum, sich mit ihnen zu paaren. In ihrem Eifer verknoten sich die kämpfenden Männchen zu zappelnden Knäueln. Diese jährlichen «Orgien» dauern einige Tage oder wiederholen sich je nach Witterung innerhalb einer Zeitspanne von bis zu drei Wochen mehrmals. Anschließend zerstreuen sich die Schlangen in der Nachbarschaft, um nach Nahrung zu suchen beziehungsweise im Fall der Weibchen Junge zu werfen. Jedes Weibchen bringt 10 bis 50 lebende Junge zur Welt. Die jungen Schlangen verbringen ihren ersten Winter in verstreuten Höhlen oder Ameisenhügeln und finden sich erst im zweiten Jahr an den traditionellen Winterquartieren ein.

HOME, SWEET HOME

Wie diese Schlangen zu ihren Winterquartieren finden, ist bisher nicht bekannt, doch man nimmt an, dass ihr hoch entwickelter Geruchssinn eine wichtige Rolle dabei spielt. Die gegabelte Zunge einer Schlange nimmt ständig Geruchsmoleküle aus der Luft und vom Boden auf und gibt sie an hoch empfindliche Geruchsrezeptoren im Munddach weiter, die das sogenannte Jacobson'sche Organ bilden. Auf diese Weise baut die Schlange eine detaillierte Geruchskarte der Umgebung einschließlich der «Duftmarke» der Überwinterungsregion auf.

Vermutlich nutzen Schlangen auch thermische Hinweise, und Forscher von der Oregon State University untersuchen zurzeit, ob Strumpfbandnattern sich anhand von lokalen Abweichungen im Magnetfeld der Erde orientieren können. Einige Rotseitige Strumpfbandnattern aus den Narcisse-Winterquartieren sind markiert und von den Forscher erneut eingefangen worden; dabei zeigte sich, dass die meisten Schlangen jedes Jahr zum selben Ort zurückkehren, obgleich es auch einige gab, die zwischen verschiedenen Winterquartieren wechselten.

Viele weitere Fragen sind bisher noch nicht geklärt. Weder ist genau bekannt, wo die Narcisse-Schlangen ihre Jungen zur Welt bringen und den Sommer verbringen, noch wissen wir, ob sie zu und von ihren Winterquartieren dieselben Routen benutzen oder sich einfach verteilen und aus allen Himmelsrichtungen zurückkehren.

SCHLANGENWANDERUNGEN

Strumpfbandnattern sind nicht die einzigen Schlangen, die Wanderungen unternehmen: Viele andere Arten der gemäßigten Breiten kommen an gemeinsamen Winterquartieren zusammen, um der Winterkälte zu entfliehen, das Reptilienäquivalent zu Fledermäusen und Insekten, die in Gruppen überwintern. Zu den nordamerikanischen Schlangen, die so überwintern, gehören die Schwarze Erdnatter, die Prärieklapperschlange und die Westliche Diamant-Klapperschlange sowie die Gopherschlangen. Manchmal überwintern verschiedene Arten gemeinsam, vor allem dort, wo geeignete Winterquartiere rar sind. In Skandinavien sammeln sich Kreuzottern ebenfalls in Winterquartieren – eine Strategie, die es ihnen ermöglicht, in der offenen Tundra zu leben. Diese Art ist die am weitesten nördlich lebende Schlangenart auf der Erde. Es gibt nur wenig Datenmaterial über die Entfernungen, die eine einzelne Schlange zu ihrem Winterquartier zurücklegt.

Oben Die Schnauze der Strumpfbandnatter enthält komplexe Sinnesrezeptoren, mit denen die Schlange Gerüche analysiert, die ihr bei der Orientierung helfen.

Galapagos-Landleguan

Diese großen Echsen, die von frühen Seefahrern als «Drachen» bezeichnet wurden, kommen nur auf den Galapagosinseln im Pazifik vor. Auf einer der Inseln erklimmen die Leguanweibchen den Gipfel eines aktiven Vulkans, um ihre Eier in die warme Asche zu legen – vielleicht die ungewöhnlichste Wanderung eines Reptils.

AUF EINEN BLICK

Wissenschaftl. Name	*Conolophus subcristatus*
Wanderroute	Weibchen erklimmen den La-Cumbre-Vulkan auf der Insel Fernandina
Länge der Wanderung	bis zu 16 km pro Strecke
Beobachtungsorte	Galapagosinseln, Ostpazifik
Beobachtungszeiten	Juni–Juli

Oben Ein Leguanweibchen, das den Gipfel des Volcán La Cumbre erklommen hat, beginnt sofort, eine Grube für seine Eier auszuheben. Mit seinen kräftigen Hinterbeinen und Klauen geht die Arbeit in der lockeren vulkanischen Asche gut voran.

Mit ihren kräftigen Kiefern, ihrem stachligen Rückenkamm und ihrem faltigen Körper ähneln Landleguane oder Drusenköpfe, wie sie auch genannt werden, stark dem Bild, das wir uns von einem prähistorischen Geschöpf machen. Ihre langen, scharfen Klauen und ihre beträchtliche Größe – manche Männchen werden 1,2 Meter lang und wiegen bis zu 12,5 Kilogramm – verstärken diesen Eindruck, daher ist die Bezeichnung «Drache» vielleicht doch nicht so weit hergeholt. Heutzutage gibt es zwei Landleguanarten – der Santa-Fé-Drusenkopf (*Conolophus pallidus*) kommt nur auf Santa Fé vor, während *C. subcristatus* auf sechs Inseln im Westen und in der Mitte des Galapagosarchipels lebt.

KAKTUSFRESSER

Landleguane meiden die grünsten Teile ihrer Inselhabitate und bevorzugen stattdessen Lavafelder und die karge Vegetation in den trockensten und vulkanisch besonders aktiven Zonen. Ihre gelbe, rostrote oder rosafarbene Haut bildet einen auffälligen Kontrast zu der monotonen grauen und schwarzen Mondlandschaft. Hier wachsen kaum Pflanzen, dennoch ernähren sich erwachsene Leguane vorwiegend vegetarisch und fressen die saftigen Sprosse, Früchte und Blüten der Opuntien, die ihnen auch das nötige Wasser liefern. In Abwesenheit großer Landsäuger sind diese Leguane zusammen mit den berühmten Riesenschildkröten zu den wichtigsten Pflanzenfressern der Galapagosinseln geworden.

Im Mai ist die heiße Jahreszeit in Fernandina, am westlichen Rand der Galapagos-Gruppe, fast vorbei, und die Landleguane kommen zusammen, um sich fortzupflanzen. Voll ausgewachsene Männchen, die mit 8 bis 15 Jahren geschlechtsreif werden, verteidigen jeweils ein kleines Territorium, in das sie Weibchen zu locken versuchen. Die am buntesten gefärbten Männchen mit den besten «Anwesen» versammeln den größten Harem um sich, doch auch schwächeren Männchen gelingt es manchmal, sich an den Rändern des Paarungsgebiets eine Paarung zu «erschleichen».

REISE ZUM GIPFEL DES VULKANS

Im Juni verändert sich das Wetter plötzlich, denn dann zieht Nieselregen, *garúa* genannt, vom Meer heran. Das könnte einer der Zeitgeber sein, der trächtige Weibchen veranlasst, sich auf den Weg über das schwierige Gelände der Lavafelder zu machen, um die steilen Hänge des 1460 Meter hohen Volcán La Cumbre in der Mitte der Insel zu erklimmen. Sie wandern an kühlen, nebligen Tagen am weitesten und rasten, wenn sich der Nebel klärt und die Temperaturen steigen.

Die trächtigen Weibchen brauchen bis zu zehn Tage, um sich bis zum Rand des Vulkankraters zu schleppen. Einige legen ihre Eier hier ab, wobei sie um den besten Platz kämpfen; die übrigen klettern den steilen Vulkantrichter rund einen Kilometer weit hinunter, bis zum Boden der Caldera. Der Grund für die Reise der Leguane wird nun deutlich – sie sind gekommen, um ihre Eier in die vulkanische Asche zu legen, die von den Schwefelgasen und dem Dampf aus den Kaminen im Vulkan, den sogenannten *fumaroles*, warm und leicht feucht gehalten wird. Die zentral beheizte Asche ist ein perfekter Brutschrank.

Ein Leguanweibchen braucht mehrere Tage, um eine Nistgrube auszuheben, seine bis zu zwanzig Eier zu legen und den Nesteingang wieder zuzuschütten. Den Nesteingang zu verbergen, ist wichtig, denn geeignete Nistplätze sind ge-

SONNENANBETER

Das Leben der Landleguane wird von der Sonne gelenkt. Sie kriechen morgens noch kalt aus ihren Höhlen und wärmen sich in den ersten Strahlen der Morgensonne. Eine halbe Stunde lang nehmen sie mit dem Bauch nach oben ein Sonnenbad und heizen ihren Körper auf eine kritische Betriebstemperatur von rund 37 °C auf, sodass sie mit der Nahrungssuche beginnen können. Während der Mittagshitze suchen sie Schatten unter Kakteen oder Felsen, doch sobald die schlimmste Hitze vorbei ist, werden sie erneut aktiv. Am späten Nachmittag kehren sie in ihre Höhlen zurück, um während der kalten Nacht so viel Körperwärme wie möglich zu bewahren.

Oben Landleguane nehmen häufig ein Sonnenbad auf den warmen Felsen der trockenen Hochfläche ihrer vulkanischen Inselheimat. Opuntien versorgen die adulten Leguane mit fast allem, was sie an Nährstoffen und Flüssigkeit brauchen.

Links Die Leguane besitzen eine eindrucksvolle Rüstung aus großen, überlappenden Schuppen. Wenn die Tiere erregt sind, werden die Farben an Kopf, Kamm und Flanken intensiver.

fragt – andere Weibchen könnten versuchen, Zeit zu sparen, indem sie an derselben Stelle graben und die Eier ihrer Vorgängerin zertreten. Als zusätzliche Vorsichtsmaßnahme bewachen viele Weibchen ihr Nest mehrere Tage, bevor sie sich auf den Rückweg machen. Die Brutsaison auf Fernandina dauert in der Regel sechs Wochen; während dieser Zeit unternehmen mehrere Tausend Leguanweibchen die insgesamt einmonatige Reise auf den Vulkan. Auf Inseln ohne aktiven Vulkan führen die Leguane viel kürzere Wanderungen durch und vergraben ihr Gelege am nächstbesten feuchten und sandigen Platz.

AUS FEUER GEBOREN

Die jungen Landleguane schlüpfen nach 85 bis 110 Tagen und brauchen nochmals rund eine Wochen, um aus ihrem Nest zu klettern. Im Freien hilft den jungen Leguanen zum einem ihre Geschwindigkeit, zum anderen ihre fleckige Tarnung, aber dennoch fallen viele Galapagosbussarden oder Schlangen zum Opfer.

Wie Landleguane überhaupt dazu gekommen sind, die Galapagosinseln zu besiedeln, die nicht nur geologisch sehr jung, sondern auch sehr abgelegen sind (rund 1000 Kilometer vor der Küste von Ecuador), darüber ist lange spekuliert worden. Die meisten Wissenschaftler sind der Meinung, dass diese Tiere von Leguanen abstammen, die in grauer Vorzeit von Süd- oder Mittelamerika verdriftet wurden. Vor vielen Tausend Jahren müssen diese Schiffbrüchigen die Inseln auf Baumstämmen der anderen schwimmenden Pflanzenteilen erreicht haben, die sie über den Pazifik trugen.

VERBREITUNGSGEBIET DER ERDKRÖTE

■ Gesamtverbreitung

Oben Im Frühjahr werden sämtliche Erdkrötenmännchen von einem starken Paarungstrieb ergriffen. Eine willfährige Partnerin wird fest umklammert.

AUF EINEN BLICK

Wissenschaftl. Name	*Bufo bufo*
Wanderroute	zu und von Brutplätzen im Süßwasser
Länge der Wanderung	bis zu 2,5 km pro Strecke
Beobachtungsorte	Tümpel, Teiche und Bäche in ganz Europa
Beobachtungszeiten	Februar–April

KRÖTENSTERBEN AUF DER STRASSE

Viele Kröten können ihre Frühjahrswanderung nicht zu Ende bringen, weil sie überfahren werden. Geblendet von hellen Scheinwerfern gelingt es den langsamen Tieren nicht, schnellen Autos auszuweichen und so werden sie zu Tausenden überrollt. Verschlimmert wird die Sache dadurch, dass die Kröten meist mehrere Straßen überqueren müssen, um ihr Brutgewässer zu erreichen; da sie Anfang des Frühjahrs bei Sonnenaufgang unterwegs sind, fällt ihre Wanderung zudem genau in die Rushhour des Berufsverkehrs. Schätzungen zufolge werden jedes Jahr allein auf britischen Straßen an die zwanzig Tonnen Kröten getötet; dies könnte an einigen Orten sogar zur Auslöschung lokaler Brutpopulationen führen. Um die hohe Sterblichkeit zu senken, organisieren Freiwillige Patrouillen, um die Kröten auf dem Höhepunkt der Wanderung sicher über die Straße zu bringen, und stellen Warnsignale auf, um die Autofahrer zur Vorsicht zu mahnen. Diese Maßnahmen sind bei der Rückwanderung der Kröten nicht nötig, weil die Tiere später abends, wenn die Straßen ruhiger sind, in kleineren Gruppen in ihre Nahrungsgründe zurückkehren.

Erdkröte

Von ihrem Instinkt getrieben, machen sich Erdkröten zu Beginn des Frühjahrs in milden, feuchten Nächten zu ihren Brutgewässern auf. Die meisten Tiere halten innerhalb weniger Tage auf denselben Teich zu und bewegen sich in großen Gruppen vorwärts. Bald wimmelt es im Wasser vor liebestollen Amphibien, die um jeden Preis versuchen, eine Geschlechtspartnerin zu finden.

Erdkröten müssen ihre durchlässige, Sauerstoff atmende Haut feuchthalten, und sie brauchen Süßwasser, damit sich ihre Eier und Kaulquappen entwickeln können, doch sie verbringen fast ihr ganzes adultes Leben an Land. Diese paradoxe Existenz ist nur deshalb möglich, weil sie in der nächtlichen Kühle aktiv sind und in Feuchtgebiete wandern, um sich fortzupflanzen – zwei verhaltensbiologische Schlüsselstrategien, die für Frösche und Kröten auf der ganzen Welt gelten.

Zu den bevorzugten Aufenthaltsorten von Erdkröten gehören Grasland, Gebüsche, Waldgebiete und Gärten, wo sie sich tagsüber in feuchten Ecken unter Steinen oder Baumstämmen verbergen. Kröten sind gut an das Leben an Land angepasst: Ihre Hinterfüße sind nur teilweise mit Schwimmhäuten versehen, ihre Vorderfüße haben ihre Schwimmhäute völlig verloren; während ihre kräftigen Hinterbeine ideal zum Graben geeignet sind, können sie sich mit den Vorderbeinen Spinnen, Regenwürmer und Schnecken ins Maul schieben. Kröten sind immer hungrig und verschlingen jedes kleine Tier, das sie unzerkaut schlucken können. Als Adulttiere suchen sie jedoch nicht im Wasser nach Nahrung, daher ist die aquatische Phase ihres Jahreszyklus notwendigerweise kurz und dient nur einem einzigen Zweck: der Fortpflanzung.

WANDERUNG MIT UNTERBRECHUNGEN

Je nach Breitengrad sammeln sich Erdkröten zwischen Februar und April kurz nach Anbruch der Dunkelheit in Gruppen, um gemeinsam zu ihren Brutplätzen aufzubrechen. Die hopsende Nachtwanderung ist die Schlussphase einer Reise, die Monate zuvor begonnen hat. Die Kröten, die den vorangegangenen Sommer verteilt über ihre Jagdreviere zugebracht haben, machten sich bereits im August oder September auf den Rückweg zu ihren Brutgewässern. Dabei handelte es sich um eine langsame, indirekte Wanderung von vielleicht einigen Hundert Metern oder ein bis zwei Kilometern. Der erste Kälteeinbruch im Herbst stoppte die Kröten auf ihrer Reise und führte dazu, dass sie sich in verlassene Nagerbaue und Blätterhaufen zum Winterschlaf zurückzogen.

Der Wandertrieb wird durch steigende Temperaturen und in gewissem Maße auch durch Regenfälle wieder geweckt. Vermutlich setzt die biologische Uhr der Kröten in der letzten Phase ihrem Winterschlaf einen Mechanismus in Gang, der auf Veränderungen der Bodentemperatur reagiert. Wenn sich das Erdreich rundum erwärmt, erwachen die Kröten aus dem Winterschlaf. Sie machen sich jedoch erst wieder auf den Weg, wenn die Lufttemperaturen über mehrere Tage hinweg zur Zeit der Abenddämmerung rund 5 bis 6 °C erreichen, und warten zudem auf eine regnerische Nacht. In milden Wintern kommt die Krötenwanderung sehr früh in Gang, bei längeren Kälteperioden verzögert sie sich.

HEIMFINDEVERMÖGEN

Erfüllt vom Fortpflanzungstrieb, legen Erdkröten eine erstaunliche Hartnäckigkeit an den Tag, um ihr Brutgewässer zu erreichen; sie lassen sich auch von Hindernissen wie Straßen oder Schienensträngen nicht aufhalten und klettern sogar über Wände. Eine Studie in Deutschland hat gezeigt, dass die Kröten im Durchschnitt pro Nacht fünfzig Meter zurücklegen und sich dabei an einen mehr oder minder direkten Kurs halten. Auf welche Weise sie sich dabei orientieren, ist noch immer ein Rätsel, obwohl bekannt ist, dass Kröten nachts außerordentlich gut sehen und ihren Teich auch mithilfe ihres Geruchssinns finden können.

Studien mit markierten und wieder eingefangenen Kröten, darunter ein Langzeitprojekt am Llandrindod Lake in Wales, haben gezeigt, dass viele Kröten zu dem Gewässer zurückkehren, in dem sie selbst geschlüpft sind. Das gilt jedoch nicht für alle Erdkröten. Manche wechseln zu einem anderen Tümpel – vielleicht, weil sie ihn auf ihrer Wanderung zufällig entdecken haben oder der ursprüngliche Tümpel nicht mehr geeignet ist. Was auch immer der Grund ist, zeigt es doch, dass Kröten neue Brutgewässer besiedeln und damit das Überleben der Population sicherstellen können.

IM PAARUNGSRAUSCH

Schon wenige Tage nach Ankunft der Kröten hallt die Umgebung des Teiches nachts von den quakenden Paarungsrufen der Männchen wider. Verbissen kämpfen rivalisierende Männchen darum, sich eine Partnerin zu sichern, wobei es ihr Ziel ist, das Weibchen mit festem Griff zu umklammern (Klammerreflex). Ende April ist die Paarungszeit vorüber, und die Kröten sind aus dem Teich verschwunden, wenn man von den gallertigen Laichsträngen absieht, die an Unterwasserpflanzen haften.

Nach dem Laichen wandern die Erdkröten zurück zu ihren Nahrungsgründen, um ihre erschöpften Energiereserven wieder aufzufüllen. Dabei folgen sie einer weniger direkten Route als auf dem Hinweg, lassen sich aber auch jetzt durch Hindernisse nicht abschrecken. In den österreichischen Alpen wurden Kröten nach dem Laichen mit Sendern ausgestattet; man fand, dass einige Tiere über Steilhänge mit einem Neigungswinkel von 65 Grad klettern, um die besten sommerlichen Nahrungsgründe zu erreichen. Einige Erdkröten bewältigen 400 Höhenmeter; das ist die größte Vertikalwanderung, die von einer Amphibienart bekannt ist. Unterdessen verwandeln sich die Kaulquappen im Teich innerhalb von zwei oder drei Monaten in kleine Kröten (Metamorphose). Die Jungkröten klettern an Land und zerstreuen sich in der umgebenden Vegetation. Es dauert mindestens zwei Jahre (bei Weibchen länger), bis sie ihre erste Rückwanderung unternehmen, um sich fortzupflanzen.

Weihnachtsinsel-Krabbe

Auf der Weihnachtsinsel löst der erste Regenguss, der die Monsunzeit ankündigt, die Wanderung von Millionen Weihnachtsinsel-Krabben aus, die von ihrer Heimat im Regenwald zum Laichen an die Küste strömen. Diese Flut krabbelnder scharlachroter Körper schwappt im Lauf von drei Mondzyklen mehrmals vor und zurück.

Die Weihnachtsinsel liegt im Süden von Indonesien, ein grüner Fleck im Indischen Ozean. Ihr Inneres ist von tropischem Regenwald mit reichem Tierleben bedeckt, doch nur drei Arten bodenbewohnender Säuger sind auf der Insel endemisch; zwei davon sind ausgestorben. Ihr Platz wurde von nicht weniger als 13 Landkrabbenarten eingenommen, und diese Crustaceen spielen eine entscheidende Rolle im Waldökosystem der Insel.

KÖNIGREICH DER KRABBEN

Weihnachtsinsel-Krabben dominieren die Landfauna der Weihnachtsinsel. Sie wirken als Gärtner des Waldes, belüften den Boden durch ihre Grabtätigkeit, düngen ihn durch ihren Kot, recyceln Nährstoffe, indem sie abgefallene Blätter und Früchte verzehren, und kontrollieren das Unterholz, indem sie Samen und Keimpflanzen fressen. In den 1980er-Jahren lebten Schätzungen zufolge rund 130 Millionen Krabben auf der Insel, doch Mitte der 1990er-Jahre ging diese Zahl aufgrund eingeschleppter Gelber Spinnenameisen um ein Viertel zurück.

Einige Landkrabbenarten laichen im Süßwasser, doch die meisten einschließlich der Weihnachtsinsel-Krabben müssen zu diesem Zweck ins Meer zurückkehren. Den Startschuss für die Wanderung der Weihnachtsinsel-Krabben ist der Beginn der Regenzeit im Indischen Ozean, die auf der Weihnachtsinsel gewöhnlich Ende November einsetzt. Die jährlichen sintflutartigen Regenfälle lösen bei den Krabben, deren Verhalten stark mit der Luftfeuchtigkeit verknüpft ist, sofort eine hektische Aktivität aus – sie sind am aktivsten, wenn die Luftfeuchtigkeit über siebzig Prozent steigt. Die Krabben verlassen ihr Heimatgebiet und beginnen, vom bewaldeten Plateau zur Küste zu ziehen, wozu sie rund eine Woche brauchen.

Mittels Farbmarkierungen und Sendern ließ sich der Weg einzelner Krabben verfolgen. Wie diese Untersuchungen gezeigt haben, nehmen die Tiere, wenn möglich, den direktesten Weg und wandern bevorzugt während der kühleren frühen Morgenstunden. Die größte Distanz, die nachweislich von einer Weihnachtsinsel-Krabbe an einem Tag zurückgelegt wurde, betrug 1460 Meter; die typische Tagesstrecke beträgt jedoch weniger als die Hälfte, und die weitesten Wanderungen waren etwas länger als vier Kilometer. Vermutlich orientieren sich die Krabben anhand einer Kombination von optischen Hinweisen, einer inneren magnetischen Karte und dem Polarisationsmuster des Lichts am Himmel.

Links Der Beginn des Monsuns lässt Scharen von Weihnachtsinsel-Krabben über die Insel zu ihren Laichgründen an der Küste ziehen. Sie nehmen den kürzesten Weg und lassen sich von Hindernissen wie Schienensträngen nicht aufhalten.

AUF EINEN BLICK

Wissenschaftl. Name	*Gecarcoidea natalis*
Wanderroute	zwischen Regenwald im Binnenland und der Küste
Länge der Wanderung	0,5–4 km pro Strecke
Beobachtungsorte	Weihnachtsinsel, Indischer Ozean
Beobachtungszeiten	November–Januar

WELLEN VON KRABBEN

Der Beginn der Regenzeit Anfang November löst die Wanderung der Krabben zur Küste aus. Sie treffen in zwei großen Wellen ein und tauchen ins Wasser, um essentielle Mineralsalze und Wasser zu ersetzen, die sie auf dem Marsch verloren haben. Die Männchen ziehen anschließend weiter und besetzen etwas weiter landeinwärts gelegene flache Strandterrassen, um Höhlen auszuheben, wobei sie miteinander um die besten Plätze auf den überfüllten Terrassen konkurrieren. Wenn mit der zweiten Welle weitere Weibchen eintreffen, kommt es in oder neben den Höhlen zur Paarung. Nicht lange danach kehren die Männchen in den Regenwald zurück, während die Weibchen in den Höhlen ihre befruchteten Eier, die sie am Körper tragen, ausbrüten.

Die Weibchen verbringen rund zwei Wochen unter der Erde, während ihre Eier heranreifen, und machen sich dann im Schutz der Dunkelheit auf, um ihr Gelege genau dann ins Meer zu schleudern, wenn die Nippflut im letzten Viertel des Mondes zurückgeht. Zusammengedrängt auf den niedrigen Küstenfelsen, die die Insel umgeben, schütteln die Weibchen ihren Körper, um ihre Gelege über den Felsrand zu schleudern. Sobald die Eier ins Wasser fallen, platzen sie auf, und die Wasseroberfläche überzieht sich mit einem blutroten Schlick aus Millionen winziger Krabbenlarven. Anschließend kehren auch die Weibchen in den Regenwald zurück, um zu fressen und wieder zu Kräften zu kommen.

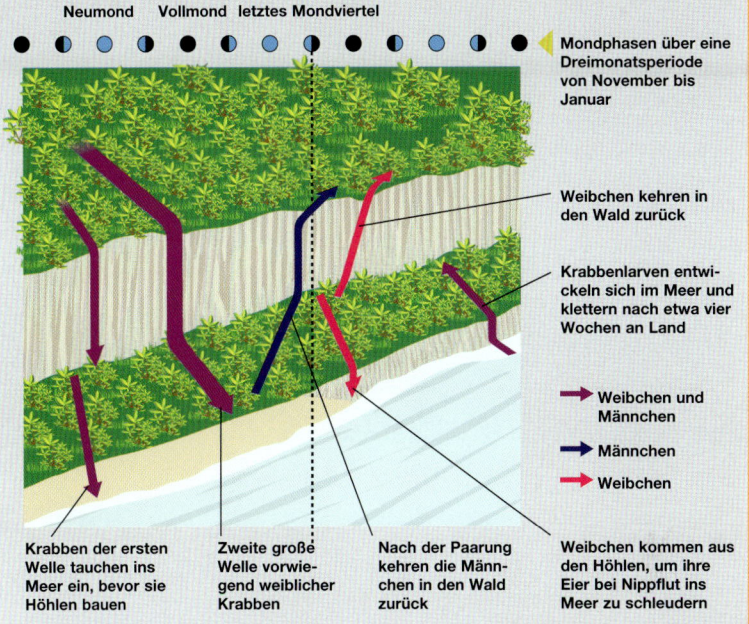

VOM MOND GESTEUERT

Das Laichdatum der Weihnachtsinsel-Krabben wird vom Mondzyklus bestimmt (siehe Kasten oben), wobei die Eier an vier oder fünf Nächten während des letzten Mondviertels ins Wasser gegeben werden. In diesen Nächten ist der Tidenhub zwischen Flut und Ebbe am geringsten; das ist deshalb wichtig, weil die Weibchen sich nur dann der Wasserlinie nähern können, ohne Gefahr zu laufen, vom Gezeitensog mitgerissen zu werden.

Beim Vergleich der Brutsaison 1993 und 1995 hat man festgestellt, dass der Beginn der Wanderung um drei Wochen auseinanderlag, das Laichdatum jedoch durch den Mondzyklus fixiert blieb. Im Jahr 1993 machten sich die Krabben spät auf den Weg, weil sich auch der Monsunregen verspätet hatte, und mussten sich beeilen, um die Küste rechtzeitig zu erreichen. 1995 konnten sich die Krabben mehr Zeit lassen und unterwegs eine Wochen Pause einlegen, um zu fressen.

Viele meeresbewohnenden Planktonfresser richten ihre Ankunft vor der Küste der Weihnachtsinsel im Dezember so ein, dass sie mit dem letzten Viertel des Mondes zusammenfällt, um sich über die dichten Wolken von Krabbenlarven herzumachen, die in der Strömung treiben. Diese reiche Nahrungsquelle lockt Walhaie (s. S. 94–95), Mantarochen und große Fischschulen an. In manchen Jahren überleben nur sehr wenige Jungkrabben und kehren an die Küste zurück, doch eine gelegentliche gute Fortpflanzungssaison kompensiert diese Verluste.

Oben Vor der Paarung versammeln sich die Weihnachtsinsel-Krabben in einer geschützten Bucht, wo sie ins Meer eintauchen, um Mineralsalze aufzunehmen.

VOM EI ZUR ERWACHSENEN KRABBE

Die Eier eines Weihnachtsinsel-Krabbenweibchens entwickeln sich in einer Bruttasche unter ihrem Panzer. Die Bebrütungszeit beträgt 12 bis 14 Tage. Sobald die Eier ins Meer gelangen, schlüpft aus jedem Ei eine winzige garnelenartige Larve, Zoea genannt. Die Zoea-Larve durchläuft mehrere Stadien und häutet dabei jedes Mal ihre Außenhülle, um diese ihrem Größenwachstum anzupassen, bis sie schließlich das letzte Larvenstadium erreicht, das als Megalops-Stadium bezeichnet wird. Im Meer wandelt sich die Larve in eine adulte Krabbe um und geht an Land. Obgleich ihr Panzer nur einen Durchmesser von fünf Millimeter hat, ist die kleine Krabbe so kräftig, dass sie einen neuntägigen Marsch bis in den Regenwald übersteht.

Oben Angetrieben von rhythmischen Schlägen ihrer mächtigen Schwanzflosse (Fluke), können Buckelwale problemlos riesige Strecken bewältigen. Auf ihren Wanderungen legen sie pro Tag rund 120 Kilometer zurück.

Wasser

Meere und Flüsse beherbergen eine atemberaubende Vielfalt von wandernden Organismen, darunter Vertreter fast aller großen Tiergruppen. Die kleinsten sind winzige, garnelenartige Krebstiere (Crustaceen), die mit dem bloßen Auge kaum zu erkennen sind, während der kolossale Blauwal am anderen Ende des Spektrums das größte Tier ist, das es jemals gegeben hat. Viele wasserlebende Wanderer verfügen über außergewöhnliche Ausdauer und Navigationsfähigkeiten – Meeresschildkröten können den Ort, an dem sie Jahre zuvor geschlüpft sind, gezielt wiederfinden, und Haie können einen unterseeischen Berg oder ein Riff in vielen Tausend Kilometer Entfernung präzise ansteuern.

Buckelwal

Buckelwale führen die längste Wanderung unter allen Säugern durch; sie pendeln zwischen tropischen Gewässern und den Polarmeeren, in denen es von Nahrung wimmelt. Diese Meeressäuger sind für ihre dramatischen Luftsprünge und Kapriolen, aber auch für die bewegenden, außerordentlich komplexen Werbegesänge der adulten Männchen bekannt.

AUF EINEN BLICK

Wissenschaftl. Name	*Megaptera novaeangliae*
Wanderroute	von polaren Nahrungsgründen in subtropische/tropische Fortpflanzungsgründe
Länge der Wanderung	bis zu 8500 km pro Strecke
Beobachtungsorte	Silver Bank, Dominikanische Republik; Byron Bay, New South Wales, Australien; Cape Cod, Massachusetts, USA
Beobachtungszeiten	Januar–Februar (Silver Bank); Ende Mai–Juli (Byron Bay); Juli–September (Cape Cod)

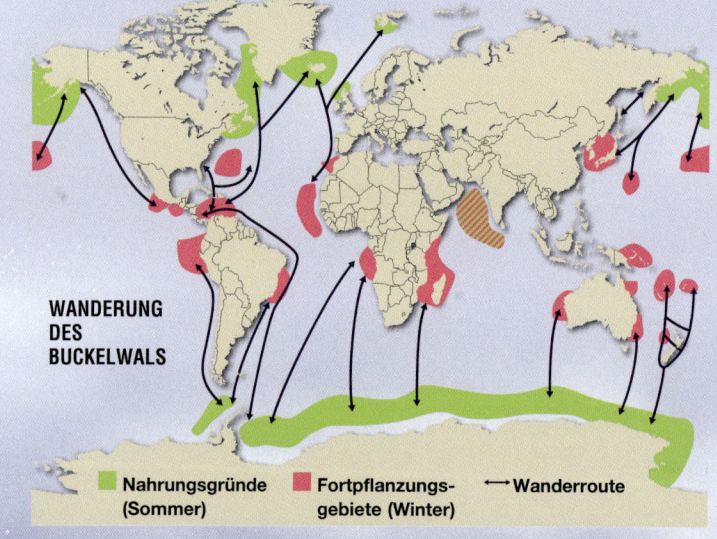

WANDERUNG DES BUCKELWALS

■ Nahrungsgründe (Sommer) ■ Fortpflanzungsgebiete (Winter) → Wanderroute

Uns erscheint es, als ob Buckelwale, die Akrobaten des Meeres, aus reiner Lebensfreude mit ihren Brustflossen wiederholt auf die Wasseroberfläche klatschen, sich auf den Rücken rollen oder mit ihrer Schwanzflosse so hart aufs Wasser schlagen, dass eine hohe Fontäne aufspritzt – ein Verhalten, das man im englischen Sprachraum als *lobtailing* bezeichnet. Zweifellos ist ihre spektakulärste Figur das Durchbrechen *(breaching)* der Wasseroberfläche, bei dem sich ein Wal in voller Größe aus dem Wasser erhebt und anschließend auf dem Rücken landet. Diese Manöver – die es so faszinierend machen, Buckelwale zu beobachten – haben jedoch wahrscheinlich eine wichtige Bedeutung für Gruppenzusammenhalt, Nahrungssuche und Kommunikation. Eine ihrer Hauptaufgaben ist es, Botschaften über den sozialen Status eines Tieres über weite Entfernungen zu übermitteln.

GROSSWALE

Buckelwale erreichen eine Länge von 12 bis 15 Meter, wobei ein Drittel auf den enormen, mit Hautknoten besetzten Kopf entfällt, der oft üppig mit Seepocken bewachsen ist. Sie gehören zur den Bartenwalen (Mysticeti) oder sogenannten Großwalen, zu denen der mächtige Blauwal und mehrere andere Meeresriesen gehören. Wie die übrigen Vertreter der Gruppe sind Buckelwale ihrem Bau nach Langstreckenschwimmer und tragen im Oberkiefer einen borstigen Saum aus Barten, mit dessen Hilfe sie Nahrung aus dem Wasser seihen. In ihrer Kehlregion tragen sie bis zu 36 tiefe Falten, die sich beim Filtrieren von Nahrung *(filterfeeding)* wie eine Ziehharmonika dehnen; mit einem einzigen Schluck gelangen mehr als 2000 Liter Meerwasser samt Nahrung in das riesige Maul.

Die kalten Gewässer der Polarmeere bieten Buckelwalen ein reiches Nahrungsangebot, für das es sich lohnt, weite Strecken zurückzulegen. Hier löst aus der Tiefe aufsteigendes nährstoffreiches Wasser eine Blüte mikroskopisch kleiner Algen aus, die ihrerseits ein erstaunlich produktives Ökosystem in Gang halten, vom Zooplankton über Fische und Kopffüßer bis zu größeren Räubern (Prädatoren). Die Ernährung der Wale unterscheidet sich je nach Örtlichkeit. Diejenigen auf der Nordhalbkugel jagen bevorzugt kleine Schwarmfische, wie Sandaal, Lodde (Kapelan), Makrele und Hering. Die Buckelwale auf der Südhalbkugel ernähren sich bevorzugt von riesigen Zooplanktonschwärmen, vor allen dem garnelenartigen Krill. Buckelwale haben eine kooperative Jagdstrategie entwickelt, die einzigartig unter Walen ist: das Fischen mit Blasennetzen *(bubble-netting)*. Dabei bilden drei bis vier Wale ein Team, das gemeinsam Fische oder Krill dicht zusammendrängt und dann rundherum einen Ring aus Luftblasen aufsteigen lässt, der den panisch zappelnden Schwarm wie ein Netz umgibt und am Entkommen hindert. Gruppen von bis zu zwölf Walen sind schon beim *bubble-netting* beobachtet worden, doch das ist eine Ausnahme.

REISE IN DIE TROPEN

Das üppige Nahrungsangebot ist von kurzer Dauer, weil sinkende Wassertemperaturen das Zooplankton auf den Meeresboden absinken lassen, wo es in einen Ruhezustand (Dormanz) verfällt. Dieser dauert im Nordpolarmeer wie im Nordpazifik und -atlantik etwa von Juni bis September, im Südpolarmeer etwa von Dezember bis März. Die Buckelwale, die sich gemästet und rund zehn Tonnen Blubber angefressen haben, machen sich auf dem kürzesten Weg in wärmere Breiten auf, wo sie sich paaren und ihre Jungen gebären. Die Populationen aus der Nord- und der Südhalbkugel suchen die Tropen und Subtropen zu unterschiedlichen Zeiten auf, daher treffen sich beide Bestände nur selten und unterscheiden sich genetisch recht deutlich (obgleich es sich immer noch um dieselbe Art handelt). Die längste bekannte Buckelwalwanderung findet zwischen den antarktischen Gewässern und der geschützten Karibikküste von Costa Rica statt.

Eine der wichtigsten Paarungs- und Wurfstätten von Buckelwalen ist Silver Bank, ein geschützter Flachwasserbereich nördlich der Dominikanischen Republik in der östlichen Karibik. Im Lauf von drei Monaten ziehen bis zu 7000 Wale durch diese Region. Mindestens die Hälfte aller Buckelwale im Nordatlantik wird wahrscheinlich in Silver Bank geboren, das seit 1986 ein Meeresschutzgebiet ist. Andere wichtige Fortpflanzungsgründe sind Hawaii, die Westküste von Zentralamerika, die Küste von Westafrika vor Gabun und die australische Ostküste.

LANGSAME ERHOLUNG

Die ersten Menschen, die die saisonalen Wanderbewegungen von Buckelwalen studierten, waren die Walfänger im 19. Jahrhundert, die bald genau wussten, wo sie den Tieren auflauern konnten. Wandernde Buckelwale folgen Jahr für Jahr derselben Route und orientieren sich dabei häufig an Küstenlinien, was die Jagd auf sie vereinfacht. Zwischen 1900 und 1940 wurden allein auf der Südhalbkugel mehr als 100 000 Buckelwale getötet. Inzwischen liegt die sich langsam erholende Weltpopulation dieser Tiere wieder bei rund 30 000 Individuen – wahrscheinlich nur ein Fünftel des ursprünglichen Bestands vor der Bejagung.

Bemerkenswert bei diesen Fernwanderern ist, dass Buckelwale oft bestimmten Nahrungs- und Fortpflanzungsgründen treu bleiben und sie jedes Jahr wieder aufsuchen. Das wissen wir, weil sich individuelle Wale von Meeresbiologen leicht anhand charakteristischer weißer Markierungen an Fluke, Brustflossen und Bauchseite identifizieren lassen. Inzwischen gibt es eine Datenbank mit den Fotos mehrerer Tausend Buckelwale, darunter viele aus der nordatlantischen Population.

STRANDUNGEN

Jedes Jahr werden an den Küsten in aller Welt Tausende von Waltieren (Cetacea, Wale und Delfine) angespült, darunter auch einige Dutzend Buckelwale. Da sie nicht ins Wasser zurückkehren können, sterben die meisten gestrandeten Wale nach kurzer Zeit, ein unerwartet reiches Nahrungsangebot für Aasfresser. Strandungen sind natürliche Ereignisse, denen vor allem alte, kranke oder verletzte Tiere zum Opfer fallen, die zu schwach zum Weiterschwimmen sind, aber auch unerfahrene Jungtiere, die die veränderliche Topografie des Meeresbodens falsch interpretiert haben oder von den üblichen Wanderrouten ihrer Art abgekommen sind. Berichte über Strandungen nehmen jedoch zu. Das könnte auf eine Veränderung der marinen Umwelt hinweisen – zum Beispiel ausgelöst durch die globale Klimaerwärmung oder menschengemachten Unterwasserlärm.

Gegenüber Buckelwale verdanken ihren Namen der Tatsache, dass sie häufig ihren Rücken krümmen, während sie unter den Wellen dahingleiten, doch es ist das spektakuläre Hochsteigen, das diese Art berühmt gemacht hat. **Gegenüber, Einschaltbild** Zwischen peitschender Gischt und Schaum treiben mehrere Buckelwale in ihren sommerlichen Nahrungsgründen einen Schwarm panisch zappelnder Fische zusammen.

Oben Die Wanderung dieses Buckelwals endete in einer Katastrophe. Trotz aller Anstrengungen von Helfern sterben gestrandete Wale gewöhnlich innerhalb weniger Stunden oder müssen eingeschläfert werden, um ihrem Leiden ein Ende zu bereiten.

AUF EINEN BLICK

Wissenschaftl. Name	*Eubalaena australis*
Wanderroute	von antarktischen Nahrungsgründen in Fortpflanzungsgründe in gemäßigten Breiten
Länge der Wanderung	bis zu 2500 km pro Strecke
Beobachtungsorte	Halbinsel Valdés, Patagonien, Argentinien; Hermanus Bay, Western Cape, Südafrika
Beobachtungszeiten	Juli–Oktober

Südlicher Glattwal oder Südkaper

Wenn die Planktonblüte des antarktischen Sommers langsam abnimmt, ziehen die Südkaper nach Norden in wärmere Gewässer, um sich zu paaren und ihre Jungen zu gebären. Die nötige Energie für ihre Wanderung speist sich völlig aus der Fettschicht, die sie sich während ihres viermonatigen Aufenthalts im eisigen Südpolarmeer zugelegt haben, denn bis zu ihrer Rückkehr ein Jahr später nehmen sie keine Nahrung zu sich.

Südkaper gehören zu den wenigen Großwalen weltweit, deren Zahl zunimmt. Im Jahr 2004 wurde der Gesamtbestand auf 3000 bis 4000 Stück geschätzt, und er wächst jedes Jahr um fünf Prozent weiter. Das ist jedoch nur ein Bruchteil des Bestandes, den es vor Beginn des kommerziellen Walfangs gab. Der englische Trivialname der Art, *southern right whale* bezieht sich auf die Tatsache, dass diese Wale von den Waljägern als die «richtigen» *(right)* Wale angesehen wurden, weil sie langsam waren, sich gut jagen ließen und viel Speck (Blubber) hatten, der ihnen nach dem Harpunieren so viel Auftrieb verlieh, dass sie nicht absanken. Zwischen Ende des 18. Jahrhunderts und dem internationalen Verbot des kommerziellen Walfangs im Jahr 1935 wurden auf der Südhalbkugel Zehntausende von Tieren abgeschlachtet.

Dank der trägen Bewegungen der Südkaper, die in der Regel dicht unter der Wasseroberfläche schwimmen, lassen sich die Tiere recht gut von anderen Bartenwalen unterscheiden. Einen weiteren Hinweis auf ihre Identität gibt ihre Gewohnheit, mit Brustflossen und Fluke auf das Wasser zu schlagen – vielleicht, um Parasiten abzustreifen, oder aber, um Signale an Artgenossen zu senden. Auffällig sind auch ihre tief eingekerbte Schwanzflosse und helleren Hautpartien am Kopf. Diese krustigen, mit Seepocken besetzten Wucherungen (die größte auf der Schnauzenspitze wird als «Mütze» bezeichnet) sind für die einzelnen Tiere charakteristisch, sodass Walforscher bestimmte Individuen eindeutig identifizieren und sich allmählich ein Bild von deren tagtäglichen und saisonalen Wanderungen machen können.

EIN ÜPPIGES MAHL IN EISIGEM MEER

Wenn die Wale im Dezember, zu Beginn des Südsommers, in ihren antarktischen Nahrungsgründen eintreffen, sind sie oft halb verhungert. In den üppigen Nahrungsgründen des Südpolarmeers können sie jedoch ihr Gewicht in kurzer Zeit fast verdoppeln. Die Wale haben einen bogenförmigen Kieferknochen, der ihnen als riesiger Kescher dient. Mit halb geöffnetem Maul schöpfen sie daher Zooplankton, vor allem Krill und Ruderfußkrebse (Copepoden, winzige,

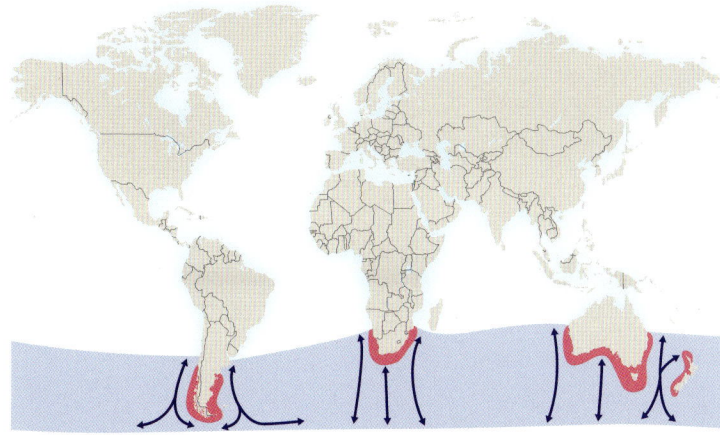

Unten Walkuh und Kalb sind über mehrere Jahre unzertrennlich. Wie Studien gezeigt haben, unterstützt das Weibchen die Spiele des Kalbes, was diesem hilft, Muskulatur und Schwimmfertigkeit zu entwickeln.

WANDERUNG DES SÜDKAPERS
- Verbreitungsgebiet während der Wanderung
- Fortpflanzungsgebiete (Winter)
- → Wanderroute

FÜRSORGLICHE MÜTTER

Die Fortpflanzung ist für ein Südkaperweibchen so kräftezehrend, dass es zwischen zwei Geburten eine Pause von bis zu fünf Jahren einlegt, um wieder zu Kräften zu kommen. Nach einer rund ein Jahr langen Trächtigkeit bringt die Walkuh ein einzelnes Kalb von rund fünf Meter Länge und einer Tonne Gewicht zur Welt. Die Milch der Walkuh hat einen Fettgehalt von vierzig Prozent, und obgleich sie sich mitten in ihrer jährlichen Fastenperiode befindet, produziert sie so viel, dass ihr Junges pro Tag rund sechzig Kilogramm Gewicht zulegt. In den 10 bis 12 Monaten, in denen das Kalb gesäugt wird, verlässt die Mutter niemals seine Seite, und das Paar bleibt noch mehrere Jahre zusammen. Die starke Mutter-Kind-Bindung wurde von Walfängern ausgenutzt, die an geschützten Küsten auf hochträchtige Weibchen warteten, die dort ihre Jungen gebaren. Da die Kühe ihr Neugeborenes nicht verließen, waren sie so ein leichtes Ziel für die Walfänger.

Gegenüber Ein Südkaper hebt seine mächtige Schwanzflosse aus dem Wasser und zeigt dabei die typische Einkerbung in der Mitte, an der sich die Art identifizieren lässt.

schwarmbildende Crustaceen), aus dem Oberflächenwasser. An den Bartenplatten, die wie Vorhänge von ihrem Gaumendach herabhängen, verfangen sich die Nahrungspartikel und werden nach Abpressen des Wassers verschluckt.

Im März und April kehren die gemästeten Wale nach Norden zurück. Sie wandern auf traditionellen Routen, die wahrscheinlich schon seit Generationen von Walen benutzt werden und eng an den Küsten verlaufen, um die Zeit im offenen Meer zu minimieren. Daher trifft man die Art selten weit von der Küste entfernt an, und es gibt beispielsweise nur wenige zuverlässige Beobachtungen aus dem riesigen Hochseegebiet zwischen Neuseeland und der südamerikanischen Pazifikküste. Normalerweise wandern die Wale allein, als Mutter-Kind-Paar oder in kleinen Gruppen von drei bis vier Individuen.

KINDERSTUBE IN WARMEM WASSER

Südkaper haben drei wichtige Kinderstuben, die vor der Küste von Chile und Argentinien, vor Südafrika sowie vor Australien und Neuseeland liegen. Diese relativ warmen Gewässer sind Nahrungswüsten für die Wale, aber ideal, um Junge (Kälber) zur Welt zu bringen. Die Walkühe suchen ruhige Buchten oder Lagunen auf, um ihre Jungen zu werfen. Ein zusätzlicher Vorteil dieser Flachgewässer ist es, dass die gefährdeten Walkälber hier viel weniger von marodierenden Weißhaien oder Schwertwalschulen bedroht sind. Bevorzugte Orte, wie die Halbinsel Valdés in Patagonien oder eine Reihe von Buchten östlich der Kap-Halbinsel in Südafrika, ziehen lockere Trupps von Dutzenden oder sogar einigen Hundert Walen an und bieten einzigartige Gelegenheiten zur Walbeobachtung von der Küste aus. Die Wale halten sich dort von Mai bis etwa November auf; man sieht Weibchen mit ihrem Nachwuchs im Schlepptau, Gruppen rivalisierender Männchen, die um eine Geschlechtspartnerin konkurrieren, Weibchen ohne Nachwuchs und juvenile Tiere (weniger als zehn Jahre alt).

Die Paarungen finden je nach Örtlichkeit von Juli bis Oktober statt. Ein seltsamer Aspekt der Südkaper-Anatomie ist es, dass das Gehirn eines adulten Männchens etwa vier Kilogramm wiegt, seine Hoden jedoch rund tausend Kilogramm. Es handelt sich um die größten Geschlechtsorgane im ganzen Tierreich. Der Unterhalt dieser Sexualorgane ist energetisch kostspielig, daher hat das Männchen (wie bei anderen Bartenwalen auch) aus Gründen der Kompensation sein Gehirn verkleinert.

GEFÄHRDETE VERWANDTE

Die Nordhalbkugel ist die Heimat zweier eng verwandter Walarten, die ihrem südlichen Pendant in Aussehen und Verhalten sehr ähnlich sind. Wie zu erwarten, zeigen die beiden Nördlichen Glattwalarten, der Atlantische Nordkaper (*Eubalaena glacialis*) und der Pazifische Nordkaper (*E. japonica*), genau das umgekehrte Wanderverhalten. Der Nordkaper im Nordwestatlantik wechselt zwischen den nährstoffreichen Gewässern vor der Küste von Ostkanada sowie Neuengland und den südlichen Kinderstuben vor Georgia und Florida. Die Wanderbewegungen des Pazifischen Nordkapers sind kaum bekannt, obgleich man weiß, dass das Beringmeer einen wichtigen Nahrungsgrund darstellt. Beide Populationen der Nördlichen Glattwale sind ernsthaft bedroht. Im Atlantik leben inzwischen weniger als 350 Individuen, im Pazifik ist es nur noch eine Handvoll.

Grauwal

Die ostpazifischen Grauwale unternehmen eine der längsten Meereswanderungen auf diesem Planeten; dabei wechseln sie zwischen ihren sommerlichen Nahrungsgründen im Norden und ihren winterlichen Wurf- und Paarungsstätten in den warmen Lagunen der Baja California in Mexiko. Diese von Seepocken übersäten Kolosse ziehen langsam, aber sicher an den Küsten entlang und erreichen ihr Ziel nach einigen Monaten.

Unten Grauwale lassen Boote und Schwimmer sehr nahe an sich herankommen, sodass sich Forscher ein sehr detailliertes Bild von ihren Wanderungen machen konnten.

WANDERUNG DER GRAUWALE
- östliche Population, Nahrungsgründe (Sommer)
- östliche Population, Fortpflanzungsgründe (Winter)
- westliche Population, Fortpflanzungsgründe (Winter)
- westliche Population, Nahrungsgründe (Sommer)
- östliche Population, Wanderroute
- westliche Population, Wanderroute

AUF EINEN BLICK

Wissenschaftl. Name	*Eschrichtius robustus*
Wanderroute	von antarktischen/subarktischen Nahrungsgründen in gemäßigte/subtropische Fortpflanzungsgründe
Länge der Wanderung	bis zu 8000 km pro Strecke
Beobachtungsorte	San-Ignacio-Lagune, Baja California, Mexiko
Beobachtungszeiten	Januar–März

Grauwale sind mittelgroße, stumpfköpfige Vertreter der Bartenwale (Mysticeti). Im Durchschnitt erreichen sie eine Länge von 13 bis 14 Meter und werden damit etwa so groß wie Buckelwale, die Art, mit der sie am leichtesten zu verwechseln sind. Gewöhnlich bleiben wandernde Grauwale in Küstennähe. Sie sind Geschöpfe des Flachwassers, bevorzugen eine Wassertiefe von unter sechzig Meter und schwimmen auf ihren Langstreckenwanderungen häufig dicht an Steilklippen und Landzungen vorbei. Einer ihrer Hauptnahrungsgründe ist das nördliche Beringmeer und die sich anschließende Tschuktschensee, wo der Kontinentalschelf sowohl breit als auch sehr flach ist (als der Meeresspiegel während der letzten Eiszeit niedriger war, bildete sich dort eine Brücke zwischen Asien und Nordamerika).

Im arktischen Sommer beherbergen diese kalten, außerordentlich produktiven Gewässer zeitweilig rund 2000 Grauwale. Weitere 20 000 Grauwale verteilen sich vor der nordamerikanischen Westküste, hauptsächlich vor Alaska und British Columbia, obgleich immer mehr Tiere nicht weiter als bis Oregon und Kalifornien nach Norden vordringt. Für eine Art, die in der Vergangenheit so stark bejagt wurde, dass sie 1930 am Rand der Ausrottung stand, stellt diese gesunde Population ein erstaunliches Comeback dar; damals gab es im ganzen Ostpazifik vermutlich nur noch ein paar Hundert Grauwale.

Der westpazifische Grauwalbestand ist jedoch vom Aussterben bedroht. Möglicherweise gibt es nur noch rund hundert Individuen, die von ihren Sommergründen im Ochotskischen Meer zwischen Japan und Fernost-Russland in ihre traditionellen Fortpflanzungsgründe in den Gewässern um die koreanische Halbinsel ziehen. Ihre Küstenhabitate werden auch weiterhin durch Bohrungen nach Öl- und Gasvorkommen degradiert.

SCHLAMMWÜHLER

Die Ernährungsweise von Grauwalen ist einzigartig unter den Bartenwalen. Die Tiere pflügen wie Bagger direkt über den Meeresboden und schaufeln riesige Schlammmengen in ihr Maul, um die massenhaft darin lebenden kleinen Röhrenwürmer und Flohkrebse herauszuseihen. Der Meeresboden weist denn auch charakteristische Rillen auf, die an Ackerfurchen erinnern. Tatsächlich ist die Nahrungsaufnahme der Grauwale mit dem Pflügen eines Feldes vergleichbar: Indem die Wale das Sediment aufwühlen, tragen sie zum Nährstoffkreislauf bei, der das marine Ökosystem aufrechterhält.

Gelegentlich benutzen die Wale ihre steifen Bartenplatten, um vorsichtig Kelpwälder zu durchkämmen und den Crustaceenbewuchs von den Tangwedeln abzustreifen. Sie verfügen zudem über weitere, eher orthodoxe Strategien zum Nahrungserwerb. Wie andere Bartenwale auch, patrouillieren sie das Oberflächenwasser und sieben Schwärme von winzigen Crustaceenlarven sowie Krill aus, stürzen sich aber auch mit weit geöffnetem Maul auf kleine, Schulen bildende Schwarmfische.

Im Lauf der 5 bis 6 Monate, in denen die Grauwale intensiv nach Nahrung suchen, legen die Tiere genügend Fettreserven in Form von Blubber an, um den Rest des Jahres damit auszukommen. Mit diesen Reserven müssen sie auch die energetisch kostspielige Rückwanderung bestreiten. Die Wale fasten nicht nur den größten Teil der Reise, sondern auch während ihres kurzen Aufenthalts in den südlichen Gefilden von Januar bis Februar oder März, wo die Weibchen ihre Jungen zur Welt bringen – um die Zeit gibt es dort nämlich kaum oder gar keine geeignete Nahrung.

GERINGE REISEGESCHWINDIGKEIT

Grauwale ziehen je nach Breitengrad ihrer Sommergründe zwischen Oktober und Anfang Dezember nach Süden; die Populationen in der Arktis machen sich als Erste auf den Weg. Auslöser der Wanderbewegung könnte ein Absinken der Wassertemperatur, die Bildung von Meereis und die Verkürzung der Tageslichtstunden sein. Grauwale sind die langsamsten Wanderer unter allen Walen; sie erreichen nicht mehr als 7 bis 9,5 Kilometer pro Stunde, und Weibchen mit Kälbern sind noch etwas langsamer. Zusätzlich legen die Wale immer wieder Ruhepausen ein. Daher breiten sich überall auf dem Körper der Wale «Walläuse» (parasitische Flohkrebse) und Seepocken aus, was zum charakteristischen gefleckten und gesprenkelten Aussehen der Art beiträgt.

Beobachtungen auf dem Meer und die Daten von markierten, satellitenüberwachten Walen sprechen dafür, dass Grauwale auf ihren Wanderungen pro Tag 65 bis 80 Kilometer zurücklegen. Bis vor Kurzem nahm man an, Grauwale wanderten weiter als irgendeine andere Walart, aber wie es aussieht, legen nur wenige Individuen jedes Jahr die längstmögliche Route von der Arktis bis nach Mexiko zurück. Die jährliche Gesamtstrecke, die Buckelwale absolvieren, ist größer. Da sich Grauwale ausschließlich in Küstengewässern aufhalten, navigieren sie wahrscheinlich zumindest teilweise nach Sichtmarken über und unter dem Meeresspiegel, beispielsweise Landmarken an der Küste und Veränderungen im Unterwasserterrain. Möglicherweise ist das der Zweck des Manövers, das man als *Spyhop* bezeichnet: Dabei steht der Wal senkrecht im Wasser, wobei sein ganzer Kopf wie ein Periskop über die Wasseroberfläche ragt, und sieht sich um.

SCHWERTWALE

Da Grauwale so langsam sind, sind sie durch Angriffe von Schwertwal- oder Orcaschulen gefährdet. Diesen Räubern können sie am besten entkommen, indem sie sich in den dichten Kelpwäldern oder zwischen Felsformationen am Meeresboden verstecken, was in tieferem Wasser, wie in unterseeischen Canyons, nicht möglich ist. In den 1980er-Jahren identifizierten Wissenschaftler eine genetisch eigenständige Population von rund 400 Schwertwalen, die Meeressäuger im Nordpazifik jagt. Im April ziehen diese Tiere an die kalifornische Küste, um Grauwalkühe und ihre Neugeborenen abzufangen, die nach Norden wandern.

WERTVOLLE WALE

Naturschützer weisen oft darauf hin, dass Wale lebendig viel mehr wert sind als tot. Die ersten organisierten Exkursionen zur Beobachtung von Grauwalen fanden zu Beginn der 1950er-Jahre in Kalifornien statt. Daraus entwickelte sich eine globale Whale-Watching-Industrie, die inzwischen jährlich über 0,5 Milliarden Euro einbringt. Jedes Jahr unternehmen rund elf Millionen Menschen in 87 Ländern Whale-Watching-Trips.

Rechts Einige der 100 000 Ökotouristen, die jedes Jahr die Lagunen in Baja California besuchen, in denen die Grauwale kalben.

Walross

Jeden Sommer, wenn sich das arktische Eis zurückzieht, wandern Walrosse, getrennt nach Geschlechtern, nordwärts, um im produktiven Nordpolarmeer nach Muscheln zu tauchen. Wenn sich der Eisschild im Herbst wieder voranschiebt, treten die Walrosse den Rückzug an und kehren in ihre weiter südlich gelegenen Überwinterungsgebiete zurück, wo sie sich auch paaren.

Die massigen Walrosse sind die Schwergewichte der Unterordnung Pinnipedia (Robben: Ohren- und Hundsrobben); nur Elefantenrobben werden größer. Die adulten Tiere wiegen 1250 bis 1750 Kilogramm. Die Bullen sind rund doppelt so schwer wie die Weibchen, und ihr dickhäutiger, faltiger, aufgetriebener Körper sieht so ganz anders aus als die glatte, spindelförmige Silhouette anderer Robben. So soll der Name Walross sich denn auch von dem Altniederländischen ableiten und so viel wie «Strandriese» bedeuten. Trotz ihres massigen Körperbaus und ihrer Unbeholfenheit an Land sind Walrosse kraftvolle Schwimmer, die es auf mindestens 35 km/h bringen. Unter Wasser können sie überraschend anmutig erscheinen, und im Flachwasser jagen Gruppen von Jungtieren spielerisch herum und machen Kapriolen.

Die auffälligsten Merkmale von Walrossen sind die Eckzähne, die in beiden Geschlechtern vorhanden sind. Lange nahm man an, diese dolchförmigen Hauer dienten dazu, Muscheln – die Lieblingsnahrung von Walrossen – vom Meeresboden abzulösen, doch tatsächlich stellen sie ein Statusmerkmal dar und werden beim Imponiergehabe gegenüber Artgenossen eingesetzt. Ältere, hochrangige Tiere haben die größten Eckzähne, während sie bei jungen, noch nicht geschlechtsreifen Tieren fehlen. Diese Hauer helfen den Walrossen auch, auf schlüpfrige Eisschollen Halt zu finden und schrecken Eisbären (s. S. 46–47) ab; allerdings wagen sich Bären nur selten an einen so formidablen Gegner, es sei denn, sie sind halb verhungert.

ZYKLISCHE NAHRUNGSSUCHE

Walrosse haben eine circumpolare Verbreitung in den Küstengewässern rund um die Arktis mit drei separaten Unterarten im Pazifik, Atlantik und in der sibirischen Laptewsee. Die Wandermuster variieren, doch die meisten Tiere unternehmen offenbar zwei Arten von Wanderungen: kurze und lange.

Einen Großteil des Jahres begeben sie sich regelmäßig auf drei- bis viertägige Kurztrips über den Kontinentalschelf, um sich an dem reichhaltigen Muschelangebot gütlich zu tun. Anschließend verbringen sie ein bis zwei Tage faulenzend auf Eisschollen oder am Strand. Dieses zyklische Muster bei der Nahrungssuche wiederholt sich immer wieder. Wie Meeresbiologen herausgefunden haben, verzehrt ein Walross während eines typischen Tauchgangs von 5 bis 7 Minuten über fünfzig Muscheln, was pro Tag mehr als 73 Kilogramm Muschelfleisch entspricht. Ihre Ruhetage nutzen die Tiere zur Verdauung und zur Kommunikation mit Artgenossen.

Die längeren, saisonalen Wanderungen der Walrosse werden vom Vordringen und Zurückweichen des Meereises diktiert. Obgleich Walrosse unter die Eisdecke tauchen können, um den Meeresboden nach eingegrabenen Muscheln zu durchwühlen, und sogar Atemlöcher in die Eisdecke schlagen können, bevorzugen sie Gebiete mit lockeren Eisschollen und meiden Flächen mit dicker, kontinuierlicher Eisdecke.

Oben Jedes Jahr suchen Walrosse zum Fellwechsel traditionelle Sammelplätze auf. Das dichte Aneinanderdrängen in der Menge hat eine wichtige soziale Funktion, denn Walrosse brauchen für ihr Wohlbefinden engen physischen Kontakt.

Am besten untersucht ist die Population der pazifischen Unterart. Nach dem Überwintern im Beringmeer ziehen diese Walrosse etwa im April durch die Beringstraße wieder nach Norden. Sie wandern, nach Männchen und Weibchen getrennt, in Herden, die bis zu fünfzig Tiere zählen können; auf der Wanderung bringen die Weibchen gewöhnlich im Mai/Juni ihre Jungen zur Welt. Von Juli bis September bleiben die Walrosse in ihren sommerlichen Nahrungsgründen in der Tschuktschensee, am Rande der permanenten Eiskappe zwischen Fernost-Russland und dem Nordwestzipfel von Alaska, bevor sie via Beringstraße wieder nach Süden zurückkehren. Viele der Bullen übersommern weiter im Süden und treffen sich mit den Weibchen und ihren Jungen im Winter.

Man nimmt an, dass sich durch die Geschlechtertrennung die Nahrungskonkurrenz der Walrosse in den Sommermonaten verringert, in denen sich die Tiere die für sie so wichtigen Fettreserven zulegen.

LEBEN AM STRAND

Wie alle Robben stammen Walrosse von landlebenden Vorfahren ab und müssen ihren Nachwuchs noch immer an Land zur Welt bringen. Zudem müssen sie an Land kommen, um sich zu paaren und um ihre tote Haut abzustreifen. Daher suchen sie zu einer bestimmten Jahreszeit traditionelle Sammelplätze auf. Geeignet sind Plätze mit einem sanft ansteigenden Meeresboden sowie einem Strand, der vor hoher Brandung und landeinwärts durch Steilklippen geschützt ist, die Landraubtiere fernhalten.

WALROSS | 85

WANDERUNG DER WALROSSE
- Pazifisches Walross
- Atlantisches Walross
- Laptew-Walross
- Wanderung nach Norden
- Wanderung nach Süden

Oben Das jahreszeitliche Vordringen und Zurückziehen des Meereises ist der Grund, warum Walrosse wandern. Ihre Abhängigkeit vom Eis macht sie empfindlich gegenüber einer Klimaerwärmung.

Der größte Sammelplatz in der westlichen Hemisphäre ist Round Island in Bristol Bay, Alaska, wo sich im Frühsommer 2000 bis 10 000 Walrosse zusammenfinden, die wie eine Horde aufgedunsener Sonnenanbeter aussehen. Im warmen Sonnenschein leuchten ihre Körper hellrosa, wenn Blut in ihre dicke Blubberschicht strömt, um überschüssige Wärme abzuführen.

KLIMAWANDEL

In der Vergangenheit wurden Walrosse in großer Zahl wegen ihres Blubbers, ihrer elfenbeinernen Eckzähne und ihres hohen Anteils an Körperfett abgeschlachtet, aus dem Öl ausgelassen wurde. Auch heute noch werden Walrosse von indigenen arktischen Völkern wie den Tschuktschen in Nordostsibirien und den Yupik in Westalaska gejagt, doch inzwischen hat der Klimawandel die Bejagung als größte Bedrohung der Art abgelöst. Prognosen zufolge werden steigende Meerestemperaturen zu einem raschen Abschmelzen der polaren Eisdecke führen. Da Weibchen mit Jungen lieber auf Eisschollen als an die Küste kampieren, gefährdet der Rückgang des Meereises das Überleben der Jungtiere. Zudem weicht die Zone aus lockeren Eisschollen, wo sich die Walrosse im Sommer aufhalten, langsam nach Norden aus dem küstennahen Flachwasser in tiefere Gewässerzonen zurück. Weil Walrosse am effizientesten in Wasser von 10 bis 50 Meter Tiefe tauchen, könnte der Meeresboden deshalb außerhalb Reichweite geraten.

Oben Walrossen kann man sich nur von der windabgewandten Seite nähern.

AUF EINEN BLICK

Wissenschaftl. Name	*Odobenus rosmarus*
Wanderroute	im Sommer zu nördlich gelegenen Nahrungsgründen
Länge der Wanderung	jährlich bis zu 3200 km
Beobachtungsorte	Round Island, Alaska, USA; Spitzbergen, Nordpolarmeer
Beobachtungszeiten	Juni–Juli

Magellanpinguin

Diese Pinguine, die nach dem portugiesischen Entdecker Ferdinand Magellan benannt sind, leben in den kalten Gewässern rund um die entlegene Südspitze von Südamerika. Bis vor Kurzem waren ihre Zugbewegungen über das Meer ein Rätsel. Nach neueren Forschungsergebnissen unternehmen diese Pinguine eine der längsten Wanderungen aller flugunfähigen Vögel überhaupt.

Der Magellanpinguin ist eine der vier Pinguinarten, die auf dem südamerikanischen Festland nisten; typisch für diese Art sind das schwarze Brust- und das breite schwarze Halsband. Magellanpinguine sind häufig; die Gesamtpopulation wird auf 1,8 Millionen Paare geschätzt, die sich auf Chile (800 000 Paare), Argentinien (900 000 Paare) und die Falklandinseln (Islas Malvinas, 100 000 Paare) verteilen. Im Norden ihres Verbreitungsgebiets sind Magellanpinguine vorwiegend Standvögel und bleiben ganzjährig in der Nähe der Brutkolonien, doch weiter im Süden unternehmen die Vögel weite Wanderungen.

Die Magellanpinguine der südlichen Kolonien verlassen ihre Nistplätze jedes Jahr im März oder April und legen, bevor sie im August oder September zurückkehren, viele Hundert Kilometer im Wasser zurück. Während dieser Wanderungen müssen die Vögel weit von der Küste entfernt immer wieder gewaltigen Stürmen mit hohem Seegang trotzen. Doch nicht nur die wiederholten Orkane, auch das Navigieren auf der eintönigen und gleichförmigen Meeresfläche ist eine große Herausforderung für die Magellanpinguine, denn sie können sich nicht wie Zugvögel, die hoch über den Wellen fliegen, am Horizont nach Landmarken orientieren. Das ist wirklich eine erstaunliche Leistung!

PRODUKTIVE MEERE

Die größte Kolonie von Magellanpinguinen – tatsächlich die größte Kolonie irgendeiner Pinguinart außerhalb der Antarktis – ist Punta Tombo in Argentinien. Diese öde Landzunge aus Kies und Geröll bildet einen starken Gegensatz zur üppigen Produktivität des Meeres rundum. Ein riesiger Kontinentalschelf erstreckt sich 480 Kilometer weit bis zu den Falklandinseln in den Atlantik, und in dem seichten, nährstoffreichen Wasser wimmelt es von Fischen und Kopffüßern. Im Sommer ernährt diese Region eine erstaunlich große Ansammlung unterschiedlicher Wildtiere. Neben Pinguinen finden sich Mähnenrobben (auch Südamerikanische Seelöwen genannt), Südamerikanische Seebären und Südliche Seeelefanten. Vor der Küste tummeln sich Südkaper (s. S. 80–81) und Schwertwalschulen.

Magellanpinguine sind Gewohnheitstiere: Sie gehen lebenslange Partnerschaften ein und bleiben auch ihrem Nistplatz in der Kolonie treu. Beide Geschlechter wechseln sich beim Brüten der zwei Eier ab (die Bebrütungsdauer beträgt rund vierzig Tage) und gehen täglich auf Fischfang, um Nahrung für die rasch wachsenden Küken zu holen. Die Pinguine erbeuten vorwiegend kleine Schwarmfische wie Sardinen, und oft gesellen sich Robben und Albatrosse dazu – dann sind die in Panik herumzappelnden Fische einem konzertierten Angriff im Wasser und aus der Luft ausgesetzt sind, was ihren Fang erleichtert.

WINTERLICHE WANDERUNGEN

Nach der Brutzeit zerstreuen sich die Pinguine über das Meer. Magellanpinguine aus Punta Tombo folgen der Küstenlinie nach Nordosten zur Küste von Uruguay und Südbrasilien, wo sie den Winter verbringen. Sie schwimmen mit dem kalten Falklandstrom nach Norden zum Mündungsgebiet des Rio de la Plata, wo er auf den wärmeren, südwärts fließenden Brasilstrom stößt. Hier mischt sich kaltes und warmes Wasser und sorgt für reichlich Nahrung.

Unten Magellanpinguine brüten an der wilden Südostküste von Argentinien. Sie werden vom Flachwasser vor der Küste angelockt, das zu den fischreichsten Gewässern weltweit gehört.

Magellanpinguine aus der Falklandpopulation wandern zunächst nach Norden zur argentinischen Küste und folgen dann wie die Punta-Tombo-Vögel der Küstenlinie. Magellanpinguine, die an der chilenischen Küste brüten, ziehen nach dem Brüten ebenfalls nach Norden: Sie schwimmen mit dem mächtigen Humboldtstrom, der an der Westküste Südamerikas bis nach Südecuador fließt.

JUNGE VAGABUNDEN

Die sogenannten Zerstreuungswanderungen der adulten und juvenilen Magellanpinguine unterscheiden sich deutlich: Während die erwachsenen Vögel nach der Brut zur Mauser noch einige Wochen im Brutgebiet bleiben, brechen die Jungvögel fast sofort auf. Sie mausern erst in ihren Überwinterungsgebieten, wobei sie sich an der Küste in dicht gedrängten Trupps versammeln.

Junge Magellanpinguine haben offenbar einen starken Ausbreitungstrieb, und es gibt zahlreiche Sichtungen in großer Entfernung von der nächsten Brutkolonie. So wurden juvenile Magellanpinguine beispielsweise schon auf der anderen Seite der Südhalbkugel, vor der Küste von Australien und Neuseeland, beobachtet.

AUF EINEN BLICK

Wissenschaftl. Name	*Spheniscus magellanicus*
Wanderroute	Zerstreut sich nach der Brut nordwärts
Länge der Wanderung	100–1000 km
Beobachtungsorte	Punta Tombo, Argentinien; Falklandinseln, Südatlantik
Beobachtungszeiten	November–Januar

ZUG DER MAGELLANPINGUINE
- → Winterzug
- ▬ Gesamtverbreitungsgebiet
- → Sommerzug zu den Brutplätzen

SATELLITENTELEMETRIE BEI PINGUINEN

Im März 1998 rüsteten Forscher zehn Magellanpinguine auf den Falklandinseln mit leichten, sogenannten PTT-Geräten aus, um den Wegzug nach der Brutzeit zu verfolgen. In dieser Stichprobe betrug die längste, von einem Individuum zurückgelegte Strecke 2661 Kilometer (innerhalb von 75 Tagen). Heutzutage liefern raffinierte elektronische Geräte sogar Daten über Tauchtiefe, Energieverbrauch und Verhalten bei der Nahrungssuche.

Oben Dank Satellitentelemetrie wissen wir mittlerweile wesentlich mehr über die Wanderungen von Pinguinen.

WANDERUNG DER ATLANTIK-BASTARDSCHILDKRÖTEN	
▢ Verbreitungsgebiet	→ Ausbreitung der geschlüpften Jungtiere
▢ Hauptbrutgebiet	→ Wanderung ins Brutgebiet

Atlantik-Bastardschildkröte

Fast der gesamte Weltbestand an Atlantik-Bastardschildkröten kommt am selben Tag an einem einzigen mexikanischen Strand zur Eiablage zusammen. Die Weibchen klettern an Land, um in Massen ihre Eier abzulegen, nachdem sie von ihren Nahrungsgründen im Golf von Mexiko aus genau diesen Platz angesteuert haben. Innerhalb von zwölf Stunden sind sämtliche Weibchen dann wieder verschwunden.

Atlantik-Bastardschildkröten, auch Karibische Bastardschildkröten genannt, verdanken ihren wissenschaftlichen Artnamen *kempii* Richard Kemp, einem Fischer aus Florida, der die Art 1880 erstmals der Wissenschaft zur Kenntnis brachte. Die Tiere haben einen fast kreisrunden, graugrünen Panzer und einen ausgeprägten papageienartigen Schnabel. Von den sieben Meeresschildkrötenarten (Familie Cheloniidae) ist diese Art die am stärksten gefährdete und zugleich die kleinste, denn sie wird nur 66 bis 70 Zentimeter lang.

Wie ihre Verwandten zeigen Atlantik-Bastardschildkröten ein ausgeprägtes Wanderverhalten, und erwachsene Weibchen pendeln zwischen ihren Nahrungsgründen und den traditionellen Brutplätzen. Von den übrigen Mitgliedern ihrer Familie unterscheiden sie sich jedoch in mehrfacher Hinsicht: Ihre Brutregion ist außerordentlich klein und beschränkt sich auf einen kurzen Küstenstreifen im westlichen Golf von Mexiko, während die meisten anderen Meeresschildkröten weltweit verbreitet sind und sich in Meeresgebieten rund um die Tropen fortpflanzen. Die Weibchen legen ihre Eier gewöhnlich tagsüber ab, nicht im Schutz der Dunkelheit. Und viele adulte Männchen sind offenbar ortstreu; sie haben ihren Wandertrieb verloren.

SYNCHRONE EIABLAGE

Atlantik-Bastardschildkröten sind wohl das beste Beispiel für synchronisierte Fortpflanzung bei Wirbeltieren. Während einer Massen-Eiablage, die nach dem spanischen Begriff für «Ankunft» *arribada* genannt wird, tauchen Dutzende von eiertragenden Weibchen gleichzeitig aus dem Wasser auf. Sie klettern mit heftig paddelnden Flossen übereinander und graben manchmal in ihrer Hektik sogar die Eier anderer Weibchen aus, die bereits gelegt haben. Olive Bastardschildkröten (*Lepidochelys olivacea*) sind die einzigen anderen Meeresschildkröten, die ein *arribada*-Verhalten zeigen, doch sie sind rund um die Tropen verbreitet, daher verteilen sich ihre Brutgebiete über einen großen Bereich.

AUF EINEN BLICK

Wissenschaftl. Name	*Lepidochelys kempii*
Wanderroute	zu und von den Brutstränden
Länge der Wanderung	bis zu mehreren Tausend Kilometern pro Jahr (adulte Weibchen)
Beobachtungsorte	Rancho Nuevo, Tamaulipas, Mexiko; Padre Island National Seashore, Texas, USA
Beobachtungszeiten	Mai–Juli (eingeschränkter Zugang)

Gegenüber Mit ihren kräftigen Vorderbeinen, die wie Flügel schlagen, «fliegt» eine Schildkröte förmlich durchs Wasser. Der Abschlag generiert den größten Teil des Schubs. **Rechts** Im Schutz der Dunkelheit kriechen frisch geschlüpfte Schildkröten so schnell wie möglich den Strand hinab zum Meer.

Im Gegensatz dazu kommen über 95 Prozent der Atlantik-Bastardschildkröten in einem kleinen Gebiet des Bundesstaates Tamaulipas im Nordosten von Mexiko zusammen, vor allem auf einem abgelegenen, etwa zwanzig Kilometer langen Strand bei Rancho Nuevo. Die restlichen fünf Prozent brüten im benachbarten Veracruz oder in Texas; eine Handvoll (oft weniger als zehn Tiere) suchen auch Brutplätze in Florida auf.

In einem berühmten Film über Atlantik-Bastardschildkröten aus dem Jahr 1947 wird gezeigt, wie die Tiere bei Rancho Nueva an den Strand strömen. Daraus ließ sich berechnen, dass dort an jenem Tag rund 40 000 Weibchen zur Eiablage an Land gingen. Damals war dieses Schauspiel eines der größten Naturphänomene weltweit. Heute ist nicht mehr viel davon übrig, denn die Zahl der Atlantik-Bastardschildkröten geht seit Jahrzehnten zurück. Die Weibchen kommen von Mai bis Juli zwei oder drei Mal an Land, legen jedes Mal 90 bis 100 Eier in tiefe Gruben und verschwinden am frühen Abend wieder im Meer. Die Entwicklungszeit der Eier beträgt je nach Temperatur 42 bis 60 Tage. Mehrere Nächte lang kriechen viele Tausend der knapp vier Zentimeter langen, frisch geschlüpften Schildkröten so schnell wie möglich zum Wasser und beginnen im offenen Meer ein Nomadenleben.

AUSBREITUNG NACH DEM SCHLÜPFEN

Die Jungtiere schwimmen kräftig, um die relative Sicherheit des tieferen Wassers zu erreichen, wo sie sich für die nächsten zwei bis drei Jahre mit den Meeresströmungen verdriften lassen. Wie die Jungtiere anderer Meeresschildkrötenarten halten auch sie sich wahrscheinlich in treibenden Matten aus Beerentang (*Sargassum*) auf, die gleichzeitig kleine Nahrungsbrocken und Schutz vor räuberischen Fischen bieten. Ein Teil der Jungschildkröten bleibt im Golf von Mexiko, während andere vom Golfstrom in den Westatlantik hinausgetragen werden. Wenn sie fast ausgewachsen sind, kehren sie in Flachgewässer nahe der Küste zurück, wie die Mündungsgebiete von Mississippi und Alabama. Hier suchen sie auf dem sandigen oder schlammigen Meeresboden oder auch in Seegraswiesen nach Krabben, Garnelen und Muscheln. Männliche Schildkröten verbringen den Rest ihres Lebens über dem Kontinentalschelf: Einige pendeln zwischen der mexikanischen Golfküste und der amerikanischen Atlantikküste, wobei sie auf der Suche nach den besten Nahrungsgründen nördlich bis nach Neuengland vordringen; andere, möglicherweise die Mehrheit, bleiben ortstreu immer im selben Gebiet.

Wo die Tiere sich paaren, ist unbekannt, doch die Weibchen machen sich in der Regel mit zwölf Jahren erstmals zur Eiablage auf. Schätzungen zufolge erreicht nur ein Individuum von tausend das Fortpflanzungsalter und kehrt zur Eiablage an seinen Geburtsort zurück.

Damit weibliche Atlantik-Bastardschildkröten synchron ihre Eier ablegen können, muss es zuverlässige umweltbedingte oder physiologische Auslöser geben. Als Zeitgeber für die *arribadas* könnten Mondzyklus und Gezeiten, saisonale Veränderungen der Küstenwinde oder aber die Freisetzung von Pheromonen seitens der Weibchen dienen. Nicht alle geschlechtsreifen Weibchen brüten jedoch jedes Jahr, denn die meisten schieben vor einer erneuten Paarung eine Pause von ein bis zwei Jahren ein. Vermutlich tragen die *arribadas* dazu bei, die Auswirkungen von Eierräubern, wie Krabben, Seevögeln und Geiern zu mindern, weil diese sich plötzlich einem Überangebot an potenzieller Nahrung gegenübersehen.

NOCH EINMAL DAVONGEKOMMEN?

Obwohl das Sammeln von Eier der Atlantik-Bastardschildkröte 1966 verboten wurde, war die Zahl der Nester Ende der 1970er-Jahre auf einen absoluten Tiefstand von 700 Gelegen pro Saison gefallen; diese waren von einigen Hundert überlebenden Weibchen produziert worden. Seit 1978 haben mexikanische und US-amerikanische Behörden sowie Nichtregierungsorganisationen große Anstrengungen unternommen, um die Art vorm Aussterben zu retten. Dank regelmäßiger Patrouillen am Hauptstrand von Rancho Nuevo können die meisten Gelege inzwischen in künstliche Nester überführt werden. Tausende von Eiern wurden zudem nach Padre Island in Texas gebracht, um dort eine zweite Brutpopulation aufzubauen. Die Eier werden in Inkubatoren ausgebrütet, und zwar bei einer Temperatur, die sicherstellt, dass die meisten Nachkommen Weibchen sind.

Links In Rancho Nuevo sind künstliche Nester eingezäunt, um die Schildkröteneier vor menschlichen und tierischen Nesträubern zu schützen.

Suppenschildkröte

Seit Jahrhunderten oder gar Jahrtausenden kehren Suppenschildkröten immer wieder zu denselben Stränden zurück, um ihre Eier zu legen. Geleitet von einem bemerkenswert präzisen Heimfindevermögen, können sie ein winziges Eiland mitten im Meer ansteuern, um ihre Eier genau an der Brutstätte abzulegen, wo sie viele Jahre zuvor geschlüpft sind.

Die Suppenschildkröte verdankt ihren deutschen Trivialnamen der einst so beliebten Schildkrötensuppe. Ihr charakteristischstes Merkmal ist das Muster, das von den hellen Rändern der Panzerplatten auf ihrem Rücken gebildet wird. Suppenschildkröten gehören zu den größten Meeresschildkröten und erreichen eine Länge von 0,8 bis 1 Meter; ihr Panzer ist leicht und stromlinienförmig und verringert den Wasserwiderstand der Tiere beträchtlich. Der Vortrieb wird von den langen, flossenförmigen Vorderbeinen erzeugt, die wie Flügel schlagen, während die mit Schwimmhäuten versehenen Hinterbeine als Ruder dienen. Wenn diese Schildkröten mit 40 bis 50 Jahren voll ausgewachsen sind, sind sie kräftig genug, um notfalls gegen die Strömung zu schwimmen, und können anstrengende, wochenlang dauernde Wanderungen bewältigen.

In vielen großen Teilen der Welt ist die Suppenschildkröte die häufigste der sieben Meeresschildkrötenarten der Ordnung Chelonia. Obgleich der Bestand aufgrund von kommerziellen Eiersammlungen und Bejagung zurückgegangen ist, schätzt die Umweltorganisation World Wildlife Fund (WWF) dennoch, dass es 2005–2006 rund 200 000 eierlegende Weibchen gab, und die wahre Zahl könnte noch deutlich darüber liegen. Bei einer so weit verbreiteten wandernden Tierart, die in tropischen und warm-gemäßigten Meeren weltweit vorkommt, ist es unter Umständen sinnvoller, statt der ganzen Art individuelle Populationen als gefährdet aufzulisten: Suppenschildkröten gehen in der Karibik stark zurück, nehmen im Südatlantik jedoch zu; dort hat sich ihre Zahl seit den 1970er-Jahren verdreifacht.

SUPPENSCHILDKRÖTE

VERBREITUNGSGEBIET DER SUPPENSCHILDKRÖTE

- Ascension Island
- Wanderung zu und von Ascension Island
- Gesamtverbreitung
- Hawaii
- Galapagosinseln
- Westkaribik
- Große Antillen
- Ascension Island
- östliches Mittelmeer
- Straße von Mosambik
- Golf von Aden
- Nordarabisches Meer
- Andamanensee
- Java
- NW-Australien
- Borneo
- nördliches Great Barrier Reef
- südliches Great Barrier Reef
- Neukaledonien

AUF EINEN BLICK

Wissenschaftl. Name	*Chelonia mydas*
Wanderroute	zu und von den Legestätten
Länge der Wanderung	mindestens 2250 km pro Strecke (Ascension-Island-Population)
Beobachtungsorte	Ascension Island, Südatlantik; Sipadan Island, Borneo, Malaysia
Beobachtungszeiten	Januar–April (Ascension); Juli–August (Sipadan)

VULKANINSELN

Suppenschildkröten legen ihre Eier vorwiegend auf entlegenen Inseln ab; dort gibt es weniger Nesträuber, die das Gelege plündern oder die frisch geschlüpften Jungen fressen, deren Panzer noch weich ist. Ihre traditionellen Nistplätze werden als *rookeries* (Legestätten) bezeichnet. Eine der bekanntesten Legestätten ist Ascension Island – eine winzige, nur 13 Kilometer breite Vulkaninsel, die mitten im Atlantik auf halbem Weg zwischen Brasilien und der westafrikanischen Küste liegt. Um diesen Außenposten zu erreichen, wandern die Schildkröten von ihren Nahrungsgründen vor der Küste von Brasilien über eine Strecke von 2250 Kilometer oder mehr dorthin. Weil sie vor Brasilien fast ausschließlich Algen in Korallenriffen und Seegraswiesen in geschützten Buchten abweiden, müssen sie während ihrer Wanderung ohne Nahrung auskommen. Überdies ist ihre bevorzugte Pflanzennahrung in den Gewässern um Ascension rar, daher kann sich ihre Fastenzeit bis zu ihrer Rückkehr nach Brasilien Monate später hinziehen.

Beide Geschlechter wandern nach Ascension, und die Paarung findet im Flachwasser direkt vor den Legestränden statt. Die Weibchen sind ungefähr eine Woche lang empfängnisbereit und paaren sich in dieser Zeit mehrmals mit verschiedenen Partnern, deren Sperma sie speichern. Bald darauf schwimmen sie nachts bei Flut (um die Riffe rund um die Insel leichter zu überwinden) an Land und kriechen den Strand bis deutlich über die Wasserlinie hinauf. Hier legen sie 80 bis 150 tischtennisballgroße Eier und vergraben sie im Sand. In der Brutsaison (Januar bis April auf Ascension) können die Weibchen diese anstrengende Prozedur bis zu neun Mal wiederholen, doch die Norm sind drei Gelege.

Zwischen zwei Eiablagen legen weibliche Suppenschildkröten eine Pause von zwei bis fünf Jahren ein. Wie andere sich langsam vermehrende Tiere sind sie jedoch außerordentlich langlebig: Man nimmt an, dass ihre durchschnittliche Lebenserwartung mehr als achtzig Jahre beträgt.

HEIMFINDEVERMÖGEN

Die Legestätten von Suppenschildkröten sind oft so klein und isoliert, dass die instinktive Fähigkeit der Schildkröten, sie über riesige Strecken offenen Ozeans direkt anzusteuern, wirklich erstaunlich ist. Wahrscheinlich orientieren sich die Tiere an der Position von Sonne und Sternen. Vielleicht «lesen» sie auch Wellen- und Strömungsmuster oder folgen dem Wärmegradienten, der von lokalen Unterschieden in der Wassertemperatur hervorgerufen wird. Eine andere Möglichkeit ist, dass sie Abweichungen im Magnetfeld der Erde wahrnehmen und eine «magnetische Karte» anlegen können.

In einem wissenschaftlichen Experiment wurden sieben Suppenschildkrötenweibchen nach ihrer Eiablage auf Ascension Island mit elektronischen Sendern sowie Magneten ausgestattet, um die Orientierung nach dem Magnetfeld zu stören. Diese Schildkröten wurden dann auf ihrem Heimweg nach Brasilien per Satellit überwacht. Sie fanden genauso rasch und zielgerichtet nach Hause zurück wie Schildkröten ohne Magneten; das spricht dafür, dass ein geomagnetischer Sinn für ihre Wanderungen nicht essenziell ist, selbst wenn er eine gewisse Rolle spielen sollte.

Gegenüber Suppenschildkröten können überraschend zutraulich sein, doch wenn sie von einem Taucher erschreckt werden, geben sie plötzlich «Gas» und verschwinden in Sekundenschnelle im Blau des Meeres.

EILMARSCH INS MEER

Je nach Temperatur, die im Gelege herrscht, schlüpfen die jungen Suppenschildkröten nach 45 bis 70 Tagen aus ihren Eiern. Da Schildkröten keine Geschlechtschromosomen haben, entscheidet die Wärme des Sandes auch über das Geschlecht der sich entwickelnden Embryonen: Unterhalb von 29 °C dominieren Männchen, über 31 °C Weibchen. Da sie gemeinsam nachts schlüpfen, vermeiden die jungen Schildkröten Seevögel und die meisten anderen Fressfeinde.

Oben Die frisch geschlüpften Schildkröten werden von der unterschiedlichen Helligkeit am Horizont geleitet: Der Himmel über dem Meer erscheint wegen der Lichtreflektion an der Wasseroberfläche heller.

Links Die schlüpfenden Schildkröten öffnen ihre ledrigen Eier mithilfe eines Dorns, des Eizahns.

Magnetische Anziehungskraft

An bestimmten Punkten auf dem Globus tauchen Hochseehaie zu Tausenden wie aus dem Nichts auf, bleiben eine Weile zusammen und verschwinden dann wieder mit unbekanntem Ziel. Ein solcher Hotspot für wandernde Meerestiere ist die Kokosinsel, ein isolierter Flecken im Ostpazifik.

Die Kokosinsel ist ein entlegener untermeerischer Vulkan (Seamount) und liegt 550 Kilometer südwestlich von Costa Rica, zu dem sie gehört. Weil sich in den tiefen Wassern, die die relativ steilen Flanken der Insel umgeben, regelmäßig große Schulen Bogenschnäuziger Hammerhaie zusammenfinden, ist der Platz zu einem Mekka für Haienthusiasten geworden. Ähnliche Versammlungen von Hammerhaien trifft man an anderen Seamounts im Ostpazifik, beispielsweise bei El Bajo Espiritu Santo im Golf von Kalifornien. Meeresbiologen vermuten, dass die Haie, die sich keineswegs gleichmäßig im Meer verteilen, Seamounts auf ihren relativ raschen Wanderungen längs festgelegter Unterwasserrouten als Zwischenstationen benutzen. Diese Zwischenstationen haben möglicherweise eine wichtige soziale Funktion und erlauben den Haien, miteinander zu kommunizieren und auf potenzielle Geschlechtspartner zu treffen.

Während ihres Aufenthalts vor der Kokosinsel führen die Haie täglich Ortsbewegungen durch, die vom Hell-Dunkel-Zyklus bestimmt werden. Tagsüber ruhen sie im Schwarm vor der Küste; bei Einbruch der Dämmerung brechen sie in kleinen Gruppen auf, um in einiger Entfernung (bis zu 16 Kilometer) Tintenfischschwärme zu jagen; unmittelbar vor dem Morgengrauen kehren sie zurück. In El Bajo Espiritu Santo konnte mittels Ultraschallsendern gezeigt werden, dass die einzelnen Haie jeden Morgen zu einem Platz im Umkreis von 230 Meter um ihren Startpunkt zurückkehrten. Möglicherweise orientieren sich die Haie, indem sie magnetischen «Schienen» im Meeresboden folgen. Tatsächlich könnten Seamounts als magnetische «Leuchttürme» dienen, denn sie bestehen aus Vulkangestein und besitzen daher ein starkes magnetisches Feld.

Unten, von links nach rechts Die Unterseite der Haischnauze ist überzogen von winzigen Gruben, sogenannten Lorenzinischen Ampullen; diese enthalten Elektrorezeptoren, die zur Orientierung und beim Beutefang eingesetzt werden. Vermutlich können Hammerhaie ihren Kopf dank seiner seltsamen Form als empfindlichen Scanner benutzen, mit dessen Hilfe die Tiere Signale von Beutetieren auffangen, die im Sand versteckt am Meeresboden liegen. Dieses Falschfarbenbild, das mithilfe von Echosignalen hergestellt wurde, zeigt eine Reihe von Seamounts vor Costa Rica. Seamounts sind erloschene Vulkane auf dem Meeresboden.

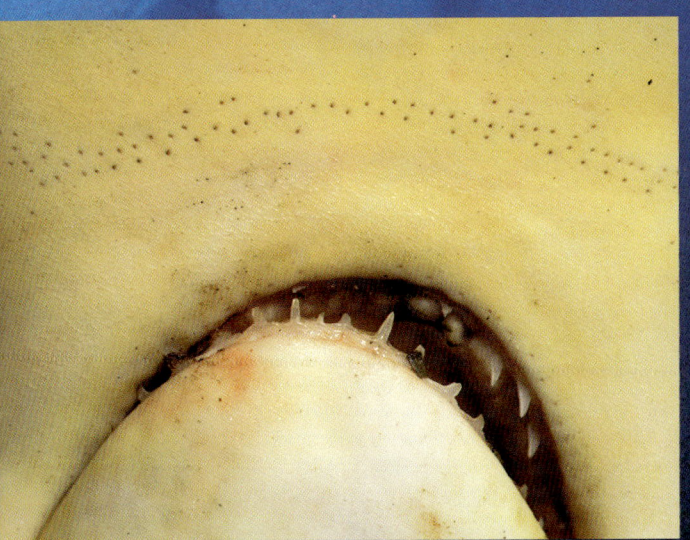

Gegenüber Bogenschnäuzige Hammerhaie, die sich während ihrer Wanderung in den Gewässern vor der Küste der Kokosinsel ausruhen und miteinander kommunizieren.

Walhai

Walhaie, diese Giganten der Tiefe, sind die größten Fische der Welt. Sie sind Filtrierer, die unermüdlich zwischen planktonreichen Meeresregionen hin und her pendeln und Jahr für Jahr an diesen saisonalen Hotspots auftauchen, um das dortige reiche Nahrungsangebot zu nutzen.

Oben Walhaie lassen sich individuell an ihrem charakteristischen Muster weißer Flecken erkennen; das hilft Meeresbiologen, neue Erkenntnisse über die Wanderungen dieser wunderbaren Geschöpfe zu gewinnen.

Im Gegensatz zu dem torpedoförmigen Bau der meisten Hochseehaie sehen Walhaie außerordentlich massig aus. Statt einer kegelförmigen Schnauze haben sie einen enorm schweren, abgeplatteten Kopf, der ein Maul mit einer Breite von bis zu 1,8 Meter trägt – groß genug, dass ein Taucher hineinschwimmen könnte.

Ein voll ausgewachsener Walhai wäre mit rund zwölf Tonnen Gewicht und 12 bis 20 Meter Länge im Wasser instabil, hätte er nicht drei wesentliche Anpassungen. Eine kräftige Leiste auf jeder Seite, die an der hinteren Hälfte seines Körpers und am Schwanzstiel verläuft, dient als Stabilisator und verhindert, dass der Hai beim Schwimmen zur Seite kippt, während die mächtige Schwanzflosse und die großen Brustflossen zusätzlich für die richtige Balance sorgen.

EIN REICHES PLANKTONANGEBOT

Walhaie nehmen ihre Nahrung in der Regel passiv auf, indem sie mit weit aufgesperrtem Maul direkt unter der Wasseroberfläche schwimmen. Sie nehmen riesige Mengen an Wasser ins Maul, das durch fünf paarige Kiemenschlitze strömt, wo Eier sowie Larven von Wirbellosen und Fischen an einem feinmaschigen Netz aus zahnartigen Knochenfortsätzen hängen bleiben und hinuntergeschluckt werden. (Ihre eigentlichen Zähne sind winzig und spielen für die Nahrungsaufnahme keine Rolle.)

Nur zwei andere Haiarten – Riesenhai (*Cetorhinus maximus*) und Riesenmaulhai (*Megachasma pelagios*) – ernähren sich ebenso, und alle drei Arten zeigen ein ausgeprägtes Wanderverhalten. Riesenmaulhaie sind außerordentlich selten, und über sie ist wenig bekannt. Das Leben von Wal- und Riesenhai lässt sich jedoch als unablässiges Pendeln zwischen den «Planktonblüten» beschreiben, die sich an verschiedenen Orten zu verschiedenen Zeiten entwickeln; während ihrer oft langen Reise von einem Futterort zum anderen haben die Tiere unter Umständen keine Möglichkeit zur Nahrungsaufnahme.

KAVIAR DES RIFFS

Walhaie unternehmen regelmäßig Fischzüge, um sich den Bauch mit Koralleneiern, dem sogenannten «Kaviar des Riffs» zu füllen. Ein synchrones, massenhaftes Ausstoßen von Eiern, das vom Vollmond ausgelöst wird, überschwemmt das Wasser mit rosafarbenen oder roten Eiern. Die Strömung verquirlt diese Eier zu einem dicken, proteinreichen Teppich, der sich über viele Hundert Kilometer erstrecken kann, denn häufig geben die Korallenpolypen ganzer Riffe ihre Geschlechtsprodukte gleichzeitig ab.

Links Korallen pflanzen sich geschlechtlich fort, ihre frei im Wasser treibenden Eier gehören zur Lieblingsnahrung von Walhaien.

Oben Walhaie sind selbst so etwas wie ein mobiler Lebensraum; häufig werden sie von bunten Schwärmen von Stachelmakrelen und anderen Fischen begleitet.

AUF EINEN BLICK

Wissenschaftl. Name	*Rhincodon typus*
Wanderroute	folgt dem saisonalen Auftreten von Planktonblüten
Länge der Wanderung	wahrscheinlich mehere Tausend Kilometer pro Jahr
Beobachtungsorte	Bay Islands, Honduras; Ningaloo Reef, Westaustralien; Mahé Island, Seychellen; Great Barrier Reef, Queensland, AUS
Beobachtungszeiten	Februar–April (Bay Islands); März–April (Ningaloo Reef); November–Dezember (Great Barrier Reef)

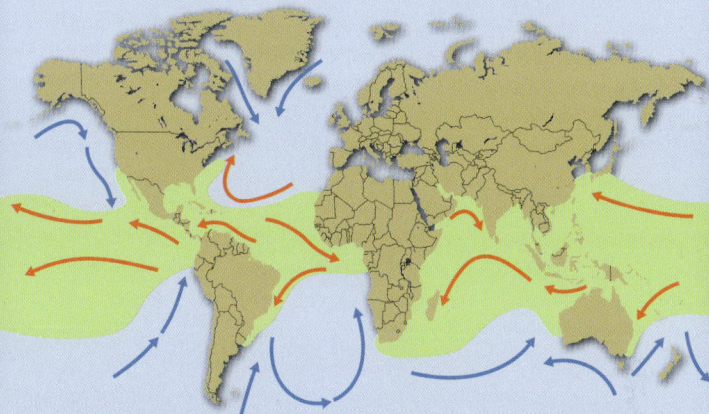

MEERESSTRÖMUNGEN UND VERBREITUNGSGEBIET DER WALHAIE
Verbreitungsgebiet → kalte Strömungen → warme Strömungen
Anmerkung: Große Hochseefische, wie Mantarochen, führen vermutlich ähnliche Wanderbewegungen durch, die bisher unbekannt waren.

Zwei aktive Strategien zur Nahrungssuche sind bei Walhaien beobachtet worden: Manchmal stehen sie senkrecht im Wasser und saugen aus dem Oberflächenwasser kleine Schwarmfische, tropischen Krill (garnelenartige Crustaceen) oder Quallen ein. Manchmal arbeiten auch mehrere Walhaie zusammen, um ihre Beute dicht zusammenzudrängen. Normalerweise leben Walhaie jedoch solitär.

WÄRMELIEBHABER

Die globale Verbreitung von Walhaien wird stark von warmen Meeresströmungen beeinflusst. Diese Haie meiden Wasser, das kälter als zwanzig Grad Celsius ist, was sie an tropische und subtropische Meere bindet, und bevorzugen eine Oberflächentemperatur von 21 bis 26 Grad Celsius. Die meisten Sichtungen finden in den Lagunen von Korallenatollen und an Korallenriffen statt, was dafür sprechen könnte, dass Walhaie von einem bevorzugten Gebiet zum nächsten ziehen und die Hochsee nur durchqueren. Doch es könnte auch sein, dass Walhaie auf hoher See lediglich schwer zu entdecken sind.

Zu den besten Plätzen zur Walhaibeobachtung gehören Ningaloo Reef in Westaustralien, die Seychellen und die Malediven im Indischen Ozean sowie Inseln vor der Küste von Honduras und Belize in der Westkaribik. Walhaie dulden Boote und Taucher in nächster Nähe, was zu einer Shark-Watching-Industrie geführt hat, die Schätzungen zufolge weltweit jährlich 25 Millionen englische Pfund einbringt.

In den 1930er-Jahren wurde erstmals vermutet, dass Walhaie lange Wanderungen unternehmen und sich im Indischen Ozean fortpflanzen, sich anschließend nach Süden wenden und mit dem Mosambikstrom um Südafrika in den Atlantik schwimmen, wo sie mit dem Südäquatorialstrom bis in die Karibik gelangen. Dies ist nie eindeutig nachgewiesen worden, doch markierte Tiere, die per Satellit verfolgt wurden, haben tatsächlich riesige Entfernungen bewältigt: So legte ein Walhai im Pazifik innerhalb von vierzig Monaten 22 500 Kilometer zurück.

Doch inzwischen halten es einige Forscher für wahrscheinlicher, dass die Haie statt gewaltiger Ozeandurchquerungen mehrere kürzere Wanderungen innerhalb eines ozeanischen Beckens unternehmen. So versammeln sich beispielsweise Walhaie in großer Zahl im September vor der Südostküste von Neuguinea, bevor sie von November bis Dezember nach Süden zum Great Barrier Reef ziehen, und dann südwärts an der Ostküste von Australien weiterwandern (die Rückwanderung nach Neuguinea bleibt rätselhaft). Ähnlichen regionale Wanderbewegungen finden wahrscheinlich im Golf von Mexiko, im Indischen Ozean und im Pazifik statt.

Walhaie werden mit einem charakteristischen Muster weißer Flecken auf dem Rücken geboren, das sich wie der menschliche Fingerabdruck auch mit zunehmendem Alter nicht verändert und Forschern erlaubt, die Haie individuell zu erkennen und ihre Bewegungen zu verfolgen. In der Vergangenheit mussten dafür Fotos auf See aufgenommen und mühsam studiert werden. Heute wird eine von der NASA entworfene Software zum Kartieren von Sternen (ursprünglich zur Katalogisierung von Galaxien entwickelt) dazu eingesetzt, Walhaie anhand ihrer Fotos zu erkennen. Wie sich gezeigt hat, weisen Walhaie ein hohes Maß an Ortstreue auf – das heißt, sie bleiben ihren wichtigsten Nahrungsgründen treu und treffen dort mit nur wenigen Wochen Abweichung jedes Jahr zur selben Zeit ein, als würden sie von einem Uhrwerk gesteuert.

Blauhai

Blauhaie haben kein eigentliches Heimatterritorium; sie streifen umher, patrouillieren weite Bereiche der Weltmeere und unternehmen saisonale Wanderungen durch Meeresbecken, um ihrer Beute auf der Spur zu bleiben. Geschmeidig und elegant gleiten sie mit schnell ziehenden Meeresströmungen dahin, um zwischen ihren Mahlzeiten Energie zu sparen.

Blauhaie gehören zur Familie Carcharhinidae (Blau- oder Menschenhaie), zu der auch Tigerhai und Grundhai zählen. Ihren Namen verdanken diese Haie ihren auffällig ultramarinblauen Flanken; sie sind die geschmeidigsten und anmutigsten Vertreter ihrer Familie und zeichnen sich durch eine sehr lange, schnittige Schnauze sowie paarige sichelförmige Brustflossen aus, die an einem stromlinienförmigen, leicht zugespitzten Körper sitzen. Diese paarigen Flossen dienen als Stabilisatoren, wenn die Haie von starken Strömungen mitgerissen werden, als flögen sie durchs Wasser. Der längste bisher gefangene Blauhai maß von der Schnauzen- bis zur Schwanzspitze 3,8 Meter. Aufgrund übermäßiger Befischung – die Flossen der Tiere sind hoch geschätzt und dienen als Suppeneinlage – gelten heutzutage bereits 2,5 bis 3 Meter Länge als überdurchschnittlich. Jedes Jahr werden Tausende von Blauhaien getötet, um die Nachfrage nach Haifischflossen zu befriedigen, und machen diese Haie zur am stärksten ausgebeuteten Haiart weltweit.

MARKIERUNG VON HAIEN

Programme zur Markierung von Blauhaien («Tagging») haben viel zur Entschlüsselung ihres komplexen nomadischen Lebensstils beigetragen. Die Entfernungen, die diese Fische zurücklegen, sind wirklich erstaunlich. Ein Tier schwamm über 6000 Kilometer von New York nach Brasilien, und ein anderes, das vor der kalifornischen Küste markiert worden war, wurde ein Jahr später vor Neuseeland gefangen. Wiederfänge von markierten Individuen liefern wertvolle Daten darüber, wie die Haie das Meer nutzen; dadurch können wichtige Gebiete identifiziert werden, die zu bestimmten Jahreszeiten geschützt werden sollten, beispielsweise durch ein Fangverbot von Haien in der Paarungs- oder Wurfzeit.

MARINE HOTSPOTS

Die Hochsee, in der Blauhaie leben, ist so etwas wie eine marine Wüste. Es ist eine immens große, aber dünn besiedelte Welt, in der es nur sehr wenig Beute gibt; sie ist um wenige, wie Stecknadeln im Meer verstreute Hotspots konzentriert. Diese Orte in der scheinbar unermesslichen Weite blauen Wassers, die kaum über die Wasseroberfläche ragen, sind ähnlich wie üppig grüne Oasen in terrestrischen Wüsten für die marinen Ökosysteme von enormer Bedeutung. Dazu gehören beispielsweise die Konvektionsgebiete, wo sich warme und kalte Strömungen mischen, die unterseeischen Canyons, die tief in den flachen Kontinentalschelf eingeschnitten sind, und die nährstoffreichen Auftriebszonen (*upwellings*) rund um Seamounts (Unterwasserberge, die sich vom Meeresboden erheben).

Blauhaie sind nicht nur außerordentlich geschickt darin, diese produktiven Meeresregionen zu finden, sie tauchen auch genau zu der Jahreszeit auf, in der das Nahrungsangebot besonders groß ist. Wie sie das machen, ist ein Rätsel, obgleich Blauhaie wie andere Haie sehr intelligente Fische sind; daher besitzen sie möglicherweise eine Art mentaler Karte des Meeres. Ihr höchst empfindlicher Geruchssinn könnte ebenfalls als Leitsystem dienen, weil er ihnen erlaubt, einem chemischen Gradienten von im Wasser gelösten Geruchsstoffen zu folgen. Sie tauchen häufig, um Kalmare zu jagen, und gehen dabei bis auf 350 Meter Tiefe herunter.

Blauhaie sind wahre Kosmopoliten, sie kommen weltweit in gemäßigten und tropischen Meeren vor, vor allem auf hoher See. Im Pazifik sind sie zwischen 20 °N und 50 °N am häufigsten, und ihre Zahl schwankt je nach Jahreszeit beträchtlich, weil viele im Winter nach Süden und im Sommer nach Norden wandern. In den Populationen herrscht keine gleichmäßige Geschlechterverteilung; weiter im Norden sind beispielsweise adulte Weibchen häufiger als Männchen. Ähnliche Verbreitungsmuster sind bei atlantischen Blauhaien beobachtet worden, auf der Südhalbkugel sind die Wanderbewegungen der Blauhaie jedoch bisher kaum aufgeklärt. In den Tropen sind einige Populationen offenbar das ganze Jahr hindurch mehr oder minder ortstreu, doch auch diese Haie unternehmen möglicherweise gelegentlich viele Hundert Kilometer lange Wanderungen, um nach Nahrung oder Geschlechtspartnern zu suchen.

MIT DER STRÖMUNG

Die Blauhaiweibchen im Nordatlantik wandern im Uhrzeigersinn, und diese kreisförmige Wanderung nimmt vermutlich insgesamt 12 bis 25 Monate in Anspruch (die Männchen folgen anscheinend keiner derart klar definierten Wanderroute). Die erstaunliche Reise der Weibchen ist bis zu 15 000 Kilometer lang. Sie beginnt vor der Nordostküste der USA, wo sich die Blauhaie von Mai bis Juli zur Paarung versammeln. Von dort ziehen die trächtigen Weibchen mit dem Nordatlantikwirbel allmählich nach Osten in den Golfstrom und gelangen dann mit dem Nordatlantischen Strom vor die Küste von Westeuropa. Im folgenden

Links Die Markierung (Tagging-Pin) wird unter die Haut hinter der ersten Rückenflosse eines Haies eingeführt; sie ist nummeriert und enthält Anweisungen für die Rücksendung des Tags.

Sommer erreichen sie ihre wichtigsten Wurfstätten vor Spanien und Portugal, und jedes Weibchen bringt dort 25 bis 50 lebende Junge zur Welt.

Anschließend wenden sich die Weibchen längs der Küste von Westafrika nach Süden, bevor sie mit dem atlantischen Nordäquatorialstrom nach Westen in die Karibik zurückkehren. Den letzten Abschnitt, nordwärts an der Ostküste der USA entlang, legen sie wieder mithilfe des Golfstroms zurück. Da Blauhaiweibchen mit 5 bis 6 Jahren geschlechtsreif sind, dreißig Jahre alt werden und sich etwa alle drei Jahre fortpflanzen (zwischen Geburt der Jungen und erneuter Paarung legen sie ein Jahr Pause ein), ist es theoretisch denkbar, dass ein Weibchen diese Wanderstrecke acht Mal in seinem Leben zurücklegt. In der Praxis dürfte es jedoch so sein, dass einige Haiweibchen nach der Geburt ihrer Jungen auf der östlichen Atlantikseite bleiben, und viele andere werden die ganze Wanderung wohl nur ein oder zwei Mal zurücklegen.

AUF EINEN BLICK

Wissenschaftl. Name	*Prionace glauca*
Wanderroute	Weibchen pendeln zwischen Paarungs- und Wurfgebieten.
Länge der Wanderung	bis zu 15 000 km alle 1–3 Jahre (Nordatlantik-Weibchen)
Beobachtungsorte	Küsten von Südkalifornien, Neuengland und Südwest-Großbritannien
Beobachtungszeiten	Oktober–November (Kalifornien); Mai–Juli (Neuengland); Juli–August (Großbritannien)

WANDERUNG DER BLAUHAIE

- Verbreitung
- Paarungsgebiet
- Wurfgebiet
- → Wanderung nach Osten: adulte Weibchen nach der Paarung
- Wanderung nach Westen: adulte Weibchen nach dem Werfen, ferner Jungtiere

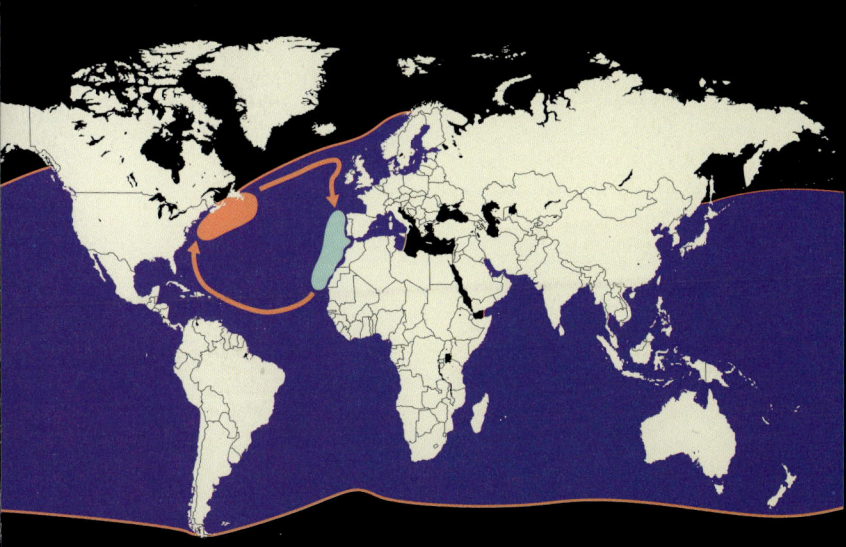

Roter Thunfisch

Rote Thunfische, auch Gewöhnliche Thunfische genannt, gehören zu den schnellsten Meeresbewohnern überhaupt und sind zudem außerordentlich ausdauernde Schwimmer. Dank ihrer sauerstoffspeichernden roten Muskulatur stören sich diese warmblütigen Superfische nicht an niedrigen Wassertemperaturen und durchqueren regelmäßig den Atlantik, während sie zwischen ihren Nahrungs- und Laichgebieten pendeln.

Mit ihrer glatten, torpedoförmigen Gestalt und ihren stromlinienförmigen Flossen, die in Mulden im Körper versenkt werden können und bei hohen Geschwindigkeiten flach anliegen, sind Thunfische die Verkörperung von Unterwasser-Power. Alle acht Arten der Gattung *Thunnus* teilen diesen Körperbauplan, doch der Rote Thunfisch im Nord- und Mittelatlantik ist der größte und eindrucksvollste Vertreter dieser Gattung. Dieser Thunfisch kann bei kurzen Sprints eine Geschwindigkeit von 72 Kilometer pro Stunde erreichen und schwimmt sonst mit rund 48 Kilometer pro Stunde. Das größte bisher gefangene Tier (1979) wog 680 Kilogramm und maß über 4,25 Meter, doch aufgrund der Überfischung werden wohl, wenn überhaupt, in Zukunft nur noch wenige Thunfische diese Größe erreichen.

WARMBLÜTIGE FISCHE

Wie bei vielen schnell schwimmenden Haien (s. S. 96–97) ist das Fleisch von Thunfischen dunkelrosa oder rot gefärbt und nicht etwa gräulich oder weiß wie bei den meisten Fischen. Die dunkle Färbung geht auf den hohen Anteil an roter Muskulatur zurück, die reich durchblutet ist. Da rote Muskelfasern mit sauerstoffreichem Blut versorgt werden, können Thunfische einen aeroben Stoffwechsel betreiben und daher Energie und Wärme viel effizienter produzieren als Fische mit weißer Muskulatur; weiße Muskulatur wird vergleichsweise schlecht durchblutet, sodass sich diese Fische mit einem anaeroben Stoffwechsel begnügen müssen.

Darüber hinaus können Thunfische ihre Stoffwechselwärme viel besser konservieren als die meisten anderen Fische. Sie können ihre Körpertemperatur über der Temperatur des umgebenden Wassers halten – mit anderen Worten sind sie der Warmblütigkeit so nahe, wie ihr ein Fisch nur kommen kann. Das hat zur Folge, dass sie in einem außerordentlich breiten Wassertemperaturbereich leben können und besonders gut mit niedrigen Wassertemperaturen zurechtkommen. Das Verbreitungsgebiet des Roten Thunfischs erstreckt sich beispielsweise von äquatorialen Gewässern bis zu den subpolaren Gewässern vor Island und Skandinavien, wo die Temperaturen knapp über dem Gefrierpunkt liegen, und die Fische tauchen bis zu tausend Meter tief. Ein weiterer Vorteil der Temperaturregulierung ist, dass die Muskeln dieser Fische «warmlaufen» können, um zusätzliche Kraft für ausdauerndes rasches Schwimmen zu generieren. Infolgedessen haben Thunfische ein breites Spektrum von Beutetieren, darunter Heringe, Makrelen, Fliegende Fische und Kalmare, und fast keine natürlichen Feinde. Ähnlich wie Delfine jagen diese Turbofische ihre Beute im Trupp: Sie drängen die panisch zappelnden Schwarmfische möglichst dicht zusammen – eine Formation, die als «Baitball» (rotierender Schwarm) bezeichnet wird – und stürzen sich dann wie im Rausch auf ihre Opfer.

RAUBFISCHE MIT GROSSER VERBREITUNG

Thunfische sind Hochseebewohner und halten sich oft weit entfernt von den seichten Küstengewässern auf. Seit Langem ist bekannt, dass sie weite Wande-

ROTER THUNFISCH

AUF EINEN BLICK

Wissenschaftl. Name	*Thunnus thynnus*
Wanderroute	von den nördlichen Nahrungsgründen zu den südlichen Laichgründen
Länge der Wanderung	bis zu 10 500 km pro Strecke
Beobachtungsorte	Golf von Mexiko; Mittelmeer
Beobachtungszeiten	April–Juni

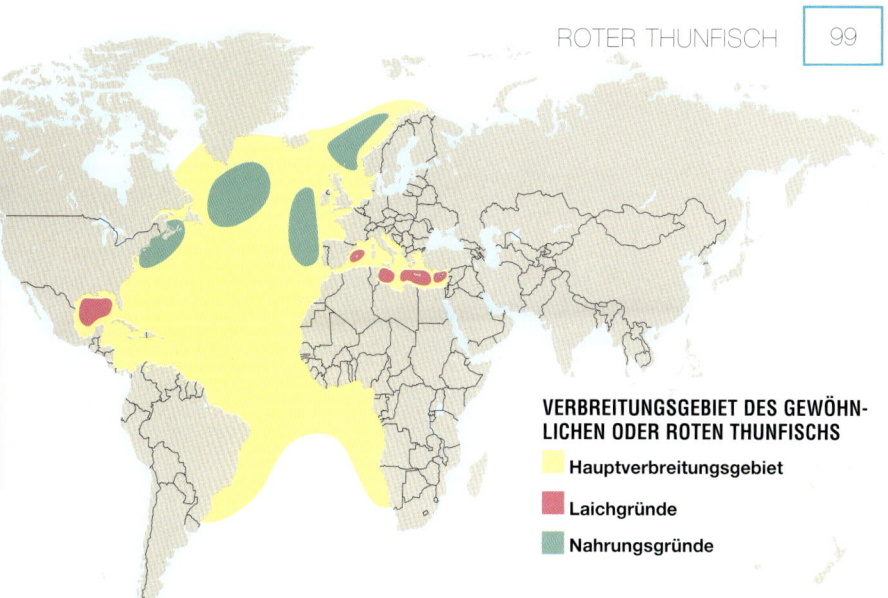

VERBREITUNGSGEBIET DES GEWÖHNLICHEN ODER ROTEN THUNFISCHS
- Hauptverbreitungsgebiet
- Laichgründe
- Nahrungsgründe

Gegenüber Rote Thunfische sind blitzschnelle, im «Rudel» lebende Raubfische – wahrlich die Wölfe der Meere. Ihr blauer Rücken verbirgt sie vor ihrer Beute, wenn sie von unten angreifen.

rungen unternehmen, auf denen sie ganze Meere durchqueren; dank der Satellitentelemetrie lässt sich inzwischen bei markierten Tieren das wahre Ausmaß ihrer rekordverdächtigen Wanderungen enthüllen. So hat ein markierter Blauflossenthunfisch *(Thunnus orientalis)* innerhalb von zwanzig Monaten dreimal den Pazifik durchquert und dabei eine Strecke von 40 000 Kilometer zurückgelegt.

Rote Thunfische verbringen gewöhnlich mindestens die Hälfte des Jahres in ihren produktivsten Nahrungsgründen, und die Jungfische verweilen dort zwei bis drei Jahre am Stück. Zu den besten Nahrungsgründen zählen die Gewässer vor der kanadischen Ostküste und der Nordostküste der USA, vor allem eine Region vor Neufundland (Flemish Cap), und die tiefen Gewässer zwischen Irland und Spanien. Die Zahl der Roten Thunfische erreicht von Juli bis Januar/Februar einen Gipfel, wenn die Tiere die reichlich vorhandenen Schwarmfische jagen. Anschließend macht sich ein Teil von ihnen nach Süden in wärmere Breiten auf, wo sie weniger fressen. Vermutlich spielt der Fortpflanzungstrieb bei diesem Wandermuster eine Schlüsselrolle.

Über die Fortpflanzung des Roten Thunfischs ist wenig bekannt. Bisher sind zwei Laichgründe identifiziert worden, im Golf von Mexiko und im Mittelmeer, wo sich zwischen April und Juni geschlechtsreife Tiere (8 bis 10 Jahre alt oder älter) versammeln. Die Daten von mehr als tausend markierten Roten Thunfischen sprechen dafür, dass es sich bei diesen Fischen um separate Laichpopulationen handelt, die zum Ablaichen in die Region zurückkehren, in der sie geschlüpft sind. Zu anderen Zeiten mischen sich die Populationen jedoch und ziehen zu entgegengesetzten Seiten des Atlantiks. Man hat im Westen markierte Thunfische jenseits des Atlantiks im Mittelmeer gefunden, während östliche Fische oft die Nahrungsgründe um Flemish Cap aufsuchen. Wie sich die Thunfische dabei orientieren, ist ungewiss; vielleicht verfügen sie über eine multidimensionale mentale Karte, die Informationen über Bodenstruktur, Strömungen, Temperatur, Salzgehalt (Salinität) und chemische Zusammensetzung in verschiedenen Meeresregionen enthält. Möglicherweise können die Fische auch Einfallsrichtung und -winkel des Sonnen- und des Mondlichts zur Navigation nutzen.

SCHWIMMENDE GOLDMINEN

Der industrielle Fischfang hat beim Roten Thunfisch zu einem Zusammenbruch der Bestände geführt; er gilt heute zusammen mit mehreren anderen Thunfischarten als «vom Aussterben bedroht». Thunfische werden als «schwimmende Goldminen» bezeichnet, weil sie einen sehr hohen Preis erzielen, wenn sie zur Zubereitung von Sushi und Sashimi verkauft werden; ein schweres Exemplar kann auf einem japanischen Großmarkt unter Umständen bis zu 50 000 Euro einbringen.

DIE «MATTANZA»

Seit Jahrhunderten warten Fischergruppen auf die Schwärme Roter Thunfische, die jedes Jahr ins Mittelmeer kommen, um dort zu laichen. Traditionellerweise werden diese großen Fische gefangen, indem man sie zur Küste treibt, sie dort in einem Korral aus dichten Netzen einkreist, speert und die noch immer wild um sich schlagenden Fische in kleine Boote hievt. In Sizilien wird dieses spektakuläre jährliche Ritual «Mattanza» genannt, vom spanischen *matar* = töten. Dieses Fischtreiben findet im Mai oder in der ersten Junihälfte statt und hat für die Inselbewohner eine fast religiöse Bedeutung. In den letzten Jahren ist die Mattanza jedoch fast völlig verschwunden, weil der Bestand an adulten Thunfischen im Mittelmeer seit 1975 um fast neunzig Prozent zurückgegangen ist. Heute überlebt dieser Brauch nur noch an wenigen Orten an der Westküste von Sizilien.

Links Obgleich es grausam wirkt, ist die jährliche Mattanza eine nachhaltigere Form des Fischfangs als die industrielle Fischerei mittels Fabrikschiffen.

Rotlachs

Wenn Millionen Rotlachse die Flüsse hinaufschwimmen um zu laichen und anschließend zu sterben, färben sie ihre Heimatgewässer blutrot. Auf dem letzten Abschnitt einer Lebensreise, die sie in den offenen Pazifik geführt hat, finden sie unter Umständen den Weg in genau den See oder Fluss zurück, in dem sie geschlüpft sind.

Lachse sind wahrscheinlich die bekanntesten wandernden Fische, weil ihre Laichwanderungen so spektakulär und von großer ökonomischer wie kultureller Bedeutung sind. In der Vergangenheit konnten die riesigen Laichwanderungen der Lachse in Alaska und Sibirien ganze Flüsse blockieren, sodass diese über die Ufer traten, und die nördlichen Völker feierten jedes Jahr die wunderbare Rückkehr der Fische mit einem Fest. Im Sommer und im Frühherbst werden im Nordwesten Nordamerikas noch immer traditionelle Lachsfeste abgehalten.

Im Nordpazifik kommen einschließlich des Rotlachses neun *Oncorhynchus*-Arten vor. Im Nordatlantik lebt hingegen nur eine einzige Lachsart, die in eine eigene Gattung, *Salmo*, gestellt wird. Der komplexe Lebenszyklus von Lachsen, die als anadrome Fische bezeichnet werden, beginnt und endet im Süßwasser, spielt sich aber weitgehend im Meer ab. Lachse haben eine ganze Reihe von physiologischen Anpassungen entwickelt, um die dramatischen Veränderungen in Salzgehalt und Temperatur zu überleben; eine der wichtigsten ist die Nierenfunktion.

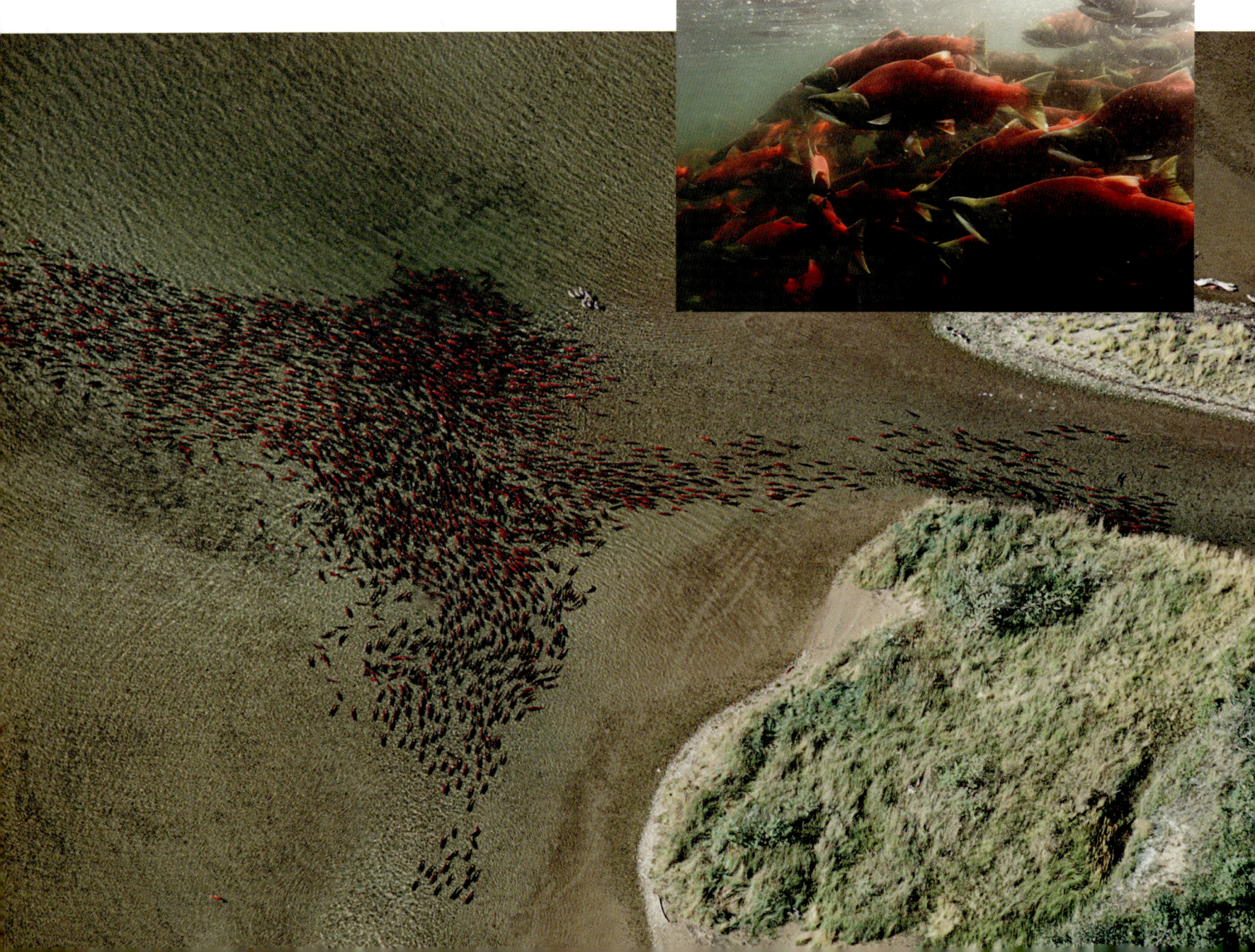

WANDERUNG DER ROTLACHSE
- marine Verbreitung der sibirischen Population
- marine Verbreitung der Alaska-Population
- Verbreitung im Süßwasser
- → Hauptwanderroute der Alaska-Population

AUF EINEN BLICK

Wissenschaftl. Name	Oncorhynchus nerka
Wanderroute	aus dem Meer zum Laichen in Flüsse und Seen
Länge der Wanderung	bis zu 2400 km im Süßwasser
Beobachtungsorte	Kenai River, Alaska, USA; Adams River, British Columbia, Kanada
Beobachtungszeiten	Juni–August (Kenai River) August–Oktober (Adams River)

FISCHENDE BÄREN

Lachse bilden einen wichtigen Teil des Speiseplans von sibirischen und alaskischen Braunbären, die sich an den Laichflüssen versammeln, um sich den Bauch mit Fischen vollzuschlagen. Um dieser Jahreszeit müssen sich die immer hungrigen Bären ein Fettpolster für den Winterschlaf zulegen, und ein ausgewachsener Bär frisst pro Tag bis zu 45 Kilogramm Lachs. Aufgrund dieser fett- und proteinreichen Nahrungsquelle sind die Braunbären auf der Insel Kodiak südlich der Halbinsel von Alaska die größten und schwersten der Welt.

Oben Junge Bären spritzen herum, während erfahrene Altbären wie dieser geduldig auf benommene oder desorientierte Fische warten.

Einige Rotlachse sind jedoch nicht anadrom, denn sie verlassen das Süßwasser nie. Obgleich diese Fische, die sich ständig in Seen aufhalten, zur selben Art wie die wandernden Rotlachse gehören, mischen sie sich nicht mit ihnen.

GEGEN DEN STROM

Rotlachse haben wie ihre Verwandten in der Ordnung der Lachsfische (Salmoniformes) einen kräftigen, torpedoförmigen Körper und eine große Schwanzflosse. Dieser stromlinienförmige Körperbau erlaubt ihnen ausdauerndes Schwimmen. Wenn Rotlachse mit vier oder manchmal auch mit sechs Jahren sterben, haben sie mehrere Zehntausend Kilometer zurückgelegt, mehr als andere Lachsarten. Der auffälligste und am besten untersuchte Teil ihres Lebenszyklus ist jedoch ihre letzte Reise, die sie zu ihren Laichgründen führt. Diese Wanderung ohne Rückkehr – vom Mündungsgebiet eines Flusses zu den Laichgründen im Oberlauf – dauert drei bis sechs Wochen und kann in den größten Flusssystemen 2400 Kilometer lang sein.

Wenn die Rotlachse flussaufwärts ziehen, kämpfen sie unablässig gegen die Strömung und müssen auch Stromschnellen und Wasserfälle überwinden, wobei sie gewaltige Sprünge machen. Sie pausieren nicht, um zu fressen, sondern verbrennen stattdessen ihre großen Fettreserven. Ihre Wanderung illustriert das Diktum vom «Survival of the Fittest» – nur die Kräftigsten schaffen es bis in den Oberlauf, um ihre Gene weiterzugeben. Ihr erstaunliches Heimfindevermögen verdanken die Lachse einer Kombination aus Gedächtnis und einem außerordentlich empfindlichen Geruchssinn. Durch ständiges Analysieren des Wassers, in dem Substanzen von Boden, Gestein und Vegetation gelöst sind, sind sie in der Lage, die einzigartige chemische «Signatur» ihres heimischen Gewässers zu erkennen.

Während der kräftezehrenden Wanderung lösen Geschlechtshormone bei den männlichen Rotlachsen eine groteske Deformation aus: Ihre Kiefer verformen sich zu sogenannten Laichhaken, und der zuvor glatte Rücken entwickelt einen Buckel. Zudem verändern beide Geschlechter ihre Färbung. Der Kopf wird grünlich, und der silbrige Rücken nimmt eine wunderbare purpurrote Farbe an, daher die Bezeichnung «Rotlachs». Im Laichgebiet der Lachse stellen sauerstoffreiches Wasser und grober Kiesgrund die Entwicklung der Eier im Winter sicher. Nach dem Ablaichen sterben die Tiere innerhalb weniger Wochen, sodass die Flüsse mit Fischkadavern übersät sind, an denen sich Bären, Fischadler und Wölfe gütlich tun; zudem werden dadurch wertvolle Nährstoffe in die Süßwasser-Nahrungskette zurückgeführt.

Steigende Wassertemperaturen im April und Mai lösen das Schlüpfen der Fischlarven aus. Diese «Larven» verwandeln sich in Brütlinge, die sich ein bis zwei Jahre in Flüssen und Seen entwickeln und dann flussabwärts ziehen, wobei sie ihre Wanderung zeitlich so abstimmen, dass sie mit dem Schmelzwasserabfluss im Frühjahr zusammenfällt. In diesem Stadium werden die Junglachse als «Smolts» bezeichnet. Adulte Rotlachse ernähren sich von Plankton und kleinen Fischen und wachsen im Meer 2 bis 4 Jahre lang heran, wobei ihre Verbreitung von der Küste bis in die Hochsee reicht; einige Rotlachse aus Alaska tauchen gelegentlich sogar in japanischen Gewässern auf.

DER LETZTE SEINER ART

Rotlachswanderungen variieren nach einem vorhersagbaren Muster – alle vier Jahre kommt es zu einer Wanderung, die alle anderen in den Schatten stellt. Aufgrund der vielen Gefahren, denen wandernde Lachse ausgesetzt sind, ist ihre Anzahl in den letzten Jahrzehnten jedoch ständig zurückgegangen. Besondere Probleme bereiten den Lachsen die Stauwehre und Staudämme zur Stromgewinnung (Fischleitern sind eine Hilfe, aber keine Lösung des Problems).

Einige Rotlachspopulationen sind bereits ausgestorben; das gilt beispielsweise für den sogenannten Redfish-Lake-Lachs in den USA. Vor der Besiedlung durch die Europäer wanderten regelmäßig rund 10 bis 15 Millionen Rotlachse den Columbia River und den Snake River hinauf, um im Redfish Lake in Idaho zu laichen. Diese Flüsse sind inzwischen an elf Stellen aufgestaut worden, um Elektrizität zu gewinnen und das trockene Columbia Plateau im Osten des Staates Washington zu bewässern. So gab es 1992 dort nur noch einen einzigen wilden Redfish Lake-Lachs, ein Männchen mit den Spitznamen «Lonesome Larry».

Gegenüber Große Scharen von Rotlachsen laichen im klaren Wasser eines Sees in Alaska. Innerhalb weniger Wochen werden all diese Fische tot sein. **Gegenüber, Einschaltbild** In ihrem kurzlebigen Hochzeitskleid haben Rotlachse einen dunkelroten Rücken und ebensolche Flanken, während Kopf und Oberkiefer olivgrün sind.

Europäischer Flussaal

AUF EINEN BLICK

Wissenschaftl. Name	Anguilla anguilla
Wanderroute	zwischen europäischen Süßgewässern und dem Atlantik
Länge der Wanderung	wahrscheinlich bis zu 8500 km im Salzwasser
Beobachtungsorte	Flüsse in ganz Europa
Beobachtungszeiten	September–November (nachts)

WANDERUNG DER EUROPÄISCHEN AALE
- Laichgründe
- Verbreitung im Süßwasser
- Verbreitung im Meer
- → Wanderroute

Der Europäische Flussaal ist ein faszinierender Fisch mit doppelter Persönlichkeit. Nachdem die Aale im Süßwasser herangewachsen sind, machen sie sich irgendwann im Herbst auf den Weg und schwimmen viele Tausend Kilometer durch den Atlantik, um zu laichen. Die Larven driften mit den Meeresströmungen zurück, eine gigantische Wanderung für derart winzige Geschöpfe.

Voll ausgewachsen können Europäische Flussaale eine Länge von 1,2 Meter und ein Gewicht von 6,6 Kilogramm erreichen, obgleich sie in der Regel nur achtzig Zentimeter lang werden. Diese seltsamen, schlauchförmigen Fische werden wegen ihrer langgestreckten Körperform und ihrer schlängelnden Schwimmbewegungen (hervorgerufen von Muskelkontraktionen, die wellenförmig über den Körper laufen) oft mit Schlangen verwechselt. Das Fehlen von auffälligen Brust- und Bauchflossen verstärkt diesen Eindruck, ebenso das Fehlen von Kiemendeckeln (die Kiemen sind auf eine kleine Öffnung reduziert). Europäische Flussaale sind eine von mehreren eng verwandten Arten der Familie Anguillidae (Flussaale). Alle zeigen eine ungewöhnliche Form der Wanderung, die man als katadrom bezeichnet. Sie beginnen ihr Leben als planktonische Larve im offenen Meer und sterben dort auch Jahre später als sich fortpflanzende Adulttiere; zwischendurch leben sie jedoch im Süßwasser, manchmal sehr weit von ihrer marinen Kinderstube entfernt. Spezielle Anpassungen von Nieren und Darmtrakt erlauben ihnen, den Übergang vom Salzwasser ins Süßwasser und wieder zurück zu überleben. Die Flussaale haben nur ein einziges Mal Gelegenheit sich fortzupflanzen; sie sterben, kurz nachdem sie in tiefem Wasser abgelaicht haben.

EINE LANGE ENTWICKLUNG

Wie viele andere Aalfische (Anguilliformes) sind auch Flussaale außerordentlich langlebig. Männchen verbringen bis zu 10 bis 12 Jahre mit Fressen und Wachsen im Süßwasser, Weibchen sogar noch länger, in manchen Fällen bis zu zwanzig Jahre; unbestätigten Berichten zufolge gibt es sogar über 30-jährige Aale. In ihrer Süßwasserphase bewohnen Flussaale ein breites Spektrum an Habitaten, von den Gezeitenzonen mancher Ströme bis zu Sumpfgebieten, Teichen, Entwässerungsgräben und Flüssen. Wie Zählungen zeigen, sind junge Aale häufiger in den Unterläufen von Flüssen zu finden, während ältere, größere Individuen bevorzugt die Oberläufe aufsuchen.

Tagsüber verstecken sich Aale zwischen Baumwurzeln und Wasserpflanzen, um ihren Hauptfeinden auszuweichen, Reihern und Kormoranen. Nach Einbruch der Dunkelheit kommen sie hervor und jagen Wirbellose und andere kleine Beutetiere und verschmähen auch Aas nicht. Dank ihrer ledrigen, schleimigen Haut können sie bemerkenswerterweise kurze Zeit außerhalb des Wassers überleben, und dies erlaubt ihnen, auf der Suche nach Nahrung oder einem neuen Lebensraum über den Boden zu kriechen. Im Winter graben sich Aale in den weichen Schlamm am Grund von Flüssen und Teichen ein und verbringen die kältesten Monate in einer Art Winterstarre.

Links In dunklen, feuchten Herbstnächten kann man adulte Flussaale beobachten, die sich auf ihrer Wanderung zurück ins Meer über den Boden schlängeln, doch den größten Teil ihrer Wanderung legen sie unbeobachtet unter Wasser in Flüssen und Strömen zurück.

Oben Junge Aale («Glasaale») haben einen derart durchsichtigen Körper, dass man die Schrift dieses Buches durch sie hindurch lesen könnte. Aber trotz ihres fragilen Aussehens sind sie in der Lage, weite Strecken stromaufwärts zu schwimmen.

NÄCHTLICHER AUFBRUCH

Schließlich sind die erwachsenen Flussaale bereit, ihre Speisekammer im Süßwasser zu verlassen und die lange Reise zu ihren Laichgründen im Meer anzutreten. Meistens beginnt die Wanderung in einer dunklen Herbstnacht, vor allem zwischen dem letzten Mondviertel und Neumond. Auslöser sind ein Absinken der Wassertemperatur und eine plötzlich Zunahme der Strömung aufgrund heftiger herbstlicher Regenfälle. Von der Strömung getragen, können Flussaale, die sich in dichten Gruppen auf den Weg machen, bis zu fünfzig Kilometer pro Nacht zurücklegen.

Wenn sich die Aale der Küste nähern, schrumpft ihr Darmtrakt, sie hören auf zu fressen, und ihre Augen verdoppeln beinahe ihre Größe, was dafür spricht, dass sie im Meer in tieferen Wasserschichten wandern. Zudem verfärbt sich ihr dunkler Körper silbrig, wahrscheinlich zur Tarnung im offenen Wasser. Über das Laichverhalten Europäischer Flussaale ist wenig bekannt; es konnte noch nie in freier Natur beobachtet werden. Wir wissen jedoch, dass sie immense Mengen an mikroskopisch kleinen Eier produzieren, die mit der Strömung verdriftet werden und aus denen schließlich transparente Larven, Leptocephalus genannt, schlüpfen. Beinahe-Unsichtbarkeit ist eine gute Verteidigung gegen Fressfeinde wie Fische, aber selbst so erreicht nur ein winziger Bruchteil der Aallarven nach zwei- bis dreijähriger Verdriftung schließlich eine Flussmündung. Dort wandeln sich die Larven in bleistiftlange Jungaale um – und machen sich anschließend wie eine Masse durcheinanderwuselnder Glasnudeln auf den Weg stromaufwärts, um den nächsten Abschnitt ihres Lebenszyklus anzutreten.

DAS RÄTSEL DER LAICHGRÜNDE

Die Laichgründe der Europäischen Flussaale harren noch ihrer Entdeckung, liegen aber vermutlich in der Sargassosee im Westatlantik, östlich der Bermudas. Von hier könnten die Larven nach Europa zurückkehren, indem sie sich erst vom Golfstrom mitnehmen lassen, der warmes, salziges Wasser aus der Karibik nach Norden führt, und dann auf eine nordwestliche Fortsetzung «umsteigen», den Nordatlantikstrom, der an der westeuropäischen Küste vorbeifließt. Momentan sucht ein internationales Forschungsprogramm zu klären, ob das der Fall ist. Durch Markieren von «Silberaalen» im Herbst und Satellitenüberwachung ihrer Wanderbewegungen hofft man, Daten über die Route der Aale im Meer zu sammeln und vielleicht ihr Ziel herauszufinden. In einer anderen Studie, bei der Aale in einem Schwimmtunnel gesetzt wurden, konnte bereits nachgewiesen werden, dass die Fische außerordentlich effiziente Schwimmer sind und eine simulierte Reise von 5500 Kilometer ohne Nahrungsaufnahme bewältigen können. Da die Entfernung von der Sargassosee bis zum nördlichsten Teil des Verbreitungsgebiets der Art jedoch rund 8000 Kilometer beträgt, sind noch weitere Versuche erforderlich.

GEHEIMNISVOLLER RÜCKGANG

Die Tage, als es in jeder größeren europäischen Flussmündung von riesigen Schwärmen wandernder Jungaale nur so wimmelte, gehören der Vergangenheit an. Seit den 1970er-Jahren ist die Zahl der Jungaale, die die europäischen Küsten erreichen, um mindestens neunzig Prozent gesunken. Die meisten Experten sind überzeugt, dass es sich um einen langfristigen, möglicherweise unumkehrbaren Trend handelt. Vermutlich ist Überfischung ein Faktor, der zu diesem Problem beigetragen hat. Noch schwerwiegender könnten Umweltverschmutzung, Wanderbarrieren wie Gezeitenkraftwerke und Staudämme zur Stromgewinnung sowie eine Infektion mit Fadenwürmern (Nematoden) sein.

Oben Ein Fluss, in dem es von wandernden Europäischen Flussaalen wimmelt, ist zur Seltenheit geworden.

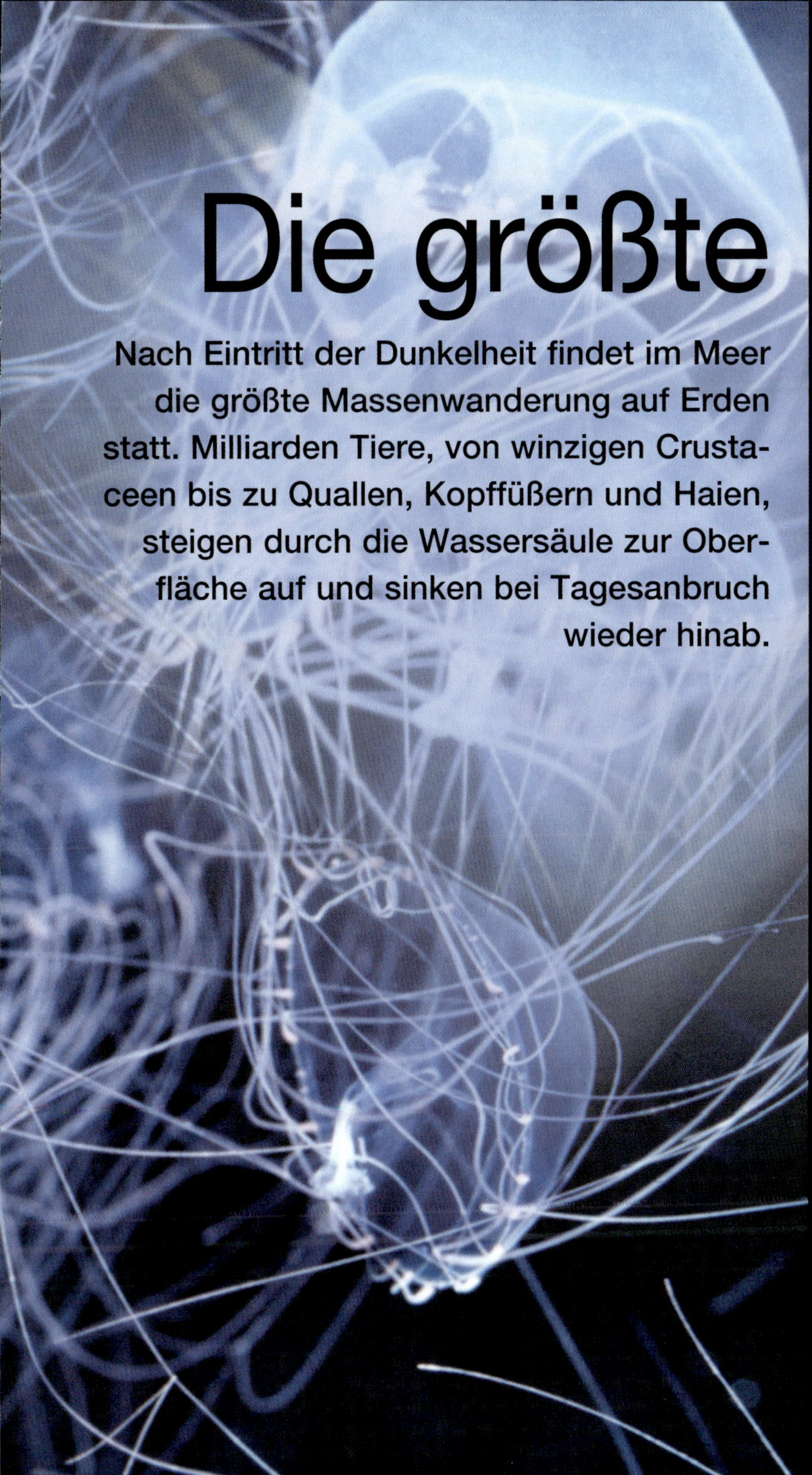

Die größte Wanderung

Nach Eintritt der Dunkelheit findet im Meer die größte Massenwanderung auf Erden statt. Milliarden Tiere, von winzigen Crustaceen bis zu Quallen, Kopffüßern und Haien, steigen durch die Wassersäule zur Oberfläche auf und sinken bei Tagesanbruch wieder hinab.

In den oberen dreißig Meter des Meeres wimmelt es von Phytoplankton – mikroskopisch kleinen Lebewesen, einzellige Algen wie auch bestimmte Bakterien, die die Energie des Sonnenlichts in Nahrung umwandeln. Letztlich hängt fast das gesamte Leben im Meer vom Phytoplankton ab. Die Primärkonsumenten des Phytoplanktons sind riesige Schwärme winziger Tiere, des sogenannten Zooplanktons; dazu gehören beispielsweise Einzeller (Protozoen), garnelenartige Copepoden und Krill sowie seltsame, durchsichtige, röhrenförmige Organismen, die man Salpen nennt. Dieses Zooplankton hält sich tagsüber in tieferen Wasserschichten auf und steigt bei Anbruch der Dunkelheit auf der Suche nach Nahrung zur Oberfläche empor.

Die nächtliche Reise des herbivoren (pflanzenfressenden) Zooplanktons in die oberflächennahen Wasserschichten bildet die Grundlage für eine phänomenale Wanderung, an der sich ein breites Spektrum anderer Organismen beteiligt. Dem herbivoren Zooplankton folgen kleine carnivore (fleischfressende) Zooplanktonorganismen, darunter Pfeilwürmer, Garnelen, Meeresschnecken wie Seeschmetterlinge, Würfelquallen sowie die frei schwimmenden Larven zahlloser Quallen, Crustaceen und Fische. Diese Organismen rufen ihrerseits wieder größere Räuber auf den Plan, beispielsweise Schulen von Laternenfischen und Kalmaren, die selbst Licht ausstrahlen (sogenannte Biolumineszenz), wahrscheinlich, um Beute aufzuspüren oder anzulocken. An nächster Stelle in der Nahrungskette folgen Delfine, Meeresschildkröten und Haie. Die größten Vertreter dieser Lebensgemeinschaft sind wahre Monster, bis zu zwei Meter lange Humboldt-Kalmare und langsam schwimmende Riesenmaulhaie, die eine Länge von mindestens 5,5 Meter erreichen.

Bisher sind die treibenden Kräfte, die hinter dieser vertikalen Wanderung stehen, noch nicht voll verstanden. Das Zooplankton zieht sich jedoch tagsüber wahrscheinlich in tiefere Wasserschichten zurück, um tagaktiven Fressfeinden zu entgehen, vielleicht auch, weil die Tiere in den kühleren Tiefen weniger Energie verbrauchen.

Links Zweimal täglich, bei Sonnenuntergang und bei Sonnenaufgang, begibt sich eine ganze marine Lebensgemeinschaft auf Wanderschaft. Quallen gehören zu den häufigsten Teilnehmern dieser vertikalen Wanderungen.

Unten links Kalmare sind höchst mobile nächtliche Jäger, die in dichten Gruppen in der Wassersäule aufsteigen. Abgebildet ist ein Hochseekalmar aus der Gattung *Chiroteuthis*.

Unten Mitte Beilfische greifen wie viele pelagische Räuber gewöhnlich von unten an. Ihre nach oben gerichteten Augen helfen ihnen, Bewegungen ihrer über ihnen schwimmenden Beute zu erkennen.

Unten rechts Winzige Zooplanktonorganismen wie diese Ruderfußkrebse (Copepoden) und Crustaceenlarven gehören zu den kleinsten Wanderern auf der Welt. Ohne sie wären die Meere leblose Wüsten.

Oben Auf dieser Makroaufnahme sind der transparente Panzer, die Komplexaugen und die paddelartigen Schwimmbeine des Krills deutlich zu erkennen.

VERBREITUNG DER ANTARKTISCHEN KRILLS
Gesamtverbreitung

AUF EINEN BLICK

Wissenschaftl. Name	*Euphausia superba*
Wanderroute	im Sommer täglich vertikale Wanderungen zur Wasseroberfläche; saisonale Wanderungen zwischen Meereis und offenem Wasser
Beobachtungsorte	antarktische Gewässer
Beobachtungszeiten	Dezember–Februar

WALFUTTER

Krill ist ein altes norwegisches Wort, das so viel wie «Walfutter» bedeutet – eine passende Beschreibung. Viele Wale schwelgen in Krill, und Blauwale fressen nichts anderes. Ein voll ausgewachsener Blauwal wiegt bis zu 200 Tonnen und benötigt, um sein Gewicht zu halten, 1,5 Millionen Kilokalorien am Tag. Da Blauwale sich aber in warmen, tropischen Gewässern fortpflanzen, in denen es so gut wie keinen Krill gibt, können sie sich nur in den wenigen Monaten Fettreserven zulegen, die sie in polaren Gewässern verbringen. Dort nehmen sie daher täglich mindestens drei Millionen Kilokalorien zu sich – das entspricht rund vier Tonnen Krill. Wie andere Bartenwale fressen Blauwale, indem sie große Mengen Meerwasser ins Maul nehmen und die essbaren Bestandteile mithilfe der Bartenplatten im Oberkiefer heraussieben. Eine antarktische Robbenart, die irreführend als «Krabbenfresser» bezeichnet wird, ist ebenfalls auf Krillnahrung spezialisiert und hat zu diesem Zweck ein sogenanntes Seihgebiss entwickelt. Durch Nutzung dieser reichen Nahrungsquelle hat sich der Krabbenfresser zu einem der häufigsten Großsäuger entwickelt; der Bestand beträgt rund 15 Millionen Tiere.

Antarktischer Krill

Zu Millionen und Abermillionen schwimmt Antarktischer Krill im Südpolarmeer und färbt die Oberfläche von Zeit zu Zeit tiefrot. Riesige Schwärme dieser garnelenartigen Kleinkrebse folgen dem jährlichen Schmelzen und Gefrieren des Meereises und bilden die Nahrungsgrundlage für eine breite Palette anderer Tierarten, von Pinguinen bis Walen.

Würde sich Krill nicht zu Schwärmen zusammenfinden, so wäre er mit bloßem Auge kaum zu sehen, denn diese Kleinkrebse sind transparent und nur 6 bis 60 Millimeter lang. Tatsächlich sind die größten Schwärme vom Weltall aus zu sehen und lassen sich per Satellit verfolgen. Es gibt mindestens 89 Krillarten, die weltweit einen Teil des Zooplanktons bilden, doch die höchste Dichte tritt in kalten gemäßigten und polaren Meeren auf. Von den rund Dutzend Arten im Südpolarmeer ist die Krillart *Euphausia superba* bei Weitem die häufigste: Ein einziger Schwarm bedeckte zum Beispiel eine Meeresfläche von 450 Quadratkilometer und reichte bis in eine Tiefe von 200 Meter; Schätzungen zufolge waren an dieser Stelle mehr als zwei Millionen Tonnen Krill versammelt.

RIESIGE KRILLSCHWÄRME

Antarktische Krillschwärme bilden die höchsten Konzentrationen an tierischer Biomasse, die wir kennen. Daher ist es nicht überraschend, dass Krill die wichtigste Proteinquelle im Südpolarmeer darstellt. Nach dem Phytoplankton steht Krill an der Basis der antarktischen Nahrungsketten und wird in riesigen Mengen von allen höheren Lebensformen konsumiert, darunter Fischen, Kalmaren, Quallen, Pinguinen, Robben und Bartenwalen.

Krill lebt ungefähr fünf Jahre und zieht sich jedes Jahr im Winter unter das Packeis zurück. Während des sechsmonatigen Südpolarwinters nimmt der adulte Krill offenbar kaum Nahrung zu sich und zehrt von seinen Fettreserven aus dem vorangegangenen Sommer. Die Tiere verlangsamen ihren Stoffwechsel und schrumpfen zudem, sodass sie wieder an Jugendformen erinnern; in Notfall verzehren sie sogar ihren eigenen Panzer, um zu überleben. Unter dem Eis hält sich außerdem juveniler Krill auf, für den diese pechschwarze, eisige Gruft eine gute Kinderstube ist, da es relativ wenig Räuber gibt.

Wenn die Wassertemperaturen im Sommer zunehmen, steigt der Krill wieder zur Oberfläche vor der antarktischen Küste empor, die gerade vom zurückweichenden Eis freigelegt worden ist. Hier führen die langen Tageslichtstunden zu einer plötzlichen Phytoplanktonblüte; besonders Kieselalgen (Diatomeen) vermehren sich stark. Von dieser dicken «Suppe» ernährt sich der Krill. Mit ihren modifizierten Vordergliedmaßen filtern diese Kleinkrebse Diatomeen aus dem Wasser; dazu kommen kleinere Mengen an Zooplankton (winzige tierische Organismen, wie Fisch-, Mollusken- und Quallenlarven).

Bis zum Hochsommer ist das Packeis völlig verschwunden, und die Krillschwärme erreichen ihre größte Ausdehnung; ihr Durchmesser beträgt dann oft mehrere Kilometer. Zur Sicherheit sinkt der Krill alle zwölf Stunden in tiefere Regionen ab, um außer Reichweite der meisten Fressfeinde zu gelangen, und steigt zwölf Stunden später wieder zur Wasseroberfläche empor. Dank ihrer paddelartigen Ruderbeine sind die Kleinkrebse effektvolle Schwimmer und können sich effizient in der Wassersäule auf und ab bewegen. Die täglichen Wanderbewegungen wiederholen sich immer wieder, bis sich bei Wintereinbruch erneut Packeis bildet und die Schwärme zwingt, sich zu zerstreuen.

KRILLSCHWÄRME UND MEERESSTRÖMUNGEN

Krillschwärme treten oft lokal auf, weil ihre Verbreitung mit nährstoffreichen Strömungen und Auftriebszonen *(upwellings)* verknüpft ist. Aktuelle Forschungen sprechen jedoch dafür, dass der Krill nicht einfach passiv von diesen Strömungen verdriftet wird, sondern sie tatsächlich selbst beeinflusst. Da die Schwärme sich in einem 12-Stunden-Zyklus vertikal durch das Meer bewegen, spielen sie eine wichtige Rolle beim Vermischen von tieferen, nährstoffreichen Wasserschichten mit nährstoffarmem Wasser an der Oberfläche. Problematisch ist, dass Meeresströmungen vom Klimawandel beeinflusst werden, daher könnte eine globale Erwärmung einen verheerenden Einfluss auf die Krillschwärme und damit auf das gesamte antarktische Ökosystem haben.

Naturschützer sorgen sich auch wegen der rasch wachsenden Krillfischerei im Südpolarmeer. Im Jahr 2008 erreichte die jährliche Krillernte 800 000 Tonnen. Der größte Teil des Krills wird zu Fischfutter oder zu Nahrungsergänzungsmitteln wie Omega-3-Fettsäuren verarbeitet. Obwohl manches dafür spricht, dass die antarktischen Krillpopulationen seit den 1970er-Jahren um bis zu achtzig Prozent zurückgegangen sind, gibt es Pläne, den Krillfang mit noch größeren Fabrikschiffen und einer neuen «Saugtechnik» zu intensivieren.

Unten links Im Frühsommer legt der adulte Krill Eier, die 300 bis 400 Meter tief bis auf den Kontinentalschelf hinabsinken. Die Larven durchlaufen mehrere Larvenstadien, während sie zur Oberfläche emporsteigen und im Winter Algen unter dem Meereis abweiden. Wenn die Eier unter den Kontinentalsockel absinken, laufen die Larven Gefahr zu verhungern, bevor sie den Weg zurück zur Oberfläche schaffen. **Unten rechts** Krill ist eine Schlüsselart, die Buckelwalen und vielen anderen «Sommergästen» als Nahrung dient.

Westindische Languste

Sobald die ersten Winterstürme drohen, reihen sich Westindische Langusten in eine Massenpolonaise ein, die sich über den Meeresboden in sichere Tiefen bewegt. Geleitet von einer magnetischen Karte, folgen sie bestimmten Routen; dank ihres außerordentlich hoch entwickelten Heimfindevermögens können sie im Frühjahr zu ihren alten Nahrungsgründen zurückfinden.

Viele Decapoden – die Ordnung zehnbeiniger Crustaceen, zu denen auch Hummer, Krabben und Garnelen gehören – sind als Wanderer bekannt. Wie Markierungsstudien gezeigt haben, bewegen sie sich häufig zwischen separaten Nahrungs-, Laich- und Überwinterungsgründen. Spinnenkrabben wandern auch zu speziellen Plätzen, wo sie riesige Ansammlungen bilden, um sich gemeinsam zu häuten und einen neuen Panzer zuzulegen. Westindische Langusten sind jedoch insofern einzigartig, als ihre saisonalen Wanderungen unter Wasser beobachtet und gefilmt worden sind. Inzwischen ist deutlich geworden, dass Westindische Langusten Navigationsfähigkeiten besitzen, die denjenigen von Wirbeltieren in nichts nachstehen, obgleich das Nervensystem von Langusten viel einfacher gebaut ist.

Westindische Langusten werden bis zu sechzig Zentimeter lang und sind im Golf von Mexiko, in der Karibik und im Westatlantik, von North Carolina und den Bermudas bis Brasilien, zuhause. Ihnen fehlen die massiven Scheren der viel größeren Europäischen und Amerikanischen Hummer, die zur Kaltwassergattung *Hommarus* gehören, doch die kräftigen Dornen, die den Panzer der Westindischen Languste bedecken, halten die meisten Fressfeinde fern. Im Sommer halten sie sich in warmen Flachgewässern auf, besonders über Korallenriffen und rund um Mangroveninseln; tagsüber verstecken sie sich in Felsspalten und kommen nachts hervor, um nach Wirbellosen zu jagen.

Jede Westindische Languste sucht in einem Bereich von einigen Hundert Quadratmeter nach Nahrung, in dem sie eine Reihe von Tagverstecken nutzt. Manchmal hält sie sich mehrere Monate am selben Ort auf, oder sie zieht nach wenigen Wochen weiter. So oder so gewinnt ein Individuum im Lauf seines durchschnittlich 15- bis 20-jährigen Lebens allmählich ein detailliertes Bild des Meeresbodens in weitem Umkreis.

WANDERUNG INS OFFENE MEER

Junge Westindische Langusten verbringen ihre ersten 3 bis 4 Lebensjahre in Kinderstuben (gewöhnlich Seegraswiesen), während es bei den Alttieren im Herbst zu einer dramatischen Verhaltensänderung kommt: Sie verlassen ihre Territorien und finden sich zu großen, ruhelosen Gruppen zusammen, die Tag und Nacht aktiv sind. Diese Langusten bilden Ketten von 50 bis 60 Tieren und marschieren eine hinter der anderen über den sandigen Meeresboden in tiefere Wasserschichten. Obgleich die Tiere relativ schnell schwimmen können, ziehen sie es eindeutig vor zu laufen, weil sie dann mit ihren Antennen engen Körperkontakt halten und sich zusammendrängen können, um sich zum Beispiel besser gegen einen Hai- oder Zackenbarschangriff zu verteidigen. Der staksende Langustenzug legt pro Tag bis zu 14 Kilometer zurück.

Offenbar wird der jährliche Treck der Langusten von abnehmenden Tageslängen und einem starken Absinken der Wassertemperatur ausgelöst, das mit den ersten schweren Herbststürmen einhergeht; vielleicht wirkt auch beides zusammen. Ein weiterer Trigger könnte die zunehmende Turbulenz und Trübung des Wassers zu dieser Jahreszeit sein. Die Winterreise zu Tiefseeriffen

WANDERUNG DER WESTINDISCHEN LANGUSTEN
■ Gesamtverbreitung ➡ Wanderung ins Meer ➡ Wanderung zur Küste

AUF EINEN BLICK

Wissenschaftl. Name	*Panulirus argus*
Wanderroute	im Winter in tiefere Gewässerschichten
Länge der Wanderung	bis zu 50 km pro Strecke
Beobachtungsorte	Küstengewässer um die Florida Keys, USA
Beobachtungszeiten	April–Juli

erlaubt den Langusten, heftige Unterwasserströmungen zu meiden, die im Winter die seichteren Wasserzonen aufwühlen. Außerdem sparen sie Energie, weil sie ihren Stoffwechsel in kälterem Wasser drosseln können, daher müssen sie auch weniger Nahrung zu sich nehmen. Ein Rückzug in tieferes Wasser ist daher möglicherweise eine Strategie, um die mageren Wintermonate möglichst gut zu überstehen.

MAGNETISCHE ROUTENFINDUNG

Durch den Wiederfang markierter Tiere wissen wir seit Langem, dass Westindische Langusten in der Lage sind, im Sommer zu denselben Nahrungsgründen und sogar zum selben Versteck im Riff zurückzufinden. Sie orientieren sich optisch, wobei sie ihre Kenntnis des Unterwasserterrains nutzen, und indem sie ihre Position mit der Schwallwelle (Horizontalbewegung des Wassers in der Nähe des Meeresbodens) vergleichen. Wenn sich jedoch Tausende von Langustengruppen fortbewegen, die alle – manchmal in völliger Dunkelheit – beinahe identischen Kompasspeilungen folgen, muss noch ein anderes, präziseres Navigationssystem existieren.

Schon lange hatte man vermutet, dass Langusten sich mithilfe eines sensorischen Magnetkompasses orientieren und Positionskoordinaten aus dem Magnetfeld der Erde ableiten, doch dies wurde erst in den 1990er-Jahren tatsächlich nachgewiesen. Bei einem Experiment wurden Magnetspulen im Sand vergraben und die Polarität dieser Spulen dann umgeschaltet, um zu sehen, welchen Effekt dies auf in der Nähe befindliche Langusten hatte. Es zeigte sich, dass die Langusten in Antwort auf die Änderung des magnetischen Feldes ihre Laufrichtung änderten. Im Jahr 2003 konnte gezeigt werden, dass Langusten ihren Magnetkompass nicht nur zur Richtungsfindung einsetzen, sondern auch, um ihre genaue Position auf der Erde festzustellen – das erste Mal, dass dies bei einem Wirbellosen demonstriert werden konnte.

EIN WERTVOLLER FANG

Westindische Langusten wachsen langsam – sie pflanzen sich erst im Alter von 5 bis 6 Jahren fort -, daher besteht wie bei allen großen Langusten die Gefahr der Überfischung. Sie werden von Freizeittauchern wie von Berufsfischern gefangen. In der Vergangenheit ist die Zahl der Langustenfänge aufgrund der starken Überfischung deutlich zurückgegangen, doch seit den 1970er-Jahren wird die Fischerei im Golf von Mexiko intensiv kontrolliert, um einen zukünftigen Zusammenbruch der Population zu verhindern.

Oben Langusten sind in der Lage, Jahr für Jahr denselben Unterschlupf wiederzufinden.
Unten Kettenbildung ist eine praktische Lösung, wenn man über den offenen Meeresboden ziehen will, ohne von Fressfeinden angegriffen zu werden.

Australische Riesensepie

Riesensepien finden sich jeden Herbst vor der australischen Küste zusammen, um sich fortzupflanzen, und schweben dann in bunten, ständig bewegten Schwärmen über den Felsenriffen. Wenige Wochen später treiben sie dann, völlig ausgelaugt vom Ablaichen, sterbend oder tot an der Oberfläche. Das lockt große Scharen von Seevögeln an, die sich hungrig über die zahllosen Kadaver hermachen.

WANDERUNG DER RIESENSEPIEN
- Laich-Hotspot Spencer Gulf
- Laichgründe
- Wanderungsgebiet
- → Wanderbewegungen

AUF EINEN BLICK

Wissenschaftl. Name	Sepia apama
Wanderroute	zu den Laichgründen vor der südaustralischen Küste
Länge der Wanderung	unbekannt
Beobachtungsorte	Spencer Gulf, Südaustralien
Beobachtungszeiten	Mai–September

Gegenüber Die Männchen konkurrieren im Riff intensiv um die Gunst der Weibchen und erzeugen pulsierende Farbmuster, um ihre Rivalen zu übertreffen. **Rechts** Sepien können ihr Aussehen von einem Augenblick zum anderen verändern – ein nützlicher Trick, um Beute in einen Hinterhalt zu locken oder um sich vor Feinden zu verbergen.

Mehr als tausend Kalmar-, Kraken- und Sepienarten sind bisher beschrieben worden – einige in Küstengebieten, andere in oberflächennahen Wasserschichten und wiederum andere in der tintenschwarzen Tiefsee –, und jedes Jahr kommen neue hinzu. Diese stammesgeschichtlich alten Mollusken, die gemeinsam als Kopffüßer oder Tintenfische (Cephalopoden) bezeichnet werden, sind die am höchsten entwickelten Wirbellosen unserer Tage und zeichnen sich durch ein großes Gehirn und komplexes Verhalten aus. Viele sind kräftige Wanderer, die sich alle 24 Stunden vertikal durch mehrere Meeresschichten bewegen, und einige legen zwischen Nahrungs- und Laichgründen weite Strecken zurück.

Von allen Kopffüßern führen die australischen Riesensepien wohl die spektakulärste, leicht zu beobachtende Wanderung durch. Sie findet in kristallklaren, seichten Küstengewässern statt, und viele Hunderttausend Sepien sind daran beteiligt, aus ganzer Kraft bemüht, die letzte Gelegenheit zur Fortpflanzung zu nutzen, bevor sie sterben. Das Schauspiel entfaltet sich zwischen Mai und Juni (Herbst auf der Südhemisphäre), wobei der Höhepunkt der Saison von Örtlichkeit und Meerestemperatur abhängt. Laichende Riesensepien sind auch tagsüber aktiv, was für Vertreter der überwiegend nachtaktiven Klasse Cephalopoda ungewöhnlich ist. Das hat den Ökotourismus im Spencer Gulf in Südaustralien stark gefördert, denn die Besucher können dort zwischen dichten Sepienschwärmen schnorcheln und tauchen.

BRILLANTES FARBENSPIEL

Riesensepien werden nicht älter als drei Jahre, doch wie ihr Name schon sagt, können sie eine eindrucksvolle Länge von 1,5 Meter und ein Gewicht von 14 Kilogramm erreichen. Über ihren Lebenszyklus ist wenig bekannt; das gilt besonders für die ersten Jahre, die sie im offenen Meer verbringen. Ihre eindrucksvollen Fortpflanzungsrituale sind jedoch ausführlich dokumentiert worden.

Männliche Riesensepien, die größer als Weibchen werden, schüchtern ihre Rivalen durch ein auffälliges Imponiergehabe ein. Zu Dutzenden schwebenden sie wie eine bizarre Raumflotte in einem Science-Fiction-Film im Wasser, während im Takt von Sekundenbruchteilen bunte Farbstreifen über ihren Körper laufen. Über ihren Körper huschen «Zebrastreifenmuster» aus irisierendem Purpurrot, Gelb und Grünblau; manchmal verfärben sie sich auch dunkel oder geisterhaft weiß. Dieses atemberaubende Farbenschauspiel wird durch Iridophoren ermöglicht – Zellen in tieferen Lagen der Sepienhaut, die polarisiertes Licht reflektieren. Gewöhnlich dienen diese Zellen dazu, die Sepie zu tarnen und an ihre Umgebung anzupassen, doch in der Fortpflanzungszeit werden sie von den Männchen für eine intensive visuelle Kriegsführung eingesetzt.

Die rivalisierenden Männchen belauern sich gegenseitig und gleiten elegant hin und her, während sie einen Teil des Riffs zu verteidigen suchen. Schließlich beginnen die dominanten Männchen, die zuschauenden Weibchen zu umwerben, die sich meist in der Nähe des Riffs zwischen Seetang oder Felsen aufhalten. Nach der Paarung legt jedes Sepienweibchen seine Eier in Riffspalten ab, und der Lebenszyklus der Alttiere ist abgeschlossen.

UNGELÖSTE GEHEIMNISSE

Der Zweck der Sepienwanderung liegt klar auf der Hand: Die Tiere brauchen zur Eiablage ein hartes Substrat, und benötigen warmes Wasser, damit die Eier sich entwickeln – nur Felsriffe in seichtem Wasser erfüllen beide Anforderungen gleichzeitig. Aber woher wissen die weit verstreuten Sepien, wann es Zeit ist, sich auf den Weg zur Küste zu machen? Mehrere Auslöser sind diskutiert worden, darunter Veränderungen von Licht, Temperatur, Wasserdichte und Salinität (Salzgehalt); allerdings gibt es bisher keine Befunde, die zeigen, wie diese Faktoren wirken könnten.

Wie die meisten Cephalopoden sind Riesensepien gute Schwimmer und bewegen sich mit wellenförmigen Bewegungen ihrer an einen Rüschenbesatz erinnernden Seitenflossen fort. Einige Kalmare, wie der atlantische Kurzflossenkalmar, kreuzen Tausende von Kilometern mit den Meeresströmungen, daher sollten auch Riesensepien dazu in der Lage sein. Wie sie ihren Weg finden, ist jedoch unbekannt. Vielleicht orientieren sich die Sepien anhand von Strömungen, vielleicht am Erdmagnetfeld, vielleicht dienen ihnen auch chemische Gradienten im Wasser als Navigationshinweise.

Eine plausible Theorie geht davon aus, dass ihr ausgezeichnetes Sehvermögen eine wichtige Rolle bei der Orientierung spielt. Riesensepien haben große Linsenaugen, und ein beträchtlicher Teil ihres Gehirns dient der Verarbeitung visueller Daten. Obgleich sie nur Schwarz-Weiß-Schattierungen sehen, können sie polarisiertes Licht wahrnehmen. (Licht, das die Atmosphäre passiert, wird gestreut und reflektiert, sodass es in einer einzigen Ebene schwingt – man sagt, es ist polarisiert.) Wenn sich die Position der Sonne im Lauf des Tages verändert, verändert sich synchron dazu auch das Muster des polarisierten Lichts. Möglicherweise können Sepien diese sich wandelnden, vom Sonnenlicht hervorgerufenen Muster zur Navigation nutzen.

EIN GEFUNDENES FRESSEN FÜR SEEVÖGEL

Am Ende der Laichsaison locken die Körper sterbender oder toter Sepien Scharen von Seevögeln an. Viele dieser Vögel sind zweifellos Opportunisten, die auf der Durchreise erst durch den Gestank aufmerksam werden, doch andere planen ihre Wanderungen offenbar so, dass sie dieses jährlich wiederkehrende üppige Nahrungsangebot nutzen können. Einzelne Vögel kreuzen sogar Jahr um Jahr am selben Küstenriff auf, um sich mit Sepien vollzufressen.

Oben Auch Albatrosse haben die vielen toten und sterbenden Sepien rasch ausgemacht.

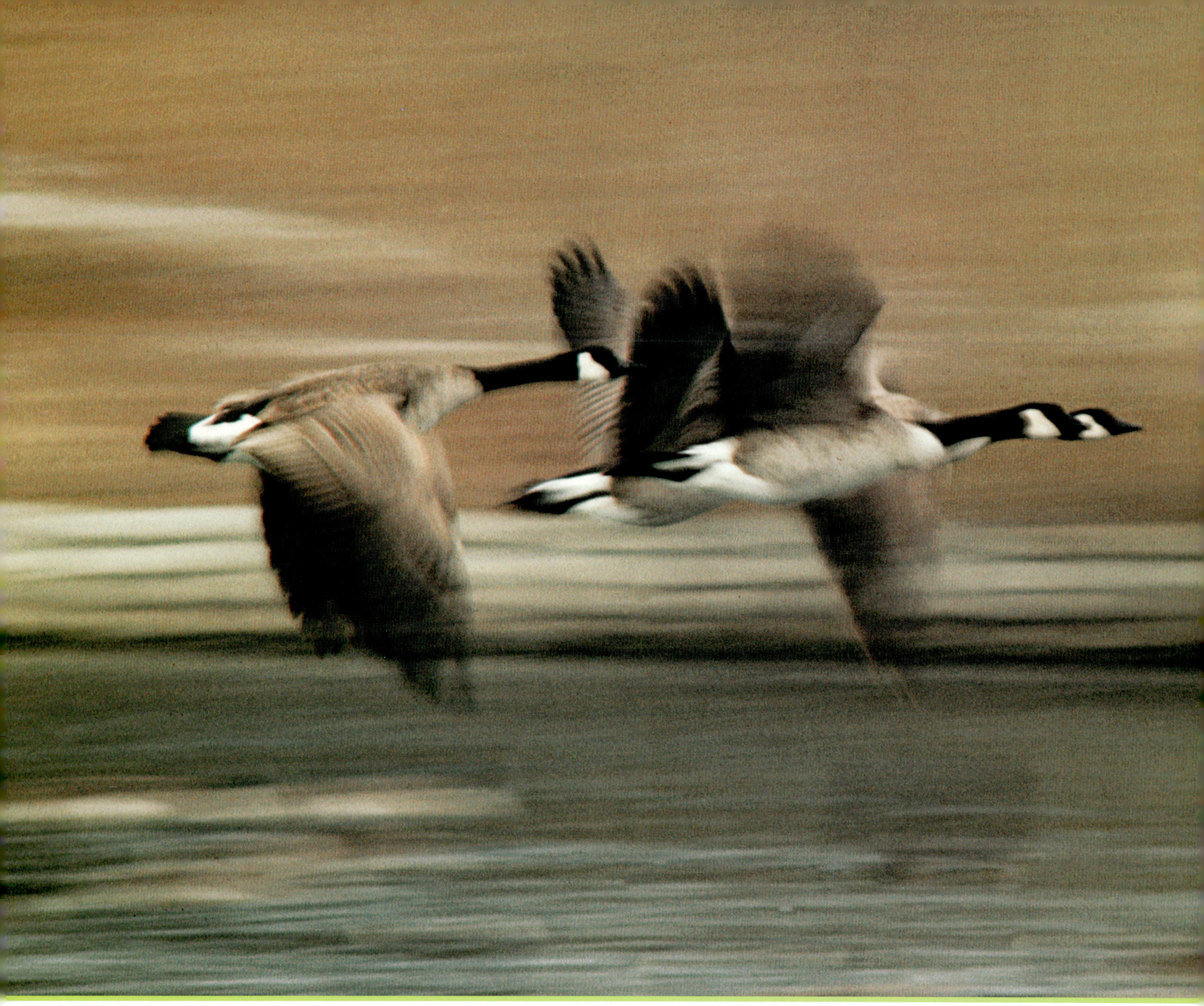

Oben Wasservögel sind kraftvolle Zugvögel. Große Trupps von Kanadagänsen ziehen im Herbst von ihren Brutplätzen in der Tundra südwärts und nutzen dabei traditionelle Zugkorridore.

Luft

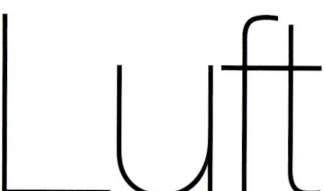

Von den Tropen bis zu den Polen durchqueren zahllose Zugrouten den Luftraum über unserer Erde; zu den Hauptzugzeiten herrscht auf diesen Wegen manchmal fast so reger Verkehr wie auf Autobahnen zur Stoßzeit. Vögel sind die bekanntesten Wanderer der Lüfte – etwa die Hälfte aller Vogelarten sind Zugvögel. Einige wandern nur ein paar Kilometer, beispielsweise im Gebirge hinauf und hinab, doch andere umrunden den Globus oder zerstreuen sich ohne vorgegebene Zugroute in alle Richtungen. Auch Fledertiere (Fledermäuse und Flughunde) sowie Insekten sind hervorragende Flieger. In manchen Gegenden von Amerika und Afrika wandern Schmetterlinge oder Libellen in riesigen Schwärmen, die wie langgezogene Wolken wirken.

Guano-Fledermaus

Guano-Fledermäuse, auch Brasilianische Bulldoggenfledermäuse genannt, sind die Langstrecken-Meister der Fledermäuse. Jedes Jahr ziehen sie zu Millionen von Mexiko in die südwestlichen USA und bilden dort riesige Kolonien; bei Sonnenuntergang fliegen die Fledermäuse von ihren riesigen Gemeinschaftsschlafplätzen in dichten, wirbelnden Schwärmen auf, die an Rauchfahnen erinnern.

Da die insektenfressenden Fledermäuse in der kalten Winterluft nicht genug Insekten zum Überleben finden, halten sie in gemäßigten (temperaten) Klimaregionen bis zum Frühjahr Winterschlaf. Lange nahm man an, dies gelte für alle temperaten Fledermausarten; erst im frühen 20. Jahrhundert vermutete man, dass auch Fledermäuse wandern könnten. Es sollte jedoch bis in die 1950er-Jahre dauern, bis man durch Beringung zweifelsfrei nachweisen konnte, dass einzelne Fledermäuse

WANDERUNG DER GUANO-FLEDERMÄUSE
- Artverbreitung (grün)
- Herbstwanderung der texanischen Population (roter Pfeil)

AUF EINEN BLICK

Wissenschaftl. Name	*Tadarida brasiliensis*
Wanderroute	US-Population zieht im Winter teilweise südwärts.
Länge der Wanderung	bis zu 1800 km pro Strecke
Beobachtungsorte	Carlsbad Cavern, Texas; Congress Avenue Bridge; Austin, Texas, USA
Beobachtungszeiten	August–September

Oben Guano-Fledermäuse sind hervorragend an Wanderungen angepasst: Sie fliegen hoch und schnell und unterbrechen den Zug, um in Bäumen und natürlichen Höhlen zu schlafen. Die Guano-Fledermaus auf dem Bild wurde mit einer Hochgeschwindigkeitskamera aufgenommen, während sie ihren Tagesschlafplatz in einer

Rechts Auf der Congress Avenue Bridge in Austin (Texas) verfolgen zahlreiche Beobachter, wie unzählige Guano-Fledermäuse in den Abendhimmel strömen; die riesige Kolonie ist in den Spalten unter der Brücke zuhause.

Mittlerweile ist bekannt, dass Wanderverhalten bei den Fledermausarten von Nordamerika, Europa und Asien verbreitet ist. Manche Arten wandern über recht geringe Entfernungen von weniger als achtzig Kilometer, doch einige ziehen regelmäßig 1600 Kilometer oder gelegentlich sogar weiter; dabei machen sie, was Geschwindigkeit und Navigationsfähigkeit angeht, den Vögeln Konkurrenz. Von all diesen Langstreckenziehern ist die Guano-Fledermaus am besten untersucht.

SESSHAFT UND WANDERND

Wie bei allen Arten der Familie Molossidae (Bulldoggenfledermäuse) ragt die untere Schwanzhälfte aus der Flughaut heraus, die Schwanzgrund und Hinterbeine verbindet. Der Bestandteil «*brasiliensis*» im Artnamen ist insofern irreführend, als das große Verbreitungsgebiet der Art von Süd-Oregon bis Kansas und weiter südwärts über Texas, Mexiko und Zentralamerika bis ins nördliche Südamerika reicht. Im gesamten Gebiet bleiben einige Fledermaus-Populationen ganzjährig in derselben Gegend (sesshaft), während andere ein ausgeprägtes Wanderverhalten zeigen.

In Zentral- und Südamerika sind Guano-Fledermäuse vermutlich weitgehend standorttreu. Auch in Teilen der USA wandert die Art nicht: Die Populationen von Oregon und Kalifornien leben in normalerweise wintermilden Regionen und können in warmen Gebäuden Schutz suchen oder eine kurzzeitige Winterstarre einlegen. In den anderen Gebieten der USA – auch Texas mit den größten Beständen gehört dazu – ist die Guano-Fledermaus jedoch nur ein Sommergast. Sie erscheint Ende Februar und zieht Ende Oktober bis Anfang November wieder südwärts. Einige Individuen wandern nach Westmexiko, die meisten fliegen jedoch weiter süd- und ostwärts bis nach Tamaulipas, Coahuila und Nuevo León.

Oft ist die Reise nach Süden durch mehre Zwischenhalte unterbrochen, und die Guano-Fledermäuse wechseln manchmal von Fledermaushöhle zu Fledermaushöhle. Als gute Flieger können sie jedoch, falls nötig, rasch weiterwandern. Dank ihrer langen, schmalen und abgewinkelten Flügel ist ihre schnittige Silhouette unverkennbar. Die Flügelform erlaubt ihnen einen rasanten Flugstil bei der nächtlichen Jagd auf Nachtfalter; dabei fliegen sie oft in großer Höhe. Guano-Fledermäuse aus der Bracken Cave bei San Antonio (Texas), die mit Doppler-Radar verfolgt wurden, konnten im Juni in der erstaunlichen Höhe von 3000 Meter nachgewiesen werden, als sie auf Schwärme von frisch geschlüpften Baumwollkapselbohrern Jagd machten, die mit den vorherrschenden Winden verdriftet wurden. Da die Fledermäuse in der Lage sind, in großer Höhe zu jagen, könnten sie diese Fähigkeit auch während des Zuges nutzen, um bei starkem Rückenwind in Hunderten oder Tausenden Metern Höhe zu fliegen. Beim Langstreckenflug wird sehr viel Energie verbraucht, deshalb kann jedes Verhalten, das dem rascheren Fortkommen dient, lebenswichtig sein.

WOCHENSTUBEN

Die nächtlichen Wanderungen der Guano-Fledermäuse lassen sich nur sehr schwer beobachten; daher wundert es nicht, dass vor allem die riesigen «Wochenstuben» bekannt sind – die größten bekannten Ansammlungen von Warmblüter. Die bisher größte bekannte Kolonie, die fast zwanzig Millionen Fledermäuse umfasst, ist die Bracken Cave Colony bei San Antonio (Texas). Früher, das heißt, bevor die Populationen in ganz Nordamerika durch Pestizidvergiftung und gezielte Verfolgung zusammenbrachen, existierten weitere sogenannte Guanohöhlen, die ähnlich große Kolonien beherbergten.

Die Weibchen der Guano-Fledermaus ziehen das einzelne Jungtier ganz alleine auf; daher finden sich in den Wochenstuben normalerweise kaum Männchen, die in besonderen «Junggesellen-Schlafplätzen» in der Nähe nächtigen

STADT-FLEDERMÄUSE

Guano-Fledermäuse erfuhren in den USA ein wechselndes Geschick: Lange Zeit wurden sie aus Aberglauben und Angst verfolgt oder als angebliche Überträger der Tollwut ausgerottet, und viele Brutplätze gingen durch Zerstörung verloren. Dank intensiver Aufklärung hat sich die Situation für die Art jedoch zum Besseren gewendet. Das Beobachten von Fledermäusen wird immer beliebter – in den USA nicht nur an bekannten Orten wie Carlsbad Cavern in Texas, sondern auch an gänzlich unerwarteten Plätzen. Guano-Fledermäuse lassen sich wohl am besten im Stadtgebiet von Austin (Texas) an der Congress Avenue Bridge beobachten, wo etwa 1,5 Millionen in den Spalten unter der Brücke übersommern. Der «Fledermaus-Tourismus» trägt Jahr für Jahr etwa 5,5 Millionen Euro zur Wirtschaftsbilanz von Austin bei. Weitere Großkolonien der Guano-Fledermaus befinden sich an der Waugh Street Bridge in Houston (Texas) und am Yolo Causeway bei Sacramento (Kalifornien). In mehreren US-Städten sind «fledermausfreundliche» Konstruktionselemente bei neuen Bauprojekten die Regel.

müssen. Unter den im Sommer in Texas lebenden Guano-Fledermäusen sind – ungewöhnlicherweise – nur wenige erwachsene Männchen, die überdies sexuell kaum aktiv sind. Anscheinend begibt sich der Großteil der Männchen aus dieser Population im Erwachsenenalter nicht nach Texas, sondern bleibt in Mexiko. Dort verpaaren sich diese Männchen mit den wandernden Weibchen, bevor diese jedes Jahr nach Norden ziehen.

Palmenflughund

Millionen von Palmenflughunden überqueren die afrikanischen Tropen unbemerkt auf ihren nächtlichen Wanderungen. Flughunde aus vielen verschiedenen Regionen wandern über Hunderte von Kilometern zum selben temporären Schlafplatz und brechen von dort nachts zu ihren Nahrungsbäumen auf, um nach Früchten zu suchen.

Mit einer Flügelspannweite von durchschnittlich achtzig Zentimetern ist der Palmenflughund bei Weitem die größte Fledertierart auf dem afrikanischen Festland. Rücken und Schultern sind mit einem zarten goldgelben Fell bedeckt. Mit ihrem kräftigen Körperbau ist diese Art eher auf Ausdauer als auf akrobatische Flugmanöver ausgelegt – ein Hinweis auf die wandernde Lebensweise. Die langen breiten Flügel garantieren diesem Flughund eine hohe Flügel-Flächen-Belastung (Verhältnis von Flügelfläche zu Körpergewicht), die für Langstreckenflüge, nicht jedoch für präzise Flugmanöver ideal ist. Daher können Palmenflughunde ihre Nahrung nur im Kronendach oder den äußeren Ästen einzeln stehender Bäume suchen.

Palmenflughunde brüten in ganz Äquatorialafrika und bilden streng riechende Kolonien in Baumspitzen oder «Camps» mit Tausenden von Tieren. Die Brutquartiere befinden sich oft in städtischen Straßen oder bei Wasserfällen – man könnte spekulieren, dass Lärm den Fortpflanzungserfolg auf irgendeine Weise fördert. Die Kolonien sind einen Großteil des Jahres besetzt, werden dann aber ohne ersichtlichen Grund etwa für drei Monate verlassen. Bei einer dreijährigen Untersuchung an einem riesigen Schlafquartier in Kampala (Uganda) fand man, dass die Flughundzahlen dort von einem Maximum mit 210 000 Tieren auf unter 10 000 Individuen fielen. Offensichtlich ziehen die Flughunde in großer Zahl aus der Region ab, doch lange war unklar, wohin und warum sie abwandern.

ÜBERFLUSS AN FRÜCHTEN

Wie Untersuchungen der amerikanischen Biologin Heidi Richter im Kasanka Nationalpark (Sambia) zeigten, könnte des Rätsels Lösung für das Verschwinden der Flughunde darin liegen, dass es außerhalb der üblichen Nahrungsreviere zu einem massenhaften Fruchtangebot kommt. Die Biologin verglich dieses Phänomen mit einer Art von ökologischen «Big Bang». In Kasanka fruchten viele Bäume, beispielsweise zahlreiche *Syzygium*- und *Uapaca*-Arten, während der Regenzeit von September bis Dezember. Diese Fruchtproduktion ist für die dort ansässigen Flughunde und andere im Park lebende Tiere viel zu groß, um sie zu bewältigen, sodass es zu einem kurzzeitigen Überfluss kommt, der Zuwanderer aus der Ferne anlockt. Jedes Jahr kommen zwischen fünf und zehn Millionen Palmenflughunde in Kasanka zusammen und bilden dort für kurze Zeit die vermutlich größte Ansammlung von Säugetieren auf dem afrikanischen Kontinent.

Oben Die Wanderung der Palmenflughunde wird durch saisonale Fruchtreifezyklen in ganz Tropisch-Afrika ausgelöst; Letztere sind wiederum von den jährlichen Regenzeiten abhängig.

Einschaltbild Tagsüber, in ihren hohen Schlafbäumen, pflegen die Flughunde Sozialkontakte und verdauen ihre nächtliche Mahlzeit.

WÄCHTER DES WALDES

Flughunde kommen nur in den Tropen von Afrika, Asien und Australasien vor. Die etwa 175 Arten bilden gemeinsam eine eigene Unterordnung, die Megachiroptera. Wanderungen sind von vielen Arten bekannt, doch bei den Palmenflughunden sind diese saisonalen Ortsbewegungen vermutlich am auffälligsten. Flughunde spielen in den Wald- und Savannenökosystemen bei Bestäubung und Samenverbreitung eine wichtige Rolle.

WANDERUNG DER PALMENFLUGHUNDE
- Brutverbreitung
- Zugverbreitung
- • Kasanka Nationalpark
- → nach der Brut umherstreifend

AUF EINEN BLICK

Wissenschaftl. Name	*Eidolon helvum*
Wanderroute	von und zu den saisonalen Schlafplätzen
Länge der Wanderung	bis zu 2000 km pro Strecke
Beobachtungsorte	Kasanka Nationalpark, Sambia
Beobachtungszeiten	November–Dezember

Die Flughunde legen ihren Aufenthalt zeitlich so, dass er mit dem Höhepunkt der Fruchtreife zusammenfällt: Es gibt deutliche Hinweise, dass der plötzliche Nahrungsüberfluss der treibende Faktor der Wanderung ist. Gewöhnlich kommen die ersten Flughundgruppen Ende Oktober in Kasanka an; während der nächsten drei Wochen wird daraus ein gewaltiger Zustrom. Der Abflug erfolgt rascher, denn fast alle Flughunde verlassen das Gebiet innerhalb einer Woche – häufig Ende Dezember, manchmal auch in der ersten Januarhälfte.

ÜBERFÜLLTE SCHLAFPLÄTZE

Die Palmenflughunde von Kasanka haben ihre Schlafplätze an zwei kurzen Flussabschnitten im Mushitu-Wald, einem immergrünen Sumpfwald. In der Morgendämmerung kehren die Flughunde von der nächtlichen Futtersuche zum Schlafquartier zurück und fallen in die hohen Bäume ein, wo sie sich eng aneinandergedrängt kopfüber zum Schlafen aufhängen.

Die schlafenden Flughunde lassen sich von Hand fangen, und es zeigte sich, dass auch einige trächtige Weibchen darunter waren. Da sich diese in verschiedenen Trächtigkeitsphasen befinden und die Weibchen jeder Kolonie ihre Fortpflanzung im Allgemeinen synchronisieren, lässt sich folgern, dass die Flughunde in Kasanka von verschiedenen Orten aus ganz Tropisch-Afrika stammen. Das Zusammentreffen verschiedener Brutpopulationen könnte für die Art von großer Bedeutung sein: Falls die Flughunde nämlich am Schlafplatz Partner finden und sich verpaaren, würde dies den Genpool der Art erheblich vergrößern.

Um herauszufinden, wohin die Flughunde von Kasanka aus abwandern, stattete man einige mit leichten Satellitensendern aus, die mit einem speziellen Halsband fixiert waren. Die Funddaten waren zwar nicht schlüssig, doch sie zeigten, dass zumindest einige der Flughunde aus Kasanka über weite Entfernungen ziehen; ein Männchen legte sogar 1900 Kilometer zurück, bis das Funksignal nach sechs Monaten in der Demokratischen Republik Kongo verstummte.

Um die Wanderrouten der Palmenflughunde aufzuklären, müssen sehr viel mehr Tiere besendert werden. In der afrikanischen Savanne existieren außerdem zahlreiche weitere temporäre Schlafplätze, die bisher noch nicht untersucht wurden.

Schneegans

Jeden Herbst ziehen über sechs Millionen Schneegänse südwärts, um der eiskalten Tundra zu entfliehen. Sie fliegen hoch und schnell, anfangs in Familiengruppen, die sich später zu großen, Tausende von Vögeln zählenden Schwärmen zusammenschließen und mit rauschendem Flügelschlag ihrem fernen Ziel zusteuern.

Die riesigen, wie Schneewolken wirkenden Schneegansschwärme gehören zu den spektakulärsten Naturwundern dieser Erde, auch ihre durchdringenden, gellenden Rufe sind unvergesslich. Die größten Ansammlungen dieser mittlerweile sehr häufigen Art finden sich im Frühling und Herbst an den traditionellen Rastplätzen in Feuchtgebieten des Mittleren Westens (USA). An besonders beliebten Plätzen rasten manchmal ungeheure Mengen dieser Vögel – im April 1991 zählte man beispielsweise in Sand Lake (South Dakota) 1,2 Millionen Schneegänse, und im November 1995 kamen 800 000 im DeSoto National Wildlife Refuge (Iowa/Nebraska) zusammen!

KLEINE UND GROSSE SCHNEEGANS

Die Schneegans umfasst zwei Unterarten. Am häufigsten und am weitesten verbreitet ist die Kleine Schneegans (Unterart *caerulescens*) mit einer Brutpopulation von mindestens fünf Millionen Vögeln; diese Unterart brütet in der Tundra von der Wrangelinsel (einem russischen Territorium im Nordpolarmeer) über ganz Nordkanada bis zur Westküste der Hudson Bay. Die Kleine Schneegans überwintert hauptsächlich auf Marschen und Äckern im Tiefland von Nordmexiko bis zum Mississippidelta sowie in Zentralkalifornien. Die Große Schneegans (Unterart *atlanticus*) ist hingegen weiter ostwärts verbreitet und zählt etwa eine Million Individuen, die überwiegend auf Baffin Island und Grönland brüten und an der mittleren Atlantikküste der USA überwintern.

Wie der Name sagt, ist das Federkleid der Schneegänse gewöhnlich bis auf die schwarzen Flügelspitzen reinweiß. Doch in einem Schwarm Kleiner Schneegänse finden sich immer einige dunkle, blaugraue Exemplare, die als «Blaue Schneegänse» bezeichnet werden. Diese galten früher als eigene Art, doch mittlerweile weiß man, dass es sich nur um eine «Farbmorphe» handelt, die durch ein einziges Gen festgelegt wird.

FAMILIENBANDE

Im Alter von zwei oder drei Jahren wählen Schneegänse einen Partner und bleiben lebenslang verpaart – Scheidungen sind selten. Sie brüten in großen Kolonien, und die Eiablage erfolgt synchron. Diese Strategie ist «überwältigend» für ihre wichtigsten Fressfeinde, die Polarfüchse, die plötzlich viel mehr Eier zur Auswahl haben, als sie jemals erbeuten können. Gleichzeitig wird so sichergestellt, dass die Gössel schlüpfen, wenn die Tundra mit frischem Graswuchs reichlich Nahrung bietet. Die jungen Gänse unternehmen bereits binnen sieben Wochen die ersten zaghaften und kurzen Flugversuche. Und während sich der Arktissommer dem Ende zuneigt, verlassen die Schneegänse ihre Nistplätze und versammeln sich in rastlosen Trupps an Seeufern und Flussmündungen. Möglicherweise wird der Wegzug aus dem Hohen Norden, der zwischen August und Oktober stattfindet, durch die abnehmende Tageslänge ausgelöst, doch diese Vermutung muss noch bewiesen werden.

Jede Familie bleibt auf der Reise nach Süden zusammen; Eltern und Jungvögel halten durch ständiges Rufen Kontakt. Zahlreiche Familien schließen sich zu Gruppen von hundert oder gar tausend Vögeln zusammen; diese wiederum bilden auf dem Weg nach Süden oft noch größere Schwärme, die bis zu 30 000 Vögel zählen können. Ein derart konzentrierter Durchzug von Vögeln kann für Flugzeuge sehr gefährlich werden, sodass Flughäfen wie Winnipeg in Manitoba (Kanada) während des Schneeganszuges zeitweilig geschlossen werden.

STAU AUF DEN ZUGSTRASSEN

Schneegänse können ihren Weg bei Tag und bei Nacht finden und fliegen etwa 900 Meter hoch, manchmal auch viel höher; mittels Radar wurden einige Trupps in 2000 Meter Höhe nachgewiesen. Schneegänse fliegen in einer typischen Keilformation, dabei bewegen sich die einzelnen Trupps in unterschiedlicher Flug-

SCHNEEGANS

WANDERUNG DER SCHNEEGÄNSE
- Kleine Schneegans Brutverbreitung
- Große Schneegans Brutverbreitung
- Kleine Schneegans Winterverbreitung
- beide Unterarten Winterverbreitung
- Zugroute

Gegenüber Schneegänse in Keilformation: Der Formationsflug ist für die Vögel energiesparend und ermöglicht den Austausch von Positionsinformationen. **Oben** Eine brütende Schneegans in der arktischen Tundra. Typisch ist das rostfarbene Gesichtsgefieder im Sommer, es wird durch den hohen Eisengehalt der Böden verursacht, auf denen die Vögel ihre Nahrung suchen.

höhe gestaffelt. Auffällig ist auch die wellenartige Flugbewegung der Schneegänse, die während des Fluges allmählich steigen und fallen.

Wie andere wandernde Wasservögel halten sich auch Schneegänse an bestimmte «Korridore», sogenannte Zugwege oder Zugstraßen (Flyways), die den topografischen Merkmalen folgen. Die Kleine Schneegans aus dem Gebiet der Hudson Bay zieht auf dem Hin- und Rückweg zum Winterquartier am Golf von Mexiko über den Mississippi-Flyway. Ein Teil der Vögel schafft dies mit nur wenigen Zwischenhalten; im Herbst rasten die meisten Kleinen Schneegänse jedoch mehrfach für ein paar Tage oder Wochen, bis sie durch schlechtes Wetter oder Nahrungsmangel weitergetrieben werden.

Der Frühjahrszug verläuft schneller, da die Vögel sich vorher wochenlang mit nicht abgeerntetem Mais gemästet haben und damit genügend Fettreserven besitzen, um während des Zuges und in den ersten Wochen in der noch gefrorenen Tundra zu überleben. (Die Weibchen können manchmal erst richtig auf Futtersuche gehen, wenn die Jungen nach 25-tägiger Bebrütungsdauer geschlüpft sind.) Die Gänse kommen also nicht erschöpft, sondern mit reichlich Energiereserven im Norden an.

FORMATIONSFLUG

Auf dem Zug fliegen Schneegänse in Keil-(V-)formation sowie im U- oder kettenförmigem Verband. Gänse, die im Windschatten des Vordermanns fliegen, können so im Formationsflug den Strömungswiderstand um bis zu vierzig Prozent verringern, sodass Herzschlagfrequenz und Energieverbrauch vermindert sind. Jede Gans in der Formation hat gute Sicht und fliegt in «ruhiger» Luft, weil sie die durch den Flügelschlag der anderen Vögel erzeugten Luftwirbel meidet. Der führende Vogel, gewöhnlich ein erfahrener Altvogel, muss die meiste Arbeit leisten, wird jedoch häufig abgelöst.

AUF EINEN BLICK

Wissenschaftl. Name	Anser caerulescens
Wanderroute	von den arktischen Brutgebieten zu Winterquartieren mit gemäßigtem Klima
Länge der Wanderung	2000–5000 km pro Strecke
Beobachtungsorte	Sand Lake National Wildlife Refuge, South Dakota, USA
Beobachtungszeiten	März–April und Oktober–November

Tundraschwan

Tundraschwäne unternehmen zwischen ihren entlegenen arktischen Brutgebieten und dem Winterquartier Wanderungen über immense Entfernungen – unter den Schwänen legen sie die größten Distanzen zurück. Sie gehen eine lebenslange Paarbindung ein und kehren Jahr für Jahr zu denselben Rast- und Überwinterungsplätzen zurück.

Viele Enten-, Gänse- und Schwanenarten fliegen im Frühjahr nach der Eisschmelze nordwärts zu den Schmelzwassertümpeln der Arktis, um dort ihre Jungen aufzuziehen – angelockt durch die zunehmende Tageslänge und das reiche Pflanzen- und Evertebratenleben der Tundra. Zu den Millionen wandernder Wasservögel gehören auch Tausende von Tundraschwänen, deren schrille, jodelnde Rufe man beim Überflug recht häufig hören kann. In nördlichen Breiten sind diese Rufe ein sicheres Zeichen für den Wechsel der Jahreszeiten; sie sind ein Symbol für den rastlosen Geist des Vogelzugs und spielen in der nordischen und indianischen Mythologie eine wichtige Rolle.

Der Tundraschwan existiert in zwei äußerlich ähnlichen, jedoch geografisch distinkten Unterarten: Der Pfeifschwan (Unterart *columbianus*) brütet von Alaska (USA) bis zum Norden von Quebec (Kanada), während der Zwergschwan (Unterart *bewickii*) im gesamten äußersten Nordsibirien brütet; er ist nach dem englischen Grafiker und Holzschneider Thomas Bewick (1753–1828) benannt, der eine frühe englische Vogelfauna veröffentlicht hatte. Bei beiden Unterarten existieren westliche und östliche Populationen, die jeweils eigene traditionelle Zugrouten, Rastplätze und Winterquartiere haben.

Pfeifschwäne ziehen, etwas verallgemeinert, im Herbst längs der nordamerikanischen Pazifik- beziehungsweise Atlantikküste südwärts; dabei fliegen die meisten zur Küste von Washington und Kalifornien oder zur Chesapeake Bay an der Ostküste. Die Hauptrastplätze liegen in den nördlichen Prärigebieten und an den Großen Seen. Auch bei den Zwergschwänen findet sich eine vergleichbare Ost-West-Zugscheide: Die westliche Population zieht mit einem Zwischenstopp am Weißen Meer nach Nordwesteuropa, insbesondere zu den Britischen Inseln; die Ostpopulation wandert nach Japan und China.

GEWOHNHEITSTIERE

Tundraschwäne sind sehr ortstreue Zugvögel. An den meisten sumpfigen Küsten, geschützten Buchten, Seen und fruchtbaren Tiefebenen sind die Tundraschwäne bereits seit historischen Zeiten Jahr für Jahr Wintergäste oder Durchzügler – vermutlich sogar viel länger und möglicherweise schon seit der letzten Eiszeit vor 15 000 Jahren. Diese bemerkenswerte Ortstreue besitzt mehrere Vorteile für die Schwäne: Tiere, die mit einem bestimmten Gebiet vertraut sind, kennen vor allem die besten Futterplätze und sichersten Schlafplätze.

Wie bei anderen Schwanen- und Gänsearten werden auch bei Tundraschwänen die Zugmuster von Generation zu Generation weitergegeben. Tundraschwäne sind langlebig (ein 36 Jahre alter Zwergschwan war das älteste bekannte Individuum) und werden erst nach zwei bis drei Jahren geschlechtsreif; nach dem Schlüpfen im Juni oder Juli sind die Jungvögel bis zu zehn Monate von den Elternvögeln abhängig. Da jede Familie gemeinsam südwärts zieht, lernen die Jungschwäne auf dieser Reise den Zugweg kennen. Der Familienverband bleibt im Winter und auch auf dem Rückzug im Frühling zusammen. Erst am Brutplatz werden die vorjährigen Vögel von den Eltern verjagt und begeben sich gewöhnlich zu gemeinsamen Nahrungs- und Mauserplätzen, wo sich Trupps von Nichtbrütern zusammenfinden. Im Spätsommer kehren die einjährigen Schwäne jedoch nicht selten wieder zu den Elternvögeln und deren neuer Brut zurück. Diese «Großfamilie» wandert als Gruppe nach Süden. Manchmal kommen die Jungvögel aus drei Brutjahren in diesen Großfamilien zusammen.

ÜBERFLIEGER

Tundraschwäne sind zielgerichtete, kraftvolle Zugvögel, die tagsüber und auch nachts ziehen. Nach Berechnungen besitzen sie genug Körperfett, um ohne Zwischenhalt eine Strecke von 1500 Kilometer zu bewältigen – das entspricht einem 24-Stunden-Flug bei einer Durchschnittsgeschwindigkeit von 60 km/h. Die relativ niedrige Flughöhe von unter 450 Meter erspart ihnen einen kräftezehrenden Steigflug; durch die enge Gruppenformation können aerodynamische Vorteile optimal genutzt werden. Beim Vergleich von meteorologischen und Radiotelemetrie-Daten zeigte sich, dass die Schwäne die passenden Wetterbedingungen abwarten müssen – sie sind also «gestrandet», bis sie sich bei günstigem Rückenwind gemeinsam auf die nächste Etappe ihrer weiten Reise begeben können.

Oben Bereits beim Schlüpfen besitzt jeder Tundraschwan den «Wanderinstinkt»; auf den saisonalen Wanderungen prägt er sich Landmarken ein und verbessert damit sein Orientierungsvermögen kontinuierlich.

TUNDRASCHWAN 121

Oben Tundraschwäne ziehen im Familienverband; dabei führen die Altvögel ihre Jungen im Herbst auf dem ersten Flug in den Süden und im Frühjahr auf dem Rückflug in den Norden.

WANDERUNG

- Pfeifschwan Brutverbreitung
- Pfeifschwan Winterverbreitung
- Zwergschwan Brutverbreitung
- Zwergschwan Winterverbreitung
- ↔ Zugroute

UNVERWECHSELBARE SCHNABELMUSTER

In einer Studie an Zwergschwänen in England fand der Naturschützer und Ornithologe Peter Scott (1909–1989) Mitte der 1960er-Jahre heraus, dass die schwarz-gelben Schnabelmarkierungen bei jedem Vogel unterschiedlich und damit einzigartig sind. Daher konnte Scott die Zwergschwäne im Untersuchungsgebiet mit einem Blick identifizieren. Über mehrere Jahrzehnte konnten die Wissenschaftler des von Scott gegründeten Wildlife and Wetlands Trust (WWT) diese Datensammlung vergrößern, indem sie die «Biografie» jedes Zwergschwans aufzeichneten – dazu gehörten seine typischen Ankunfts- und Abflugdaten (Herbst/Frühjahr), Verhalten, Nahrung, Partnerwahl und Bruterfolg (gemessen als Anzahl der begleitenden Jungvögel).

Oben Dank der individuell verschiedenen Schnabelmuster kann man das Kommen und Gehen der Zwergschwäne erfassen.

AUF EINEN BLICK

Wissenschaftl. Name	*Cygnus columbianus*
Wanderroute	von den arktischen Brutgebieten zu Winterquartieren mit gemäßigtem Klima
Länge der Wanderung	2500–5000 km pro Strecke
Beobachtungsorte	Südliche Große Seen, Kanada/USA; Freezeout Lake, Montana, USA
Beobachtungszeiten	März–April und Oktober–November

Wellenreiter

Siebzehn der einundzwanzig Albatrosarten leben auf der Südhalbkugel. Das Südpolarmeer ist ein unwirtlicher Lebensraum mit unablässigen Stürmen und haushohen Wellen, doch die Albatrosse wissen diesen Nachteil in einen Vorteil umzuwandeln, indem sie die Energie des Ozeans nutzen, um über Stunden und Tage zu segeln.

Die wilden Meeresregionen südlich von Patagonien, Südaustralien und des Kaps der Guten Hoffnung sind bei Seeleuten seit Langem als «Roaring Forties» und «Furious Fifties» bekannt. Da die Luftströmungen hier nur durch wenige Landmassen aufgehalten werden, sind dies die windigsten Regionen der Welt. Während der Windjammer-Zeit segelten die Klipper südwärts, um die Erde schnellstmöglich zu umsegeln, und auch Vögel können dank der in höheren südlichen Breiten ständig wehenden Winde immense Entfernungen mit Höchstgeschwindigkeit zurücklegen. Niemand ist besser an den Wind in diesen Meeresregionen angepasst als Albatrosse, die auf der Jagd nach ihrer wichtigsten Beute, den Tintenfischschwärmen, Tausende von Kilometern weit umherstreifen.

Albatrosse besitzen die längsten Vogelflügel überhaupt – die Flügelspannweite beim Wanderalbatros *(Diomedea exulans)*, der größten Albatrosart, beträgt 3,5 Meter. Die Flügelbreite ist dabei wie bei einem Segelflugzeug auf das absolute Minimum reduziert, um den Strömungswiderstand zu vermindern. Als meisterliche Flieger können diese eleganten Vögel bis zu zwölf Stunden am Stück eine Durchschnittsgeschwindigkeit von 55 km/h aufrechterhalten. Um Energie zu sparen, gleiten sie über die Meeresfläche und gewinnen an Auftrieb, indem sie den über den Wellen abgebremsten Wind ausnutzen. Mit kaum einem Flügelschlag segeln sie auf diese Weise von einer Brise zur nächsten. Für den kontinuierlichen Schlagflug sind Albatrosse jedoch schlecht geeignet – wenn einmal, was selten vorkommt, Windstille herrscht, müssen sie auf der Wasserfläche landen. Die Arten der Südhalbkugel gelangen deshalb nur selten über den Äquator, denn sie können den sogenannten Kalmengürtel nicht überqueren.

Gegenüber Albatrosse sind die perfekten Langstreckennomaden, deren Körperbau an einen schnellen, energiesparenden Gleitflug angepasst ist – eine besondere Sehne hält den ausgestreckten Flügel in Position.

Einschaltbild links Nach der Landung führen Wanderalbatrosse ein Begrüßungsritual auf. Wie die meisten Albatrosarten brütet die Art auf entlegenen Meeresinseln.

Einschaltbild links unten Beim segelnden Graukopfalbatros *(Thalassarche chrysostoma)* ist die beeindruckende Flügelspannweite sichtbar, für die diese Seevögel berühmt sind. Einige Arten umrunden auf der Nahrungssuche regelmäßig den Globus.

Unten Dynamisches Segeln ist über Wasserflächen eine der effektivsten Flugtechniken. Der Albatros dreht sich in den Wind, um Höhe zu gewinnen (1), wechselt die Richtung (2), um so lange wie möglich abwärtszugleiten (3), und gewinnt dann – fast auf der Höhe der Wasserfläche – gegen den Wind wieder an Auftrieb, um das Manöver zu wiederholen.

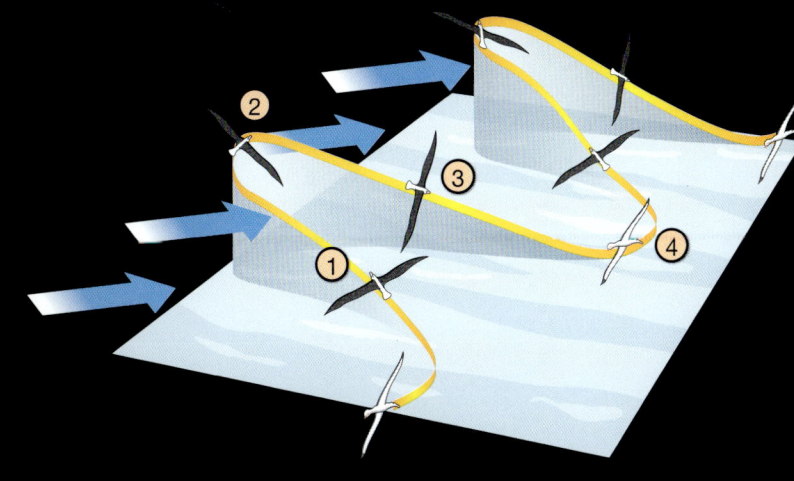

Kurzschwanz-Sturmtaucher

Dieser unermüdliche Nomade der Meere segelt knapp über den Wellen und legt in seinem Leben ungeheure Entfernungen zurück; dabei umrundet er auf der jährlichen Wanderung fast den gesamten Nordpazifik. Dieser sechsmonatige «Schleifenzug» gehört zu den längsten aller Vogelwanderungen.

Der Kurzschwanz-Sturmtaucher ist besonders an den «dynamischen Segelflug» über den Wellen angepasst: Die langen schmalen Flügel ermöglichen stundenlanges Segeln und Gleiten mit hoher Geschwindigkeit; die gekrümmte Flügelfläche bildet eine Tragfläche, die viel Auftrieb erzeugt. Kurzschwanz-Sturmtaucher können gut schwimmen und sich mit ihren Flügeln unter Wasser vorwärtsbewegen, doch gewöhnlich ernähren sie sich von Krill und andere Krebstieren an der Wasseroberfläche. An Land sind die Sturmtaucher jedoch ungelenk und daher durch Fressfeinde gefährdet, sie landen deshalb nur im Schutz der Dunkelheit und nisten in Erdhöhlen.

RÜCKKEHR AN LAND

Alle Altvögel des Kurzschwanz-Sturmtauchers – geschätzte 23 Millionen Individuen – versammeln sich zur Brutzeit auf dem Meer vor Südaustralien. Sie nisten in überfüllten Kolonien auf entlegenen Inseln und Landspitzen – etwa sechs Monate lang sind sie die häufigsten Seevögel dieser Region. Die meisten Kolonien liegen in der Bass-Straße, jener windigen Meerenge, die australisches Festland und Tasmanien trennt. Seit über fünfzig Jahren wird jeder Brutvogel der kleinen, 100 bis 200 Paare starken Kolonie auf Fisher Island im Ostteil der Meeresstraße von Ornithologen systematisch untersucht: Dabei zeigte sich die extreme Standorttreue der Sturmtaucher: vierzig Prozent der Jungvögel kehrten zum Brüten später wieder an ihren Geburtsort zurück, teilweise sogar in denselben Teilbereich der Kolonie.

Mitte September treffen die ersten Sturmtaucher gruppenweise vor der Kolonie ein; am Monatsende ist die Brutkolonie bereits komplett. Die Hauptankunftszeit variiert von Jahr zu Jahr kaum – diese Synchronisierung ist für eine Seevogelart mit derart weiten Wanderungen erstaunlich. Das einzelne Ei wird in der letzten Novemberwoche gelegt, nach 53 Tagen Bebrütungsdauer schlüpft der Jungvogel. Beide Elternvögel schaffen Nahrung für das Küken herbei und fliegen

Gegenüber Häufig schwimmen Kurzschwanz-Sturmtaucher in der Nähe der Brutkolonien zu Tausenden auf dem Meer, um dort nach Nahrung zu suchen. Diese eindrucksvollen Ansammlungen wirken aus der Ferne fast wie Ölteppiche.

WANDERUNG DER KURZSCHWANZ-STURMTAUCHER

- Brutverbreitung
- Zugverbreitung
- Bass-Straße
- → Zugroute

AUF EINEN BLICK

Wissenschaftl. Name	*Puffinus tenuirostris*
Wanderroute	im Uhrzeigersinn rund um den Pazifik
Länge der Wanderung	11 250–16 500 km
Beobachtungsorte	Bass-Straße zwischen Australien und Tasmanien
Beobachtungszeiten	November–Dezember

südwärts bis etwa achtzig Kilometer an das antarktische Schelfeis heran; diese Nahrungsflüge können bis zu 17 Tage dauern. Die Jungvögel legen bei dieser Diät aus halbverdautem Fisch und Krill rasch an Gewicht zu.

Nach zehn Wochen intensiver Fütterung wiegen die «korpulenten» Jungvögel oft doppelt so viel wie die Eltern. Da eine große Sturmtaucherkolonie Hunderttausende gleichermaßen gut genährte Jungvögel enthält, ist es nicht verwunderlich, dass diese reiche Protein- und Fettquelle von der lokalen Bevölkerung genutzt wird. Als «Muttonbirds» werden sie seit langer Zeit von Bewohnern Tasmaniens auf nachhaltige Weise «geerntet» – pro Jahr werden um die 200 000 Jungvögel gesammelt.

ODYSSEE AUF DEM MEER

Wenn die Sturmtaucher-Altvögel ihre Brutkolonie Anfang April verlassen, um zu ihrer transäquatorialen Wanderung aufzubrechen, fliegen sie zuerst über die Tasmanische See zu den Gewässern westlich von Neuseeland. Währenddessen werden die zurückgelassenen Jungvögel immer hungriger – sie nehmen ab, bis sie ihr optimales Fluggewicht erreichen, und bilden gleichzeitig ihr erstes richtiges Federkleid mit Schwungfedern aus. Der Hunger treibt sie aus der Nisthöhle hinaus, und sie schlagen zum Training mit den Flügeln, bis sie schließlich zwei bis drei Wochen nach dem Abflug der Eltern auch aufs Meer hinaus fliegen. Beim Zugverhalten der jungen Sturmtaucher spielt Lernen offensichtlich keine Rolle – sie können instinktiv und ohne die Anleitung erfahrener Vögel navigieren.

Die Kurzschwanz-Sturmtaucher begeben sich auf eine außergewöhnliche, ausgedehnte Rundreise um den Pazifik, die sechs bis sieben Monate dauert. Zuerst ziehen sie an den Philippen vorbei und weiter über die Gewässer vor Ostasien, Japan und der Kamtschatka-Halbinsel (Russland). Anschließend wandern sie über den Nordpazifik zur Westküste von Nordamerika, der sie südwärts bis Kalifornien folgen. Von dort überqueren sie den mittleren Pazifik mit südwestlichem Kurs, um nach Australien zurückzukehren. Auf jeder Etappe dieser schleifenförmigen Zugroute nutzen sie die jeweils vorherrschenden Winde und die jahreszeitlich wechselnde Nahrungsversorgung. Viele Kurzschwanz-Sturmtaucher verbringen den Sommer in den eisigen, produktiven Gewässern des flachen Beringmeers, wo riesige Schwärme von Lodde (Kapelan) oder arktischem Krill ihre Hauptnahrung darstellen. Manche Individuen wurden sogar noch weiter nördlich im Nordpolarmeer beobachtet.

Da Kurzschwanz-Sturmtaucher durchschnittlich 15 bis 19 Jahre alt werden und im Normalfall 14 500 Kilometer pro Jahr wandern, haben sie bei Lebensende theoretisch rund 246 500 Kilometer zurückgelegt – dabei sind die Nahrungsflüge von der Brutkolonie aus nicht mitberücksichtigt. Das älteste nachgewiesene Alter lag bei 38 Jahren; dieser spezielle Vogel könnte also doppelt so weit geflogen sein.

RÖHRENNASEN

Sturmtaucher, Sturmvögel, Sturmschwalben und Albatrosse werden aufgrund ihres speziellen Schnabelbaus zusammenfassend als «Röhrennasen» bezeichnet. Bei den meisten Vögeln sind die Nasenlöcher unauffällig und nur als zwei kleine Öffnungen in der Nähe der Oberschnabelbasis zu erkennen; bei diesen wandernden Seevögeln sind sie jedoch als paarige, röhrenförmige, außen liegende Nasengänge ausgebildet, die oft deutlich abgesetzt sind. Das Vorliegen einer derart ausgeprägten Röhrennase ist ein deutliches Zeichen, dass diese Vögel im Gegensatz zu den meisten Landvogelarten über einen hervorragenden Geruchssinn verfügen – besonders Tierfette werden sehr gut wahrgenommen, sodass auf dem Wasser schwimmendes Futter aus großer Entfernung aufgespürt wird: Wenn Abfälle von Fischtrawlern ins Meer gelangen oder ein toter, verwesender Wal im Meer schwimmt, tauchen diese Vögel plötzlich truppweise auf. Röhrennasen erkennen ihren Nistplatz am Geruch.

Unten Sturmtaucher besitzen einen hoch entwickelten Geruchssinn und können bereits aus großer Entfernung Nahrung ausmachen, wenn sie in geringer Höhe über das Meer gleiten.

Schwarzschnabel-Sturmtaucher

Ein zehn Wochen alter Schwarzschnabel-Sturmtaucher benötigt unter Umständen kaum mehr als zwei Wochen, um den Atlantik zu überfliegen und sein Winterquartier zu erreichen. Rein instinktmäßig navigiert er über weite Meeresflächen und findet zum Brüten später wieder zu seiner «Geburtsinsel» zurück.

Schwarzschnabel-Sturmtaucher können fünfzig Jahre alt werden und verbringen, abgesehen von kurzen Landbesuchen während der Brutperiode, ihre gesamte Zeit als Altvögel auf See. Diese geschmeidigen, langflügeligen, fischfressenden Vögel sind an ihre marine Umgebung perfekt angepasst. Sie können sogar Meerwasser trinken, da sie es dank spezieller Salzdrüsen entsalzen und das Salz durch die Nasengänge ihrer Röhrennase ausscheiden. Fast noch beeindruckender ist ihre Navigationsfähigkeit, die sie große eintönige Wasserflächen rasch und zielgerichtet überqueren lässt.

Die Wiederfänge von beringten Schwarzschnabel-Sturmtauchern zeigen, dass diese Art bei gutem Rückenwind innerhalb von zwei bis drei Wochen von den Brutkolonien im Nordost-Atlantik zu den Winterquartieren in den tropischen Meeren östlich von Südamerika gelangt. Diese erstaunliche Navigationsfähigkeit ist den Jungvögeln angeboren. Ein in Wales als Nestjunges beringter Schwarzschnabel-Sturmtaucher wurde bereits 16 Tage später vor Südbrasilien aus dem Meer geborgen, etwa drei Tage, nachdem er gestorben war. Dieser Jungvogel hatte also 9600 Kilometer mit einer Geschwindigkeit von 740 Kilometer pro Tag zurückgelegt. Um derart rasch vorwärtszukommen, konnte der Vogel nicht viel Zeit mit Orientierung verschwendet haben, stattdessen musste ihm eine Art angeborener mentaler «Routenkarte» geholfen haben, die genaue Flugrichtung zu finden.

SONDERBARE GESÄNGE

Etwa siebzig Prozent der gesamten Brutpopulation des Schwarzschnabel-Sturmtauchers sind auf drei kleinen Felsinseln konzentriert: Die Insel Rum vor Nordwestschottland beherbergt 100 000 Brutpaare, während 135 000 Brutpaare vor der Westküste von Wales auf den beiden benachbarten Inseln Skomer und Skokholm heimisch sind. Wenn die Sturmtaucher nachts von ihren Fischzügen zu den Kolonien zurückkehren, ertönen vor allem in dunklen Nächten ihre unheimlichen, jammernd-krächzenden Rufe – aus diesem Grund nahmen die Wikinger im 11. Jahrhundert an, die Insel Rum sei von Trollen bewohnt.

Schwarzschnabel-Sturmtaucher beginnen frühestens mit sechs Jahren zu brüten und kehren im März in ihre Brutkolonien zurück. Das Männchen säubert

SCHWARZSCHNABEL-STURMTAUCHER

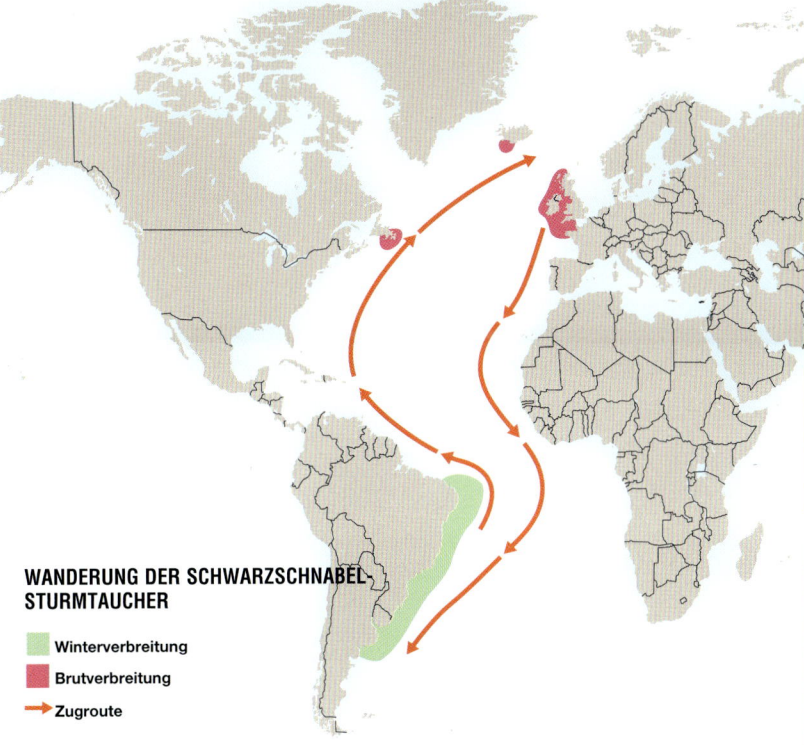

WANDERUNG DER SCHWARZSCHNABEL-STURMTAUCHER

- Winterverbreitung
- Brutverbreitung
- → Zugroute

AUF EINEN BLICK

Wissenschaftl. Name	*Puffinus puffinus*
Wanderroute	rund um den mittleren und nördlichen Atlantik
Länge der Wanderung	8500–13 000 km pro Strecke
Beobachtungsorte	Skomer Island, Wales, Großbritannien
Beobachtungszeiten	Mai–Juni

die Nisthöhle und trifft sich dann mit dem Weibchen, mit dem es lebenslang verpaart ist. (Nur eine Minderheit, meistens Paare, die im Vorjahr nicht erfolgreich gebrütet haben, trennt sich und wählt einen neuen Partner.) Bis Mitte Mai hat das Weibchen ein einzelnes, großes Ei gelegt, das etwa 15 Prozent seines Körpergewichts ausmacht. Die Eier werden sieben bis acht Wochen bebrütet; dabei wechseln sich die Partner ab, während der nicht brütende Partner sich mehrere Tage auf Nahrungssuche begibt. Auch nach dem Schlüpfen wechseln sich die Eltern anfangs ab, doch wenn der Nachwuchs älter ist, fliegen beide Elternvögel täglich auf Fischfang, um den ungeheuren Hunger des Jungvogels zu befriedigen.

FETTE JUNGVÖGEL

Wie bei vielen Seevogelarten legen auch die jungen Schwarzschnabel-Sturmtaucher besonders rasch an Gewicht zu: Bei Erreichen ihres Höchstgewichts sind sie zwanzig Prozent schwerer als die Altvögel. Dank dieser Fettreserven können die Jungvögel unmittelbar nach dem Verlassen der Nisthöhlen im August oder September wegziehen und die Zeit bis zum Erreichen des Wanderziels überbrücken. Sie überstehen die lange Reise ohne Futtersuche während des Zugs – ein großer Vorteil für unerfahrene Jungvögel, die auf der Hochsee, wo Nahrung immer knapp ist, nur schwer genügend Beute fänden.

Die jungen Schwarzschnabel-Sturmtaucher verbringen ihr erstes Lebensjahr auf See, beginnen jedoch vom zweiten Sommer an, ihre Geburtskolonie aufzusuchen. Diese Philopatrie, also die Neigung eines Individuums, zum Geburtsort zurückzukehren, ist sehr stark ausgeprägt. In den 1950er-Jahren wurden junge Schwarzschnabel-Sturmtaucher aus Wales in einem berühmten «Verfrachtungsversuch» mit dem Flugzeug nach Boston, Massachusetts (USA) transportiert, anschließend freigelassen und nachverfolgt. Ein Vogel wurde bereits weniger als 13 Tage später jenseits des Atlantiks im 4900 Kilometer entfernten Skokholm wiedergefangen.

Bei neueren Versuchen mit Gelbschnabel-Sturmtauchern (*Calonectris diomedea*) konnte nachgewiesen werden, dass diese sogar zum Heimatort zurückfinden, wenn Magneten an Kopf und Flügeln angebracht werden, sodass die Wahrnehmung des Erdmagnetfeldes gestört ist. Anscheinend besitzen die Mitglieder der Röhrennasen ein ortsabhängiges Heimfindevermögen, das nicht auf magnetischen Anhaltspunkten beruht.

Gegenüber Sturmtaucher landen auf dem Wasser, um sich auszuruhen und Kontakt zu halten – besonders abends, bevor sie an Land kommen; auf dem Zug gelangen sie jedoch rasch mit nur wenigen Unterbrechungen zum Zielort.

Oben Bei fliegenden Trupps der Schwarzschnabel-Sturmtaucher fällt das Lichtspiel zwischen hell und dunkel auf, da abwechselnd die weiße Unterseite und die dunkle Oberseite zu sehen sind.

GEFAHR DURCH RATTEN

Schwarzschnabel-Sturmtaucher sind an Land eine verlockende Beute für große räuberische Seevögel wie Mantelmöwe (*Larus marinus*) und Skua (*Stercorarius skua*), meiden diese tagaktiven Fressfeinde jedoch, indem sie nachts an Land gehen. Diese Strategie hilft allerdings nicht gegen nachtaktive Säuger, insbesondere eierfressende Ratten, die die Gelege ausrauben. Deshalb florieren Sturmtaucher-Kolonien nur auf unzugänglichen, rattenfreien Inseln.

Oben Sie sind zwar Meister der Lüfte, wirken an Land, wenn sie auf dem Boden aufsetzen, jedoch eher unbeholfen.

Weißstorch

Der Sage nach wurden die Kinder vom «Klapperstorch», dem Weißstorch, gebracht. «Meister Adebar» gilt von alters her in ganz Europa als Fruchtbarkeitssymbol, und die Rückkehr der Störche aus Afrika wird vielerorts besonders gefeiert.

Weißstörche sind in Süd-, Mittel- und Osteuropa im Frühling und Sommer relativ häufig. Oft kann man sie auf ihren breiten Flügeln hoch am Himmel segeln sehen oder auch in Feuchtgebieten und Äckern bei der Jagd beobachten. Mit dem kräftigen roten Schnabel wird die Beute blitzartig aufgespießt. Als Opportunisten profitieren Weißstörche seit Langem von ihrer engen Assoziation mit dem Menschen; die Baumnester wurden weitgehend zugunsten der sicheren und praktischen Nistmöglichkeiten auf Dächern und Türmen aufgegeben. Heute werden die verschiedensten Baukörper wie Kamine, Straßenschilder, Pylone oder Sendemasten als Nistplatz genutzt, doch Kirchtürme gehören immer noch zu den Favoriten.

IN DER NÄHE DES MENSCHEN

In manchen Gegenden Spaniens und Osteuropas gehört fast zu jedem Kirchturm ein Storchenpaar mit Nest, sodass bereits geäußert wurde, die katholische Kirche sei historisch gesehen vielleicht die erfolgreichste Schutzorganisation des Weißstorchs. Die lokale Bevölkerung in diesen Gegenden empfindet große Zuneigung für «ihre» Störche, die pünktlich in der ersten Aprilwoche ankommen und Ende August unverzüglich wegziehen. Da die Störche an ihre geschützten Nistplätze gewöhnt sind, finden die Balzrituale mit ausgiebigem Schnabelklappern wie auch die Jungenaufzucht deutlich sichtbar und sogar mitten in Innenstädten statt.

Früher wurde angenommen, dass Weißstörche lebenslang verpaart blieben und jedes Jahr wieder zum selben Brutstandort zurückkämen; doch durch Beringungsstudien zeigte sich, dass die Treue des Einzelvogels eher dem Niststandort als dem Partner gilt. Aufeinanderfolgende Storchengenerationen von etlichen Männchen und Weibchen nutzen daher das Nest über viele Brutperioden. Alte Nester entwickeln sich so zu riesigen Haufen aus Zweigen und Stöcken, die manchmal ein Gewicht von etwa einer halben Tonne erreichen können.

OST UND WEST

Die meisten Weißstörche überwintern in Afrika südlich der Sahara. Wie andere Störche oder wie Kraniche, Pelikane und die meisten Greifvögel bewältigen sie ihre Reise hauptsächlich im thermischen Segelflug. Mit ihren breiten Flügeln lassen sie sich von der Thermik (Aufwinde) trotz des beträchtlichen Gewichts mühelos in die Höhe tragen. Der thermische Segelflug ist so effizient, dass

Störche sich vor Zugbeginn keine Fettreserve anfressen müssen, denn sie verbrauchen während des Zuges kaum mehr Energie als während ihrer normalen Tagesaktivität. Da sich über dem Wasser jedoch keine starke Thermik entwickeln kann, hat diese Abhängigkeit vom thermischen Segelflug einen Nachteil: Störche können keine weiten Strecken über das Meer fliegen.

Weißstörche beschränken sich auf eine von zwei möglichen Routen zwischen Afrika nach Europa. Die Individuen der westlichen Population ziehen südwärts über Spanien und überqueren das Mittelmeer an der nur 14 Kilometer breiten Straße von Gibraltar. Die Brutvögel der östlichen Population – diese ist zehnmal größer als die Westpopulation – fliegen dagegen südostwärts und überqueren den Bosporus als Grenze zwischen Europa und Asien, wandern dann längs der östlichen Mittelmeerküste und gelangen über Israel und die Sinaihalbinsel nach Afrika. Störche fliegen tagsüber, wenn die Thermik aufgrund der Erwärmung am stärksten ist, und wandern in riesigen Trupps längs dieser schmalen Zugrouten – so wurden in einer Zugwelle am Bosporus über Istanbul 11 000 Weißstörche gezählt. Insgesamt passieren etwa 350 000 Weißstörche auf dem etwa einmonatigen Herbstzug den Bosporus, während ungefähr 35 000 die Straße von Gibraltar überqueren. In Afrika selbst müssen die Störche noch mehrere Tausend Kilometer wandern, bis sie ihre Winterquartiere erreichen; doch die günstige Thermik aufgrund des heißen Klimas sorgt dafür, dass die Vögel rasch vorwärtskommen.

WEISSSTORCH-FORSCHUNG

Seit Mitte der 1990er-Jahre erfolgt die Weißstorch-Forschung mithilfe von sonnenenergiebetriebenen «Platform Transmitter Terminals» (PTTs); diese haben eine wesentlich längere Lebensdauer als batteriebetriebene Geräte. Aufgrund der über Satellitentelemetrie gewonnenen Daten zeigte sich, dass Weißstörche außerhalb der Brutzeit weitgehend nomadisch leben und von einem Jahr zum anderen in unterschiedlichen Teilen von Afrika überwintern können.

Ein Weißstorch-Weibchen mit Langzeit-PTT, das über zehn Jahre nachverfolgt werden konnte, wechselte in dieser Zeitspanne sechsmal zwischen afrikanischem Winter- und deutschem Brutquartier. Zurzeit ist dies die längste Zeitspanne, in der ein Tier mittels Satellitentelemetrie überwacht werden konnte.

Gegenüber Weißstörche ziehen in großen Schwärmen und konzentrieren sich besonders an den «Zugtrichtern» rund ums Mittelmeer. **Einschaltbild links** Vielerorts bringt man auf den Dächern spezielle Nisthilfen für die Störche an.

AUF EINEN BLICK

Wissenschaftl. Name	*Ciconia ciconia*
Wanderroute	von europäischen Brutgebieten zu Winterquartieren in Afrika
Länge der Wanderung	2000–10 500 km pro Strecke
Beobachtungsorte	Bosporus, Türkei
Beobachtungszeiten	Mitte August–Mitte September

WANDERUNG DER WEISSSTÖRCHE
- Brutverbreitung
- Winterverbreitung
- Zugroute im Herbst

POPULATIONSSTUDIEN

Mit etwa 200 Brutpaaren im Jahr 2007 ist die Fischadlerpopulation in Großbritannien global gesehen zwar klein, doch fast jedes Nest wird seit 1954 überwacht. Über 1250 Fischadler wurden am Horst beringt – einige davon zusätzlich mit nummerierten farbigen Flügelmarken versehen, die sich mit dem Fernglas ablesen lassen. Dank dieser Nachweisdaten von beringten Vögeln haben wir mittlerweile eine detaillierte Vorstellung vom Zug der Fischadler durch Frankreich und Spanien nach Westafrika – sogar die unterschiedlichen Wanderungen der Männchen, Weibchen und nicht brütenden Jungvögel lassen sich getrennt verfolgen.

Heute können die in der Satellitentelemetrie eingesetzten Sender stündliche Daten zu Standort, Flugrichtung, Geschwindigkeit und Höhe des Fischadlers übermitteln, und die GPS-Daten sind so genau, dass man sogar den Abschnitt an Meeresküste oder Binnengewässer ermitteln kann, wo der Vogel gerade fischt. Auf Internet-Plattformen zum Fischadlerzug werden die Meldungen der einzelnen besenderten Fischadler ständig aktualisiert, was gleichzeitig als Werbung für den Naturschutz wirkt.

Links Vor dem Zurücksetzen in den Horst werden die Jungvögel gewogen und beringt.

Fischadler

Fischadler sind elegante Flugkünstler, die auf der Jagd nach Fischen größere Gewässerabschnitte mit langsamen Flügelschlägen patrouillieren. Im Gegensatz zu anderen Greifvögeln fliegen Fischadler auch weit übers Meer und ziehen einzeln und zerstreut statt in engen Zugkorridoren.

Taxonomisch steht der Fischadler an der Basis der Greifvögel. Dieser ungewöhnliche Vogel, der fischende Greif schlechthin, hat keine nahen Verwandten und wird daher in eine eigene Gattung gestellt. Er ernährt sich fast ausschließlich von Fischen, die er erbeutet, indem er im Sturzflug aus 10 bis 30 Meter Höhe mit den Fängen zuerst ins Wasser stößt. Die nach hinten drehbare vierte Zehe und die «stachelige» Fußunterseite sind Anpassungen an das Ergreifen der schlüpfrigen, sich windenden Fische; zum Verzehren wird die Beute immer seitlich versetzt gepackt und mit dem Kopf voran auf einen Ansitz transportiert.

AUF EINEN BLICK

Wissenschaftl. Name	*Pandion haliaetus*
Wanderroute	Nördliche Populationen wandern im Winter südwärts.
Länge der Wanderung	4000–10000 km pro Strecke
Beobachtungsorte	Delmarva-Halbinsel, Virginia, USA; Falsterbo-Halbinsel, Schweden
Beobachtungszeiten	September (Delmarva); August–September (Falsterbo)

Gegenüber Ziehende Fischadler legen Zwischenstopps ein, um an fischreichen Gewässern zu jagen. **Rechts** Verpaarte Fischadler kehren jedes Jahr zum selben Nest zurück, wandern aber separat. Je Paar werden bis zu vier Jungvögel aufgezogen.

FLUCHT VOR DER KÄLTE

Fischadler gehören zu den Vögeln mit der weltweit größten Verbreitung, die bis auf die Antarktis auf jedem Kontinent heimisch sind und auch auf vielen Meeresinseln vorkommen. Es gibt sesshafte, nicht ziehende Populationen – beispielsweise in Südflorida oder den Anrainerstaaten des Golfs von Mexiko, ferner in Kalifornien, Teilen des Mittleren Ostens oder Australien. Im Rest des riesigen Verbreitungsgebiets sind Fischadler jedoch gewöhnlich Zugvögel, die hauptsächlich vom kalten Winterwetter zum Abwandern getrieben werden, da sich die Fische dann in tieferes Wasser zurückziehen. Zugefrorene Seen oder Flüsse bedeuten für einen Fischadler den sicheren Tod.

Alle Fischadler, die in Nordamerika nördlich des 30. bis 32. Breitengrades brüten, verlassen ihre Brutgebiete im Herbst und ziehen südwärts nach Kalifornien, ferner an Küsten in der Karibik und der Nordhälfte von Südamerika sowie an Flüsse und Lagunen, die zu Orinoko- und Amazonas-Flusssystem gehören. In Europa liegt die Trennlinie zwischen ziehenden und nicht ziehenden Populationen weiter nördlich, nämlich um den 38. bis 40. Breitengrad. Die nordeuropäischen Fischadler überwintern in Afrika südlich der Sahara, insbesondere an der Atlantikküste in Äquatornähe. Fischadler aus Russland und Japan wandern vorwiegend zu den Küsten Arabiens, des Indischen Subkontinents sowie Südostasiens und bevorzugen Mangrovensümpfe zum Überwintern.

LANGSAME REISE

Fischadler ziehen tagsüber und wandern wesentlich langsamer als die meisten Habichte, Bussarde und Adler von vergleichbarer Größe. Oft rasten sie für mehrere Tage oder Wochen in beliebten Nahrungsgebieten auf dem Weg – anscheinend bevorzugen die verschiedenen Individuen dabei unterschiedliche Rastgebiete, und jeder Vogel sucht möglicherweise jahrelang dieselben Flussmündungen, Seen oder Sumpfgebiete auf. Es gab beispielsweise beringte Fischadler, die jedes Jahr zur Zugzeit in derselben ein- oder zweiwöchigen Zeitspanne sogar zum selben Ansitz zurückkehrten – sehr zur Freude der lokalen Ornithologen!

Auf dem Zug wandern Fischadler einzeln und folgen ihrer eigenen Route – auch darin unterscheiden sie sich von anderen ziehende Greifvögeln, die meistens truppweise wandern. Fischadler zerstreuen sich normalerweise über ein weites Gebiet, wie es für den Breitfrontzug typisch ist. Bei Vogelzählungen werden deshalb wesentlich weniger Fischadler pro Tag beobachtet als andere Greife. Besonders viele Fischadler kann man auf der Delmarva-Halbinsel (auf der Ostseite der Chesapeake-Bay im Küstenbereich von Virginia) sehen; dort werden an guten Tagen im September über hundert Individuen gesichtet. Auch die Falsterbo-Halbinsel in Südschweden ist Ende August und Anfang September ein bewährter Ort für den Fischadlerzug.

WANDERUNG
- Standvogelverbreitung
- Brutverbreitung
- Winterverbreitung
- → Zugroute im Herbst

Die meisten Greifvögel und andere große segelnde Vögel vermeiden es immer, weit über das Meer zu fliegen, da sich die notwendige Thermik und starke Aufwinde über dem Wasser nicht entwickeln. Fischadler sind jedoch kräftige Flieger, die bereitwillig das Meer überqueren: Beim Herbstzug wählen die schottischen und skandinavischen Fischadler häufig den kürzeren Weg über den Golf von Biskaya, um Spanien zu erreichen; einige nordamerikanische Fischadler überqueren den Golf von Mexiko. Es gibt sogar Nachweise von Fischadlern, die bis zu hundert Kilometer vor der US-amerikanischen Atlantikküste gesichtet wurden.

Präriebussard

Präriebussarde ziehen mindestens ebenso weit wie alle anderen nordamerikanischen Greifvögel und verbringen mindestens ein Drittel ihres Lebens auf dem Zug. Jedes Jahr segelt der größte Teil der Population in riesigen Trupps von den Great Plains zu den argentinischen Pampas und zurück.

Der wissenschaftliche Name des Präriebussards erinnert an den englischen Naturforscher William Swainson (1789–1855). Der Präriebussard ist ein schlanker Vogel mit langem Schwanz und langen, spitzen Flügeln, die beim Segeln in charakteristischer, flacher V-Form gehalten werden. Er ist ein typischer Bewohner offener Landschaften, insbesondere von Grasland; die Hauptbrutgebiete befinden sich in den Prärien des westlichen Nordamerikas. Präriebussarde sind nordwärts zwar bis zur Tundra von Alaska und südwärts bis Nordmexiko verbreitet, doch der Schwerpunkt der Art liegt in den Great Plains. Dort sieht man sie von April bis September häufig auf Telefonmasten, Zaunpfählen und abgestorbenen Bäumen sitzen.

Feldstudien und Beringungsdaten sprechen dafür, dass verpaarte Präriebussarde sowohl partner- als auch ortstreu sind: Die Partner kehren im Frühling unabhängig voneinander zum selben Nistplatz zurück, nachdem sie sieben Monate getrennt waren und eine bis zu 29 000 Kilometer lange Wanderung hinter sich haben, und festigen die Paarbindung durch eine auffällige Balz mit schrillen Rufen, Kreisen und Sturzflügen. Die beim Präriebussard festgestellte Geburtsort- und Brutplatztreue ist für einen Langstreckenzieher bemerkenswert.

NAHRUNGSWECHSEL

Während der Brutzeit ernähren sich Präriebussarde von Nagetieren wie Erdhörnchen, Prärieziesel, Mäusen und jungen Kaninchen; anfangs werden diese nur vom Männchen, später von beiden Elternvögeln zum Horst gebracht. Außerhalb der Brutzeit sind Präriebussarde jedoch auf Insektenjagd spezialisiert; sie fressen im Winterquartier in den Grassteppen von Paraguay und Nordargentinien vorwiegend Heuschrecken und wandernde Libellen und streifen weit umher, um Insektenschwärme aufzuspüren.

Der starke Bestandrückgang des Präriebussards in den 1980er- und 1990er-Jahren konnte auf Probleme im Winterquartier zurückgeführt werden: Durch den intensiven Einsatz von Organophosphat-Insektiziden war die Hauptnahrungsquelle der Präriebussarde betroffen, und viele Vögel gingen an Vergiftungen ein. Inzwischen nehmen die Bestände langsam wieder zu – teils aufgrund von Naturschutzmaßnahmen in Argentinien, teils vermutlich auch wegen einer Veränderung des Zugmusters: Einige Präriebussarde überwintern anscheinend in Brasilien nördlich der eigentlichen Pampasgebiete, während ein geringe, eventuell steigende Zahl den Winter mittlerweile in Südflorida, Kalifornien und Zentralamerika

Unten Dieser riesige Präriebussardtrupp wurde während des Herbstzuges auf dem Ancon Hill in Panama aufgenommen.

Oben Ziehende Bussarde fliegen nach Möglichkeit nicht über das offene Meer, daher müssen alle Vögel, die zwischen Nord- und Südamerika hin- und herwandern, die Panamalandenge passieren.

AUF EINEN BLICK

Wissenschaftl. Name	*Buteo swainsoni*
Wanderroute	zieht zum Überwintern vorwiegend nach Argentinien
Länge der Wanderung	6000–14 000 km pro Strecke
Beobachtungsorte	Hazel Bazemore County Park, Corpus Christi, Texas; Ancon Hill, Panama City, Panama
Beobachtungszeiten	Ende September–Oktober (Texas); Oktober–Anfang November (Panama)

WANDERUNG DER PRÄRIEBUSSARDE
- Brutverbreitung
- Hauptwinterverbreitung
- zweitrangige Winterverbreitung
- Standvogel
- ↔ Zugroute

verbringt. Es ist allerdings nicht klar, ob diese Verhaltensänderung direkt mit der Intensivierung der Landwirtschaft in der Pampa zusammenhängt oder auf andere Ursachen wie den Klimawandel zurückgeht.

THERMISCHES SEGELN

Präriebussarde befinden sich vier Monate im Jahr auf Wanderschaft und sind in dieser Zeit sehr gesellig. Die großen Trupps wirken aus der Ferne manchmal fast wie Insektenschwärme und lassen sich besonders an den klassischen Beobachtungsstellen für Bussarde wie Hazel Bazemore County Park in Texas gut verfolgen. Die gesamte südamerikanische Winterpopulation des Präriebussards zieht zweimal im Jahr (März–April und Oktober–November) über Ancon Hill bei Panama City.

Zu diesen massenhaften Zugbewegungen kommt es, wenn sich während einer warmen Schönwetterperiode eine günstige Thermik entwickelt, die thermisches Segeln mit geringstem Kraftaufwand ermöglicht. In Panama können die Bussardschwärme lange Wolkenbänder nutzen, die von der aufsteigenden Luft an der Kordillere gebildet werden, und mit wenigen Flügelschlägen kilometerweit dahingleiten. Durch Segel- oder Gleitflug lassen sich im Vergleich zum Schlagflug unter Umständen 95 bis 97 Prozent an Energie einsparen. Diese Einsparung ist wichtig, da die Präriebussarde auf dem Weg nach Argentinien bis zu sechzig Tage fasten. (Es gibt nur wenige Nachweise für eine Nahrungsaufnahme auf dem Zug, und an den gemeinsamen Rastplätzen ließen sich keine Kotflecken nachweisen.) Allein die Tatsache, dass die Vögel im Winterquartier ankommen, ohne einmal zu fressen, beweist, dass die lange Reise mit geringen energetischen Kosten verbunden ist.

ZUGTRICHTER

Jedes Jahr im Herbst wandert eine halbe Million Greifvögel durch den zentralamerikanischen Zugkorridor, der von Südmexiko bis Panama reicht. Da sich diese Landbrücke im Süden extrem verengt, konzentrieren sich die Greifvögel dort in noch größerer Zahl. Die Landbrücke ist am Isthmus von Panama am schmalsten – im Bereich des Panamakanals sogar nur fünfzig Kilometer breit! Die vier dominierenden Greifvogelarten auf dem Zug sind hier (nach Häufigkeit): Breitflügelbussard *(Buteo platypterus)*, Truthahngeier *(Cathartes aura)*, Präriebussard und Mississippiweih *(Ictinia mississippiensis)*. In geringerer Zahl kommen weitere 24 nordamerikanische Greifvogelarten vor. Ein spektakulärer Greifvogelzug lässt sich ebenfalls am Whitefish Point in Michigan (USA), einer schmalen Halbinsel zwischen Oberem See, Michigansee und Huronsee, beobachten oder an der Straße von Gibraltar, der Pforte zum Mittelmeer, wie auch am Bosporus, der den europäischen vom asiatischen Teil der Türkei trennt.

Oben Nach jahrelangem Rückgang nimmt der Präriebussard in den nordamerikanischen Präriegebieten wieder zu. Die Vögel sitzen oft auf künstlichen Ansitzwarten, beispielsweise Zäunen, die ihnen ideale Jagdmöglichkeiten bieten.

Land aus Feuer und Wasser

Jeden Sommer treffen heftige Tropenstürme auf Nordaustralien und führen dort zu Sintfluten, die das Land kilometerweit in Lagunen und Sümpfe verwandeln. Abertausende von Zugvögeln versammeln sich in diesen Feuchtgebieten, um dort nach Futter zu suchen und zu brüten.

Auf den großen Landmassen der Erde brennt es nirgendwo so oft wie in Australien, wo die Vegetation durch extreme Buschfeuer geprägt ist. Der Nordteil des Kontinents liegt jedoch in einer Tiefdruckrinne, der sogenannten Innertropischen Konvergenzzone (ITC), die durch vier Monate dauernde Monsunregen geprägt ist. Von Dezember bis April wird die australische Nordküste wiederholt von Stürmen heimgesucht, die dazu führen, dass sich Trockentäler wieder mit Flüssen füllen, die über die Ufer treten. Waldgebiete werden überschwemmt, Bäume schlagen aus und blühen, und tieferliegende Überschwemmungsgebiete werden zu Binnenseen, die mit Seerosen, Lotosblumen und Wildreis bewachsen sind.

Zu diesem Zeitpunkt finden sich Vögel in großer Zahl ein. Die besten Plätze zum Beobachten des Vogelzugs sind beispielsweise die Küstengebiete des Northern Territory. Im Herzen dieser Wildnis befindet sich der Kakadu-Nationalpark (etwa 250 km östlich der Stadt Darwin). Die blühenden *Melaleuca*-Haine (Myrtenheide) ziehen nomadische Trupps von Nektarfressern an, wie den Australischen Blauwangenallfarblori *(Trichoglossus rubritorquis)*. Zahlenmäßig sind jedoch die Wasservögel unter den Zugvögeln am häufigsten: Mehrere Dutzend Arten wie Spaltfußgans *(Anseranas semipalmata)*, Schwarzschwan *(Cygnus atratus)*, Wanderpfeifgans *(Dendrocygna arcuata)* und Brillenpelikan *(Pelecanus conspicillatus)* kommen in den üppig grünen Feuchtgebieten des Parks zusammen. Manche stammen aus der Umgebung, andere haben weite Transkontinentalflüge hinter sich. Gäste von der Nordhalbkugel stoßen dazu, wie Strandläufer und Brachvögel, die in der arktischen Tundra brüten. Mit einer 14 500 Kilometer langen Reise sind Pfuhlschnepfen *(Limosa lapponica)*, die auf den Mooren Alaskas brüten, die Champions unter den Langstreckenziehern.

Links Tiefer gelegene Bereiche des Kakadu-Nationalparks werden durch die Regenfälle zum riesigen Feuchtgebiet, das unzählige wandernde Wasservögel anzieht.

Unten links Spaltfußgänse fressen Wildreis und andere Wasserpflanzen; wie die meisten anderen Regenzeitgäste beginnen sie sofort mit der Jungenaufzucht, bevor die Überschwemmungen zurückgehen.

Unten Im Norden Australiens entlädt sich der Nordaustralische Monsun mit voller Kraft; dort treten die höchsten Niederschlagsmengen auf – im Süden der Region etwa 800 Millimeter in Jahresdurchschnitt, im Norden 1200 Millimeter. Im Zentrum des Kontinents liegt eine Trockenwüste.

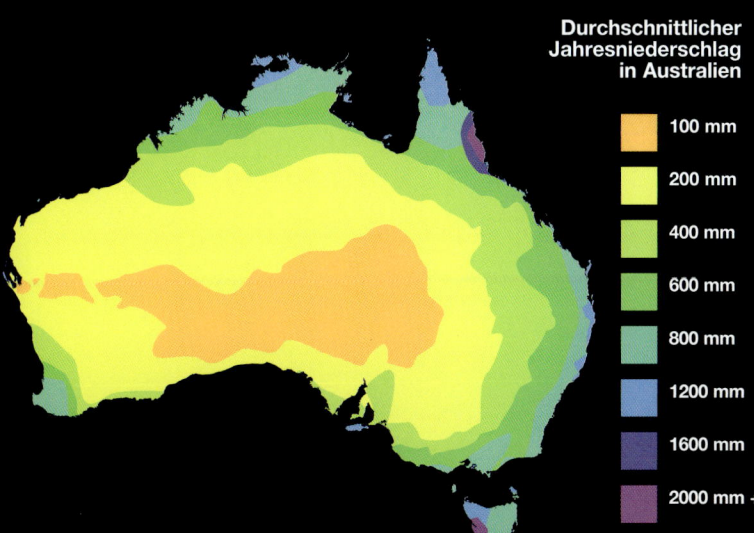

Durchschnittlicher Jahresniederschlag in Australien

- 100 mm
- 200 mm
- 400 mm
- 600 mm
- 800 mm
- 1200 mm
- 1600 mm
- 2000 mm +

Schreikranich

Schreikraniche wurden in Nordamerika durch Jagd und Habitatverlust fast ausgerottet und sind auch heute noch stark gefährdet. Die Schutzmaßnahmen für diese Art sind ein gutes Beispiel, wie schwierig es ist, Langstreckenzieher zu erhalten, da sie auf sämtlichen Abschnitten der Wanderung Schutz benötigen.

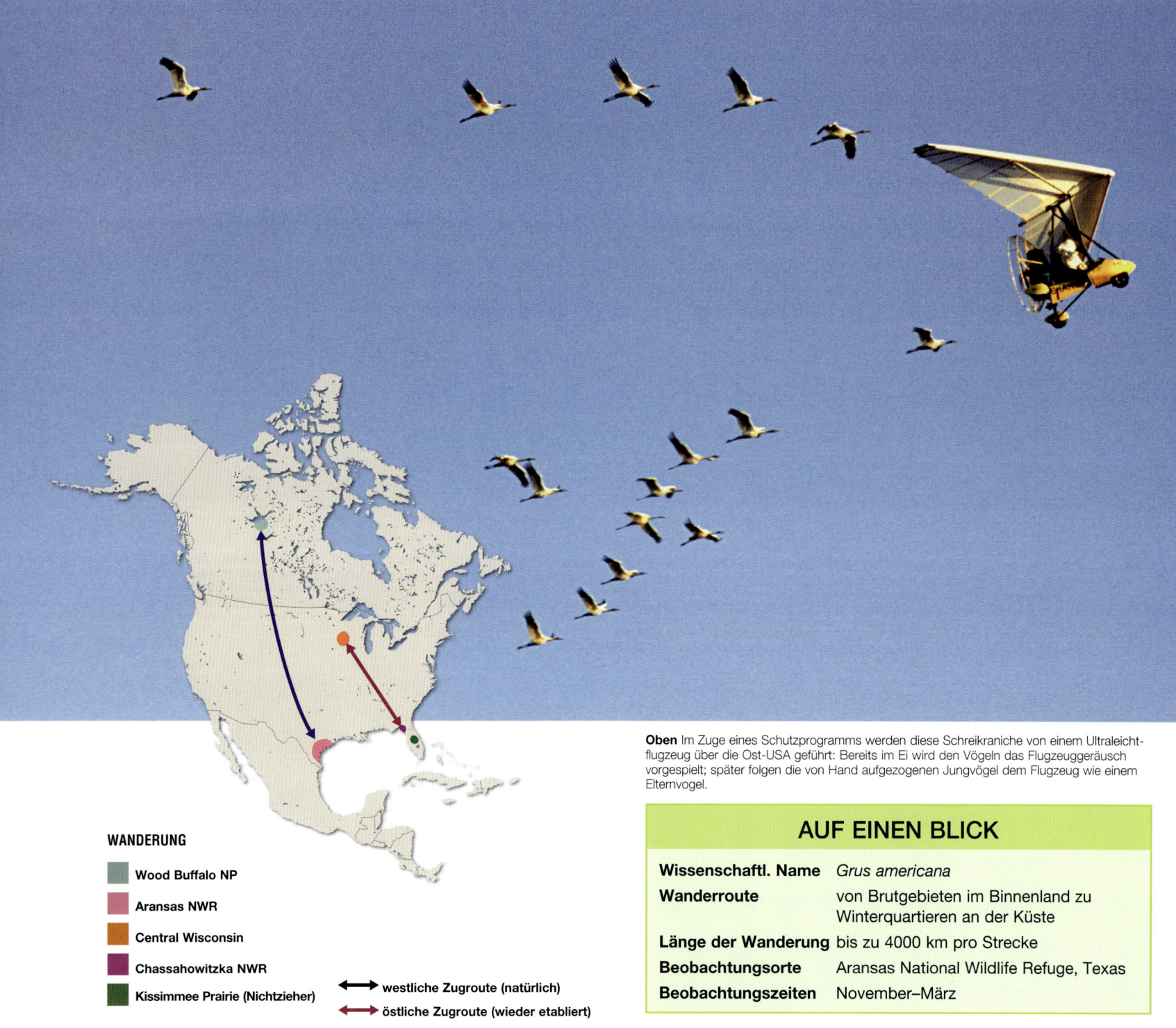

Oben Im Zuge eines Schutzprogramms werden diese Schreikraniche von einem Ultraleichtflugzeug über die Ost-USA geführt: Bereits im Ei wird den Vögeln das Flugzeuggeräusch vorgespielt; später folgen die von Hand aufgezogenen Jungvögel dem Flugzeug wie einem Elternvogel.

WANDERUNG
- Wood Buffalo NP
- Aransas NWR
- Central Wisconsin
- Chassahowitzka NWR
- Kissimmee Prairie (Nichtzieher)
- ← westliche Zugroute (natürlich)
- ← östliche Zugroute (wieder etabliert)

AUF EINEN BLICK

Wissenschaftl. Name	*Grus americana*
Wanderroute	von Brutgebieten im Binnenland zu Winterquartieren an der Küste
Länge der Wanderung	bis zu 4000 km pro Strecke
Beobachtungsorte	Aransas National Wildlife Refuge, Texas
Beobachtungszeiten	November–März

Schreikraniche sind eine alte Art – ihre Fossilfunde lassen sich über mehrere Millionen Jahre zurückverfolgen. Mit etwa 1,5 Meter Standhöhe sind sie die größte, leider aber auch die drittseltenste in Nordamerika heimische Vogelart. Diese majestätischen schneeweißen Vögel sind ein tragisches Symbol für die Umweltschäden, die der amerikanischen Naturlandschaft im Lauf der letzten 200 Jahre zugefügt wurden.

Schreikraniche, deren Artname an die weit schallenden, trompetenden Paarungsrufe erinnert, waren früher in den kanadischen Provinzen Alberta, Saskatchewan und Manitoba, im Mittleren Westen und an der Atlantikküste der USA relativ häufig. Als man im 19. Jahrhundert die sumpfigen Brut- und Nahrungsgebiete trockenlegte und in Agrarland umwandelte, nahm die Population jedoch rasant ab; gleichzeitig wurden die Vögel hemmungslos bejagt und zudem als Trophäen ausgestopft. Im Jahr 1941 waren nur mehr 15 Individuen übrig – alle heute lebenden Schreikraniche stammen von dieser winzigen Gruppe ab.

DIE LETZTEN ÜBERLEBENDEN

Die wenigen in den 1940er-Jahren noch lebenden Schreikraniche waren der Rest einer wesentlich größeren Zugvogelpopulation, die über den ganzen nordamerikanischen Kontinent verbreitet war. Lange Zeit war der genaue Brutplatz der Restpopulation unbekannt, schließlich entdeckte man ihn 1954 in einer abgelegenen fluss- und moorreichen Region im Wood Buffalo Nationalpark (Alberta und Nordwest-Territorien von Kanada). Man wusste bereits, dass diese Restpopulation in den Salzmarschen in der Küstenebene von Südwest-Texas überwinterte. Seither hat man aus Felduntersuchungen, Beringungsdaten und (seit Neuerem) durch Satellitentelemetrie zahlreiche Informationen über den Zug der Schreikraniche gewinnen können.

Besonders erstaunlich ist die Zuverlässigkeit der Wanderbewegungen beim Schreikranich. Die Vögel besitzen offensichtlich ein sehr gutes Orientierungsvermögen und folgen einem genau festgelegten, schmalen Zugweg, der von Jahr zu Jahr kaum variiert. Sie bewältigen diese Wanderung in Etappen von jeweils 300 bis 500 Kilometer und ziehen tagsüber – entweder als Paar oder Familientrupp, gelegentlich auch zusammen mit Kanadakranichen (Grus canadensis).

EINE ZUGVOGELART WIRD WIEDERERWECKT

Die Anzahl der Schreikraniche, die von Kanada nach Texas und zurück ziehen, hat dank konzentrierter Bemühungen in den letzten fünfzig Jahren wieder deutlich zugenommen. Der ansehnliche Trupp lässt sich am besten im Aransas National Wildlife Refuge in Südtexas beobachten; im Winter 2007/2008 hielten sich dort insgesamt 266 Schreikraniche auf. Alle Versuche, auch anderenorts neue Schreikranich-Populationen zu etablieren, die eine Absicherung gegen Krankheiten und andere Katastrophen wären, hatten bisher jedoch nur begrenzten Erfolg.

In den 1970er- und 1980er-Jahren setzte man Schreikranich-Eier aus Wood Buffalo Nationalpark in Kanadakranich-Nester in Idaho um. Man hoffte, dass die Kanadakraniche den jungen Schreikranichen beibringen würden, den traditionellen Zugwegen der Kanadakraniche zum Winterquartier im Bosque del Apache National Wildlife Refuge (beim Rio Grande in New Mexico) zu folgen. Die Schreikraniche waren allerdings auf ihre «Adoptiveltern», nämlich die Kanadakraniche, geprägt und konnten keine normale Paarbindung mit anderen Schreikranichen eingehen. Nur wenige «Adoptiv-Schreikraniche» überlebten, und das Projekt musste aufgegeben werden.

Nach diesem Rückschlag startete man ein neues Programm, um handaufgezogene Schreikraniche wieder auszuwildern. In den 1990er-Jahren wurden Schreikraniche in Kissimmee Prairie (Florida) freigelassen, sodass dort 2006 bereits eine kleine Population von 54 Vögeln etabliert war. Dieser Florida-Trupp ist genau wie eine frühere Standvogelpopulation aus den Louisiana-Sümpfen ganzjährig anwesend. Im Jahr 1999 wurde von Regierung und NGOs jedoch ein ehrgeiziges Projekt mit dem Ziel beschlossen, in den östlichen USA, wo die Art seit dem 19. Jahrhundert ausgestorben war, wieder eine Schreikranich-Zugvogelpopulation aufzubauen.

Es ist wirklich eine Herausforderung, mit handaufgezogenen Jungvögeln eine Zugroute wiederaufleben zu lassen, die völlig in Vergessenheit geraten ist. Denn die Handaufzuchten besitzen keinerlei Kenntnis von der überlieferten «historischen» Route. Die Lösung lag in Jungvögeln, die auf Ultraleichtflugzeuge geprägt wurden, und diesen «Elternvögeln» über einen sicheren Zugweg und die «richtigen» Rastplätze zum Winterquartier folgten. Nachdem die erste Reise nach

TRADITIONELLE RASTPLÄTZE

Generationen von Schreikranichen haben auf dem Zug dieselben Rastplätze aufgesucht. Die Vögel brechen Ende September oder Anfang Oktober in Wood Buffalo Nationalpark auf und erreichen bereits nach wenigen Tagen das erste Rastgebiet im Weizengürtel von Süd-Saskatchewan. Dort erholen und regenerieren sie sich mehrere Tage oder Wochen, um ihre Energiereserven aufzubauen. Meistens fliegen sie Ende Oktober weiter und ziehen südwärts über die Great Plains zum zweiten wichtigen Rastgebiet im mittleren Bereich des Platte River in Nebraska. Von dort wandern die Vögel zur texanischen Küste, wo sie meistens Mitte Dezember ankommen.

Oben Schreikraniche unterscheiden sich durch ihre Größe und das weiße Gefieder vom Kanadakranich.

Süden bewältigt wurde, können die Schreikraniche die Rückreise und alle weiteren Zugbewegungen ohne Hilfe bewerkstelligen. Bereits im Winter 2007/2008 zogen 76 Schreikraniche jährlich zwischen Wisconsin und Florida hin und her. Die Trupps der erstjährigen Schreikraniche, die in «Tuchfühlung» mit Eltern-Ultraleichtflugzeugen fliegen, sind zu einem der merkwürdigsten Schauspiele im nordamerikanischen Luftraum geworden!

Knutt

Knutts verbringen sieben Monate pro Jahr auf Wanderschaft. Sie brüten auf dem Festland im höchsten Norden und halten sich anschließend an Flussmündungen und Küstenlagunen auf, die viele Tausend Kilometer weiter südlich liegen.

ZEIT DES ÜBERFLUSSES

Knuttschwärme, die im Frühling an der Ostküste der USA nordwärts ziehen, gelangen zur Delaware Bay (New Jersey), wo sie Ende Mai auf Millionen von Pfeilschwanzkrebsen treffen, die zum Laichen an Land kommen. Ein paar Wochen tummeln sich auf allen Stränden unzählige Knutts, die Sand und Watt hektisch nach den nahrhaften Krebseiern absuchen. Während dieser «Mastzeit» legen die Vögel mehr als die Hälfte ihres Körpergewichts zu – genug, um die letzte Zugetappe bis zur kanadischen Arktis zu überstehen. Ende der 1980er-Jahre wurden in Delaware Bay bis zu 95 000 Knutts gezählt, doch nachdem man die Pfeilschwanzkrebse im folgenden Jahrzehnt überfischt und damit die Nahrungsgrundlage der Knutts gefährdet hatte, gingen die Zahlen sehr stark zurück. Im Jahr 2005 setzten die Anrainerstaaten ein Moratorium in Kraft, um den Pfeilschwanzkrebsfang zu begrenzen, damit sich die Bestände regenerieren konnten.

Oben Nach der Eiablage der Pfeilschwanzkrebse finden wandernde Seevögel an den Küsten ein eiweißreiches Menu vor.

Jeden Sommer kommt es im Tundragürtel der Hocharktis zu einer Explosion des Insektenlebens. Dies bietet den Langstreckenziehern eine auf Juni und Juli begrenzte Gelegenheit, rund um die Uhr nach Nahrung zu suchen und die Jungvögel viel rascher aufzuziehen, denn dann liegt diese Wildnis aus flachen Tümpeln, Sümpfen und Mooren im ständigen Mittsommerlicht. Zudem gibt es im Hohen Norden keinen Mangel an Nistplätzen und weniger Fressfeinde.

Viele Watvögel wandern in die Tundra, um ihren Nachwuchs aufzuziehen, doch der Knutt, ein mittelgroßer Strandläufer, ist eine der nördlichsten Brutvogelarten. Er nistet vorwiegend auf Inseln und Halbinseln im Hohen Norden zwischen der 1- und 5-Grad-Isotherme. Unmittelbar nach der Eisschmelze legt

Unten Unzählige Knutts im Winterkleid warten bei Hochflut, bis sie wieder im Watt nach Futter suchen können.

AUF EINEN BLICK

Wissenschaftl. Name	*Calidris canutus*
Wanderroute	von den arktischen Brutgebieten zu temperaten und tropischen Winterquartieren
Länge der Wanderung	2500–16 000 km pro Strecke
Beobachtungsorte	Delaware Bay, New Jersey, USA; Morecambe Bay, England
Beobachtungszeiten	Ende Mai (Delaware Bay); November–Februar (Morecambe Bay)

Oben Der Knutt weist die typischen Watvogelmerkmale auf: langer Schnabel, lange Beine und lange Zehen. Dieses Exemplar zeigt sich im farbenfrohen Brutkleid.

WANDERUNG
- Brutverbreitung
- Winterverbreitung
- ⟷ Zugroute

das Weibchen seine drei bis vier Eier in eine Bodenmulde. Die Jungvögel sind bereits 39 bis 42 Tage später völlig selbstständig; daher können Knutts das Brutgebiet oft innerhalb von zwei Monaten wieder verlassen.

WELTENBUMMLER

Da Knutts so weit nördlich brüten, könnte man erwarten, dass sie zum Überwintern zur nächstgelegenen eisfreien Fläche ziehen. Tatsächlich wandern sie über extreme Entfernungen – manchmal bis zur anderen Seite des Erdballs. Viele Knutts überwintern weit südlich des Äquators und fliegen bis zur Küste von Argentinien, Südafrika, Australien oder Neuseeland; die übrigen verbringen den Winter in der Karibik, in Nordwesteuropa und Westafrika. Indem diese Art sich über die gemäßigten (temperaten) und tropischen Regionen der Erde verteilt, kann sie ein größeres Spektrum an Nahrungsplätzen nutzen und damit die Nahrungskonkurrenz verringern.

Wie andere Watvögel senkt auch der Knutt die energetische Kosten seiner weiten Wanderungen auf vielfältige Art. Erstens wandern die Vögel in kompakten Schwärmen – die Ergebnisse einer Radiotelemetrie-Studie zeigten, dass die Vögel ihre Reisegeschwindigkeit dadurch im Vergleich zu einzeln ziehenden Vögeln um 5 km/h steigern konnten. Zweitens nutzen Knutts den Rückenwind: So sind schon Vögel in 5000 Meter Höhe nachgewiesen worden, wo sie dank kräftiger Winde ihre Reisegeschwindigkeit problemlos verdoppeln konnten. Schließlich teilen Knutts die Reise in Etappen auf und bewältigen diese mit zwei oder drei Nonstop-Flügen. Dazwischen liegen Rastzeiten in besonders nahrungsreichen «Auftankgebieten», beispielsweise geschützten Flussmündungen. Diese traditionellen Rastplätze sind für die Knutts sehr wichtig; ihre Lage hat sich im Lauf der Jahrtausende daher auf die Zugwege der Art ausgewirkt.

RASTGEBIETE IM GEZEITENBEREICH

In den Brutgebieten der Tundra ist die Bestandsdichte des Knutts zwar nur gering, doch im Winterquartier und an den Rastplätzen ist das Gegenteil der Fall: Dort kommen unzählige Knutts zusammen, um im Gezeitenbereich nach den kleinen Krebstieren und Weichtieren zu suchen, die ihre Nahrungsgrundlage bilden. So versammeln sich jeden Winter etwa 350 000 Knutts auf der Banc d'Arguin, einer Sandbank vor der mauretanischen Küste, sowie weitere 100 000 im Wattenmeer vor der niederländischen und deutschen Küste und insgesamt etwa 300 000 in den verschiedenen englischen Flussmündungen.

Die Vögel suchen ihre Nahrung am Spülsaum, daher müssen sie sich bei auflaufender Flut auf höherem Gelände so dicht zusammendrängen, dass sie fast aufeinander landen. Diese Massenansammlungen bleiben ein paar Stunden bestehen, bis die Hochflut vorbei ist – von Zeit zu Zeit fliegen die Knutts jedoch plötzlich auf und kreisen einige Runden. Immer dann ist die Luft mit Abertausenden von Vögeln erfüllt, die wie ein einziger wendiger Organismus manövrieren.

Pfuhlschnepfe

Von allen Land- oder Watvögeln unternehmen Pfuhlschnepfen die längsten Nonstop-Flüge. Die Vögel der Alaska-Unterart überqueren den Pazifischen Ozean bis nach Australien und Neuseeland und setzen auf dieser schier endlosen, 200 Stunden währenden Reise sämtliche verfügbaren Energiereserven in Flugenergie um.

Die Pfuhlschnepfe ist ein eleganter Watvogel mit langem, leicht aufwärts gebogenem Schnabel und prächtigem rotbraunem Brutkleid. Sie ähnelt im Erscheinungsbild der Uferschnepfe *(Limosa limosa)*, die auch ein Langstreckenzieher ist. Bei ihren Transkontinentalreisen stellt die Pfuhlschnepfe zwischen küstennahen Winterquartieren und Brutplätzen im hohen Norden jedoch die absoluten Rekorde auf.

VIER UNTERARTEN

Pfuhlschnepfen verbringen den Sommer in den eintönigen Tundragebieten, Sümpfen und Mooren, die die Nordhalbkugel circumpolar umgeben und im Sommer von der langen Tageslichtdauer profitieren. Die Pfuhlschnepfen brüten nicht im gesamten Tundragürtel, sondern verteilen sich auf vier bestimmte Regionen: norwegisch Lappland und das Gebiet ums Weiße Meer in Russland, das nördliche Mittelsibirien (dort besonders auf und rund um die Taimyrhalbinsel), ferner Nordostsibirien und schließlich Westalaska. Da sich die Pfuhl-

Unten Pfuhlschnepfen und Uferschnepfen sind auf Geschwindigkeit und Ausdauerflug ausgelegt – sie können ohne Unterbrechung über eine Woche fliegen. Trotzdem darf bei einer derart langen Seereise nichts schiefgehen.

AUF EINEN BLICK

Wissenschaftl. Name	*Limosa lapponica*
Wanderroute	von den arktischen Brutgebieten zu temperaten und tropischen Winterquartieren
Länge der Wanderung	2000–14 500 km pro Strecke
Beobachtungsorte	Themsemündung, GB; Nordinsel, Neuseeland; Banc d'Arguin, Mauretanien
Beobachtungszeiten	Oktober–Februar

Oben Pfuhlschnepfen brüten in der Tundra – der Nahrungsüberfluss im Sommer macht die schwierigen Lebensbedingungen in dieser rauen Umgebung wett.

WANDERUNG DER PFUHLSCHNEPFEN
- Brutverbreitung
- Winterverbreitung
- Zugroute

NEUES DURCH SATELLITENTELEMETRIE

Dank einer neuen Generation leichter Satellitensender mit besonders langlebigen Batterien besitzen wir inzwischen erstaunliche Daten über die Zugleistungen der Pfuhlschnepfen – die bisher bekannten, von Vögeln gehaltenen Entfernungsrekorde wurden dabei deutlich überboten. Am 17. März 2007 startete ein Pfuhlschnepfenweibchen (Bezeichnung «E7») von Neuseeland und erreichte nach einem Nonstop-Flug 7 Tage und 13 Stunden später den 10 219 km entfernten Yalu Jiang in China, einen Fluss an der Grenze zu Nordkorea. E7 rastete dort fünf Wochen, um Gewicht zuzulegen, und zog am 1. Mai weiter, um nach 6459 km am 5. Mai in Alaska zu landen. Das endgültige Ziel lag noch tiefer in Alaska, dort kam sie am 15. Mai an. Ende August desselben Jahres stellte E7 einen neuen Rekord auf, indem sie nonstop mindestens 11 570 km von Alaska nach Neuseeland flog – dafür benötigte sie 8 Tage und 12 Stunden.

schnepfen dieser vier Regionen in ihrer Größe und den jeweiligen Winterquartieren unterscheiden, werden sie als vier separate Unterarten angesehen.

Auch im Zugverhalten sind die vier Unterarten keineswegs gleich. Die skandinavischen Pfuhlschnepfen (*Limosa lapponica lapponica*) wandern zu den westlichen Küsten von Europa und Afrika; die meisten Brutvögel aus Mittelsibirien (*L. l. taymyrensis*) ziehen in den mittleren Osten und nach Südwestasien, während die ostsibirischen Pfuhlschnepfen (*L. l. menzbieri*) vorwiegend in Südostasien beziehungsweise die Brutvögel aus Alaska (*L. l. baueri*) in China, Australien und Neuseeland überwintern. Der letztgenannte Zugweg ist nicht nur fünfmal so lang wie der erstgenannte, sondern führt auch fast ausschließlich über das Meer – die Zugvögel können also unterwegs weder rasten noch Futter suchen. Es ist daher nicht erstaunlich, dass die Pfuhlschnepfen der Alaska-Unterart größer und schwerer sind als die Vögel der skandinavischen Unterart.

ÜBERLEBEN AUF DER WANDERUNG

Der Nonstop-Flug ist für alle Vögel enorm anstrengend; dabei hängt die maximale Reichweite davon ab, in welchem Verhältnis durchschnittliche Fluggeschwindigkeit und maximale, vom Vogel noch tragbare «Treibstoffmenge» (in Form von Fett) zueinander stehen. Pfuhlschnepfen sind in dieser Hinsicht optimal angepasst, da sie sehr schnell – mit gleichmäßigen Geschwindigkeiten von 55 bis 70 km/h – fliegen und gleichzeitig einen großen Energievorrat mitführen können. Diese hervorragende Flugleistung wird dadurch optimiert, dass Pfuhlschnepfen bei Rückenwind und in großer Höhe ziehen, sodass die Flugzeit bis auf die Hälfte vermindert wird.

Für einen Langstrecken-Nonstop-Flug ist sorgfältige Vorbereitung essenziell; wie bei einem trainierenden Marathonläufer benötigt diese Vorbereitung viel Zeit. Nach der Brut besitzt eine Pfuhlschnepfe noch nicht ausreichend Kondition, um direkt vom Nistplatz zum Winterquartier zu ziehen. Stattdessen wandern die Pfuhlschnepfen zu Wattflächen, die reich an Wirbellosen sind, um dort zu mausern und das optimale Zuggewicht zu erreichen. Ein Großteil der Alaska-Unterart zieht beispielsweise durch das Yukon-Kuskokwim-Delta in Westalaska, eines der größten Flussdeltas der Welt. Dort suchen die Vögel eifrig nach Nahrung, um ihre Schwungfedern zu ersetzen und Fettdepots anzulegen. Unmittelbar vor Abflug werden Herz- und Flugmuskulatur stark vergrößert, während sich Verdauungstrakt, Leber und Nieren – Organe, die während des Fluges kaum genutzt werden – entsprechend zurückbilden. Die Pfuhlschnepfe verzichtet also auf nicht überlebenswichtige Teile der Organsysteme, um sie in andere Gewebe umzuwandeln.

Jedes Jahr ziehen 70 000 bis 100 000 Pfuhlschnepfen aus Alaska nach Australasien; dazu gehören Altvögel wie auch gerade flügge Jungvögel. Die weite Seereise ist eine ungeheure Leistung für einen erfahrenen Altvogel – umso mehr für einen Jungvogel, der erst zwei Monte vorher geschlüpft ist! Ein Teil der Jungvögel fliegt im Trupp mit den Altvögeln südwärts, doch andere gelangen ohne diese Hilfe zum Ziel. Der jährliche Rundflug umfasst eine Gesamtflugzeit von bis zu 500 Stunden, wenn man alle Etappen berücksichtigt; das heißt, dass diese Vögel möglicherweise über 15 Prozent ihres Lebens auf dem Zug verbringen.

Küstenseeschwalbe

Auf ihren sagenhaften Wanderungen zwischen den nördlichen Breiten und dem Rand des antarktischen Packeises umrunden Küstenseeschwalben den gesamten Globus. Einige erleben in einem Jahr zwei Polarsommer und mehr Tageslicht als alle anderen Lebewesen auf dieser Erde.

Wie es sich für echte Weltenbummler gehört, sind Küstenseeschwalben die einzigen Vögel, die regelmäßig auf allen sieben Erdteilen vorkommen – der Kuhreiher *(Bubulcus ibis)* nistet zwar auf sechs Kontinenten und wurde auf den subantarktischen Inseln gesichtet, doch hierbei handelte es sich um Irrgäste weit außerhalb ihres natürlichen Verbreitungsgebiets. Küstenseeschwalben brüten rund um den gesamten Nordpolarkreis von Alaska über Kanada und Grönland, Island, Nordwesteuropa, Spitzbergen bis zur Nordküste von Sibirien. Von Ende Juli an (Zughöhepunkt im August) verlassen sie ihre Brutkolonien auf dem Weg nach Süden; dabei ziehen sie entweder über den Atlantik oder Pazifik zur Eisküste der Antarktis.

DREI MUSTER

Küstenseeschwalben folgen auf ihrer Wanderung nach Süden einer von drei Hauptzugrouten. Die Brutvögel aus Ostkanada und Grönland fliegen zuerst südostwärts über den Atlantik und vereinen sich mit den aus Sibirien und Europa nach Süden ziehenden Vögeln. Die Reise führt weiter südwärts entlang der westafrikanischen Küste – dabei folgen die meisten Vögel bis zum Kap der Guten Hoffnung der Küstenlinie, bevor sie über das Südpolarmeer zur Antarktis fliegen. Einige Küstensee-

Unten In antarktischen Gewässern dienen Meereisblöcke als praktischer Ansitz für die Seeschwalben.

WANDERUNG DER KÜSTENSEESCHWALBEN
- Brutverbreitung
- Winterverbreitung
- Zugroute
- mögliche Zugroute im Frühjahr

AUF EINEN BLICK

Wissenschaftl. Name	*Sterna paradisaea*
Wanderroute	rund um die Welt von Pol zu Pol
Länge der Wanderung	15 250–20 000 km pro Strecke
Beobachtungsorte	Küsten von Alaska, Kanada und Nordeuropa
Beobachtungszeiten	Mai–Juli

HOHER TACHOSTAND

Küstenseeschwalben, die im hohen Norden brüten, legen pro Jahr schätzungsweise etwa 40 000 km auf ihrem Rundflug («Schleifenzug») zurück – manche bringen es vielleicht sogar auf 50 000 km. Die älteste bekannte Küstenseeschwalbe – sie brütete in den Nordost-USA und trug die Ringnummer 35.325864 – war 34 Jahre alt; daraus folgert, dass ein vergleichbar alter Brutvogel, der in der Hocharktis nistet, theoretisch bis zu 1,6 Millionen km zurückgelegt haben könnte.

SONNENSUCHER

Mehrfach wurde festgestellt, dass Küstenseeschwalben, selbst wenn sie wollten, kaum in der Lage wären weiterzuziehen. Die Wanderung von Pol zu Pol ist zwar energetisch sehr kostspielig, diesen Aufwand jedoch wert, da die Vögel auf diese Weise innerhalb eines Kalenderjahres in den Genuss von zwei langen Sommern kommen. Die Tageslichtdauer im Brutgebiet liegt je nach Breitengrad im Sommer bei durchschnittlich 18 bis 24 Stunden. Küstenseeschwalben schaffen es so, sich innerhalb von etwas mehr als zwei Monaten zu verpaaren, die Brutreviere zu etablieren und zu verteidigen, die Jungen aufzuziehen und sich wieder auf Wanderschaft zu begeben. Jung- und Altvögel ziehen gemeinsam nach Süden.

Oben Dieser Altvogel greift mit lautem Geschrei einen Eindringling ins Brutrevier an.

schwalben wählen jedoch auf der Höhe von Westafrika eine westlichere Route über den Atlantik, bis sie in brasilianische Gewässer gelangen. Von dort aus fliegen sie wieder südwärts entlang der argentinischen Küste, bis in die Antarktis. Die kanadischen und alaskischen Küstenseeschwalben bilden die dritte Gruppe; diese folgt der gesamten Pazifikküste von Nord- und Südamerika bis zum Kap Hoorn an der Südspitze von Feuerland.

Sobald sie die Antarktisgewässer erreichen, zerstreuen sich die Seeschwalben und gelangen allmählich mit dem zurückweichenden Packeis immer weiter nach Süden. Die Grenze von Packeis und offenem Meer ist eine Zone mit großem Nahrungsreichtum, wo ungeheure Schwärme des Antarktischen Krills (siehe S. 106–107) und von Kleinfischen gedeihen. Man vermutet, dass ein Teil der Küstenseeschwalben während dieser wenigen Monate, die mit der Nahrungssuche im «Schlaraffenland» verbracht werden, den Antarktischen Kontinent vollständig umrundet. Anfang März wandern die Seeschwalben jedoch wieder nordwärts. Die Altvögel im Brutalter kehren zu ihren Kolonien zurück, während die noch nicht brutreifen Vögel die ersten zwei bis drei Jahre auf der Südhalbkugel verbringen.

Die Familie der Seeschwalben (Sternidae) trägt ihren Namen zu Recht, denn der gegabelte Schwanz und der schnittige Flugstil, wie auch der Beutefang über dem Wasser erinnern stark an Schwalben. Küstenseeschwalben halten sich übrigens – zum Teil sogar regelmäßig – auch im Binnenland auf. Mehrere Frühjahrsnachweise aus Zentralasien und dem Ural-Tal (Russland) lassen vermuten, dass einige Vögel mit vorherrschenden Winden nordwärts über den Indischen Ozean und weiter durch Asien zu ihren arktischen Brutgebieten ziehen. Vermutlich fliegen die Küstenseeschwalben in großer Höhe und werden daher eher zufällig gefunden, wenn sie auf dem Zug an passenden Binnengewässern rasten. Auch bei anderen Seevögeln wie Raubmöwen und Alkenvögeln konnte eine Wanderung über das Zentrum großer Landmassen nachgewiesen werden.

Unten Küstenseeschwalben brüten auf Kiesstränden oder in niedriger Küstenvegetation, häufig auf vorgelagerten Inseln. Das Nest ist eine flache Bodenmulde.

Arktische Invasionen

Wenn die übliche Nahrungsversorgung zusammenbricht, fallen Vögel aus dem Hohen Norden manchmal in Masseninvasionen in weiter südlich gelegenen Regionen ein. Diese sporadischen Wanderbewegungen sind typisch für Taggreifvögel, Eulen sowie etliche samen- und beerenfressende Kleinvögel.

Die Wälder und Moore der Taiga- und Tundrazone sind die Heimat etlicher Vogelarten, die nur «gezwungenermaßen» als Zugvögel abwandern. In normalen Jahren halten sie sich in relativ klar begrenzten Gebieten auf oder weichen bei strengem Winterwetter als Kurzstreckenzieher aus. Gelegentlich kommt es jedoch zu Ende der Brutzeit, wenn der Populationsstand am höchsten ist, zu akutem Nahrungsmangel und damit zur Krise. Dann verlassen immense Vogelscharen ohne Vorwarnung die nördlichsten Breiten und wandern im Herbst in mehreren Zugwellen Hunderte oder Tausende von Kilometern weit südwärts.

Vogelarten, die zu diesem Invasionsverhalten neigen, sind auf bestimmte Nahrungsquellen angewiesen, ihre Bestände sind von Natur aus schwankend. Typische Beispiele für Invasionsvögel sind Raufußbussard *(Buteo lagopus)*, Schneeeule *(Bubo scandiacus)* und Bartkauz *(Strix nebulosa)* – sie alle sind auf die Lemming- und Wühlmausjagd spezialisiert. Der Bestand dieser Nagetiere bricht alle drei bis fünf Jahre zusammen und löst damit weiter südwärts eine Invasion hungriger Bussarde und Eulen aus.

Eine zweite Gruppe von Invasionsvögeln umfasst Arten, die auf die Früchte von Kiefern, Fichten, Birken und Ebereschen angewiesen sind; diese fruchten mehrere Jahre lang stark, setzen dann aber im Folgejahr aus. Typisch für diese Gruppe sind Vertreter der Krähenfamilie wie Tannenhäher *(Nucifraga caryocatactes)* und Eichelhäher *(Garrulus glandarius)*, außerdem Seidenschwänze (Gattung *Bombycilla*, starengroße Bewohner der borealen Nadelwälder) und mehrere Finkenarten.

Gegenüber Wenn es nur wenige Lemminge gibt, wandert die Schneeeule aus dem arktischen Verbreitungsgebiet ab und weicht auf der Suche nach Nahrung in mildere Klimaregionen aus.

Oben Abendkernbeißer *(Hesperiphona vespertina)* können mit ihrem kräftigen Schnabel große Samen «knacken» – in Invasionsjahren erscheinen sie in den USA oft am Futterhäuschen und verzehren Nüsse und andere Sämereien.

Einschaltbild links In Nordamerika ziehen die nördlichen Populationen des Habichts *(Accipiter gentilis)* südwärts, wenn der Schneeschuhhase, das wichtigste Beutetier, seltener wird; dies passiert etwa alle zehn Jahre.

Einschaltbild links unten Seidenschwänze weichen nach Süden aus, wenn die Beeren im Norden abgeerntet sind. Überall, wo sie neue Nahrung finden, legen sie einen Zwischenhalt ein, ernten die Bäume ab und ziehen weiter.

Rechts Dieses Schaubild zeigt die Bestandzahlen von vier Finkenarten, die bei der jährlichen weihnachtlichen Vogelzählung an der Chesapeake Bay (Maryland, USA) in den Jahren 1962 bis 1971 erfasst wurden. Die Häufigkeit der Finken nimmt zu, wenn die Samenernte in den nördlicheren Breiten ausbleibt – typisch war der Winter 1969. Die Gesamtzahlen variieren zwar von Art zu Art und von Jahr zu Jahr, doch alle Arten zeigen im selben Jahr einen Höchst- bzw. Tiefststand.

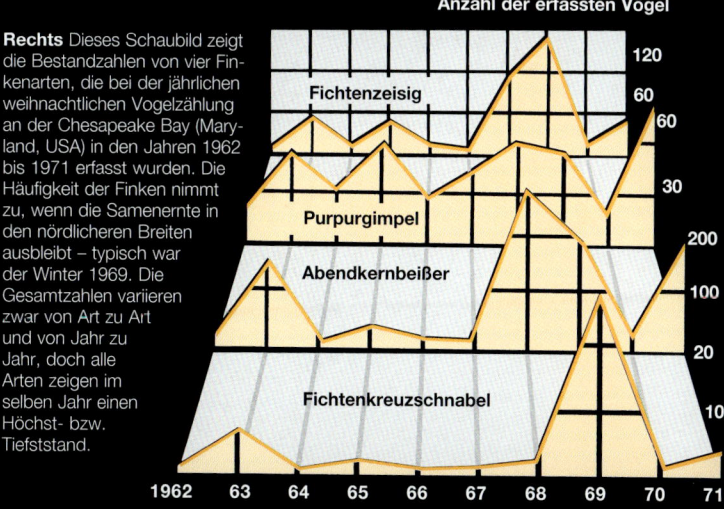

Rubinkehlkolibri

Rubinkehlkolibris leben «auf der Überholspur» und sind auf große Mengen nektarhaltiger Blüten angewiesen; deshalb ziehen sie im Herbst südwärts. Im Frühjahr bewältigt dieses kleine «Kraftwerk» auf dem Rückzug einen Nonstop-Flug über den Golf von Mexiko – für einen Vogel, der weniger als ein Bleistift wiegt, ist das eine unglaubliche Leistung.

Oben Im Frühling und Sommer trinken Rubinkehlkolibris den Nektar von etwa dreißig verschiedenen Blütenpflanzenarten. Rote, rosa- und orangefarbene Blüten üben anscheinend eine besondere Anziehungskraft aus.

WANDERUNG DER RUBINKEHLKOLIBRIS
- Brutverbreitung
- Winterverbreitung
- Zugroute im Herbst
- Zugroute im Frühjahr

AUF EINEN BLICK

Wissenschaftl. Name	*Archilochus colubris*
Wanderroute	von Nordamerika zum Winterquartier in Zentralamerika
Länge der Wanderung	bis zu 6000 km pro Strecke
Beobachtungsorte	Gärten und Waldgebiete im östlichen Nordamerika
Beobachtungszeiten	April–Juni

Viele der etwa 340 Kolibriarten leben in den tropischen Regenwäldern Lateinamerikas; dort profitieren sie vom ganzjährigen Nektarangebot und verlassen ihren kleinen Waldbereich daher nur selten. In anderen Klimaregionen Amerikas sind die Kolibris jedoch in Schwierigkeiten, wenn das Nektarangebot in ihrem Habitat in der kühleren Jahreszeit abnimmt und nicht mehr für ihre hyperaktive Lebensweise ausreicht. Einige Arten, wie die Himmelssylphe (*Aglaiocercus kingii*) aus den Anden, ziehen nur in tiefere, also wärmere Lagen mit besserer Nahrungsversorgung (vertikale Wanderung), doch die meisten Arten wandern ganz aus der Region ab.

Bis auf ein paar südkalifornische Kolibriarten sind alle 13 oder 14 Arten, die in Kanada und den USA brüten, obligate Zugvögel. Sie ziehen im Herbst entweder wie der Rubinkehlkolibri südwärts nach Mexiko und Zentralamerika oder ostwärts in die Staaten am Golf von Mexiko sowie nach North und South Carolina.

FLOWER POWER

Als einzige Kolibriart brüten Rubinkehlkolibris östlich des Mississippis, und zwar im gesamten östlichen Nordamerika südlich einer Linie von Zentral-Alberta bis Nova Scotia. Die Männchen, an ihrer auffälligen, rubinroten Kehle und dem grünbronzen leuchtenden Rückengefieder zu erkennen, verlassen ihr tropisches Winterquartier normalerweise bereits ein bis zwei Wochen vor den unauffälligeren Weibchen (mit weißer Kehle) und können so rechtzeitig ein geeignetes Brutrevier besetzen. Sie ziehen etwa Ende März/Anfang April durch den Südosten der USA, wenn drei ihrer bevorzugten Nahrungspflanzen – Trompetenwein (*Bignonia capreolata*), Pavie (*Aesculus pavia*) und Feuerbusch (*Hamelia patens*) – in Blüte stehen, und fliegen synchron mit dem Aufblühen wichtiger Nahrungspflanzen weiter nordwärts.

Während der Brutzeit ist die Kost etwas abwechslungsreicher und besteht aus Baumsäften, Spinnen und Insekten, die im Flug oder auf Blüten erbeutet werden. Wie alle Kolibris ziehen auch die Weibchen des Rubinkehlkolibris ihre Jungen ohne die Hilfe des Partners auf; trotzdem gelingt es immer mehr Weibchen zwei Bruten aufzuziehen – dies liegt unter Umständen an den längeren Sommern und der zunehmenden Beliebtheit von Nektar-Futterspendern. Da die Männchen sich nur so wenig am Brutgeschäft beteiligen, können sie bereits im Juli wieder südwärts wandern; Weibchen und Jungvögel bleiben jedoch bis September im Brutgebiet, bei milder Witterung sogar bis Mitte Oktober.

Die Rubinkehlkolibris gelangen über verschiedene Routen nach Süden. Zur Hauptzugzeit wandern sie in großer Zahl durch die wichtigsten Zugkorridore (Flyways) wie das Mississippital, die Golfküste und Osttexas, die an der Grenze von gemäßigten und tropischen Klimaregionen liegen. Von Texas ziehen sie nach Mexiko und Zentralamerika weiter, einige sogar bis Panama.

GEFÄHRLICHE SEEREISE

Ein Teil der Rubinkehlkolibris folgt auch auf dem Frühjahrszug dem Weg über das Festland, doch der Rest wählt eine kürzere, etwa 1100 Kilometer lange Route über die Karibik. Diese Seereise wäre im Herbst während der Hurrikansaison zu gefährlich; sogar mit Rückenwind ist dies eine erstaunliche Leistung. Bei ruhiger Witterung dauert der Flug etwa 18 Stunden und erfordert geschätzte 3,2 Millionen Flügelschläge (bei einer Frequenz von 49 bis 50 Schlägen pro Sekunde). Im Verhältnis zur Körpergröße ist dies einer der längsten bekannten Nonstop-Flüge unter den Vögeln.

Vor diesem Marathonflug versammeln sich die Rubinkehlkolibris an der bewaldeten Küste der Halbinsel Yukatan und legen sich dort die beträchtlichen Fettreserven zu, die sie benötigen, um den Energiebedarf während des Fluges zu decken. Vor dem Abflug verdoppelt sich ihr Normalgewicht von 3 Gramm auf etwa 6 Gramm. Wenn sie dann an der Küste von Louisiana oder Florida landen, haben sie dieses Reservefett fast vollständig verbraucht, um ihre kräftige Flugmuskulatur mit Energie zu versorgen.

Oben Das Weibchen baut ein napfförmiges Nest aus weichen Pflanzenfasern, Flechten und Spinnweben; es zieht seine beiden Jungen, die nach 18 bis 20 Tagen flügge werden, ganz alleine auf.

WECHSELNDE VORLIEBEN

Wie der Mensch bevorzugen auch Rubinkehlkolibris Rohrzucker (Saccharose, «Haushaltszucker»), der im Blütennektar meistens auch der häufigste Zucker ist. Futterspender mit Zuckerwasser sind mittlerweile in unzähligen nordamerikanischer Gärten selbstverständlich – auf diese Weise können die ziehenden Rubinkehlkolibris, aber auch Rotrücken-Zimtelfe (*Selasphorus rufus*) und andere Arten an vielen Stellen Energie auftanken. Besonders in «Nahrungswüsten» wie Städten sind Nektar-Futterspender wichtig – ansonsten müssten die Kolibris diese Gebiete großräumig um- oder ohne Zwischenhalt überfliegen. Immer mehr Kolibriarten verändern mittlerweile ihr Zugverhalten und überwintern in Gärten der Südost-USA, wo sie dank der künstlichen Nektarquellen bis zum Frühjahr überleben. Bisher folgen anscheinend nur wenige Rubinkehlkolibris diesem Trend (der möglicherweise teilweise auf der globalen Erwärmung beruht), doch in Zukunft könnten es mehr werden.

Oben Für wandernde Kolibris sind Futterspender im Garten lebensrettend.

Karminspint

Mit ihrer karmesinrosa Kehle und den langen Schwanzspießen gehören Karminspinte zu den prächtigsten Vögeln im afrikanischen Busch. Auch im Flug beeindruckt dieser Bienenfresser durch elegante Manöver bei der Insektenjagd. Bei seiner komplexen dreistufigen Wanderung kommt der Vogel weit in der Savanne herum.

Karminspinte sind wie die meisten Bienenfresser eine sehr gesellige Art, die ihre Brutröhren dicht an dicht in Erdböschungen anlegt. Die Kolonien umfassen gewöhnlich 100 bis 1000 besetzte Nisthöhlen sowie viele nicht genutzte alte Röhren – einige Kolonien weisen in einem guten Brutjahr bis zu 10 000 aktiver Nester auf. Ideale Brutplätze, beispielsweise hohe Sandböschungen an mäandrierenden Flüssen oder Altwasserarmen, werden meistens über viele Jahre von den Bienenfressern aufgesucht, sodass die Böschungen schließlich wie zerschossen aussehen. Irgendwann ist die Brutwand dann durch die Nisthöhlen derart untertunnelt, dass die Böschung zusammenbricht, und die Vögel sich nach einer neuen Brutmöglichkeit in der Nähe umsehen müssen.

Die großen Kolonien der Karminspinte zählen mit ihren Abertausenden an- und abfliegender Vögel sicher zu den spektakulärsten ornithologischen Highlights in Afrika. Doch wenn die Karminspinte nach dem Ende der Brutzeit weiterziehen, sind die Kolonien oft acht Monate lang verlassen.

TROPISCHER ZUGVOGEL

Die saisonalen Wanderungen der Karminspinte finden fast nur innertropisch statt. Die Vögel brüten in einem großen Gebiet, das sich fast quer über das südliche Zentralafrika erstreckt: von Angola über Sambia und das Okavango-Delta im Norden von Botswana, weiter bis Simbabwe und Mosambik. Diese Verbreitung entspricht einer Vegetationszone, die von Savannen und Trockenwäldern dominiert ist. Im Zentrum dieser Region, am Südende des Great Rift Valley (Afrikanischen Grabenbruchs), fließt der Luangwa-Fluss durch Sambia. Er ist einer der größten saisonalen Flüsse Afrikas und gleichzeitig ein Brutschwerpunkt der Karminspinte. Einige Vögel kehren bereits im Juli zurück, doch die Hauptmasse trifft im August ein. Man vermutet, dass die Karminspinte Jahr für Jahr wieder in derselben Brutwand brüten, einige Kolonien sind aber wohl mobiler als andere und wechseln jedes Jahr den Brutplatz.

Jedes Karminspintpaar gräbt eine neue Röhre, statt alte Röhren wiederzuverwenden, sodass in bevölkerten Kolonien pro Quadratmeter bald etwa sechzig Brutröhren angelegt sind. Um die besten Plätze in der Steilwand herrscht heftige Konkurrenz – Nachbarpaare liefern sich zum Beispiel lange Verfolgungsflüge und «Flugkämpfe», bei denen die Kontrahenten manchmal zu Boden trudeln.

MEHRSTUFIGE ZUGBEWEGUNG

Die meisten Karminspinte in Sambia legen im September, gegen Ende der Trockenzeit (April–November), ihre Eier, sodass die Jungvögel flügge werden, wenn das Insektenangebot zu Beginn der Regenzeit besonders üppig ist. Bereits im Dezember beginnen Jung- und Altvögel sich zu zerstreuen. Anscheinend ziehen die meisten Karminspinte südwärts und gelangen sogar bis nach Transvaal (nordöstliches Südafrika) – immerhin eine Distanz von mindestens 650 Kilometer. Dort verbringen sie bis zu drei Monate und begeben sich im März auf die nächste Zugetappe; dabei wandern sie langsam wieder nordwärts und überfliegen ihre Brutgebiete, bis sie nördlichere Savannen, manchmal in Äquatornähe, erreichen. Dort stoßen andere Karminspinte zu ihnen, die nicht aus ihrem Brutgebiet abwandert waren.

Außerhalb der Brutzeit leben die Karminspinte vorwiegend nomadisch und streifen in lockeren Trupps weit umher. Als Opportunisten nutzen sie Nahrungsquellen, die lokal gehäuft auftreten: beispielsweise Bienenschwärme, Insekten, die durch Feuer oder grasende Herden aufgescheucht werden, synchron schlüpfende Käfer, Wanzen und Termiten oder schwärmende Wüstenheuschrecken (siehe S. 164–165).

Unten Karmin- und Scharlachspinte werden durch Rauchwolken angezogen, vielleicht sogar durch das Prasseln ferner Feuersbrünste.

FEUERVÖGEL

Die Mandinka, ein Volk in Westafrika, bezeichnen die Scharlachspinte *(Merops nubicus)* als «Vettern des Feuers». Dieser wunderbare Name bezieht sich auf eine interessante Verhaltensweise dieser Art und passt genauso gut auf den nahe verwandten Karminspint. Beide Arten kreisen häufig über Buschfeuern, oft nur meterweit von den Flammen entfernt, da sie von den scharenweise fliehenden Insekten wie Heuschrecken und Käfern angezogen werden, die eine leichte Beute sind.

VERBREITUNG DER KARMINSPINTE
- nur Brutzeit
- außerhalb der Brutzeit
- Standvogel

AUF EINEN BLICK

Wissenschaftl. Name	*Merops nubicoides*
Wanderroute	mehrstufig, im mittleren und östlichen südlichen Afrika
Länge der Wanderung	500–1200 km
Beobachtungsorte	South Luangwa National Park, Sambia; Krüger-Nationalpark, Südafrika
Beobachtungszeiten	Januar–März

Oben Wenn die adulten Karminspinte mit Futter im Schnabel zu ihren Brutwänden heimkehren, bietet sich ein farbenprächtiges Schauspiel.

Rauchschwalbe

Rauchschwalben gehören als Frühlingsboten und Wetterpropheten zu den beliebtesten Zugvögeln auf der Nordhalbkugel. Die Luft ist ihr Element; auf dem Zug wandern sie in gemächlichem Tempo und erbeuten ihre Nahrung im Flug.

Rauchschwalben sind echte Kosmopoliten und die am weitesten verbreitete Schwalbenart der Welt. Sie leben in offenem Gelände auf der gesamten Nordhalbkugel (bis auf die Arktis) und überwintern auf der Südhalbkugel, ausgenommen die ariden Gebiete von Australien und Nordafrika. Als echte Kulturfolger bevorzugen sie fruchtbare Viehweiden und nisten gewöhnlich in Gebäuden; daher sind sie stark an die Entwicklung der Kulturlandschaft angepasst. Doch auch die Landwirtschaft profitiert von ihrem immensen Insektenhunger, der auch Schadinsekten betrifft.

Die symbolische Verbindung zwischen der Rauchschwalbe und dem Frühling geht auf das antike Griechenland vor 2500 Jahren zurück. Im 4. Jahrhundert v. Chr. beschrieb Aristoteles als Erster die Rauchschwalbe korrekt als Zugvogel. Im Mittelalter war der Glaube verbreitet, Schwalben überwinterten im Schlamm auf dem Grund von Teichen – diese Legende konnte sich bis ins späte 18. Jahrhundert halten. Durch Beringungsuntersuchungen wissen wir mittlerweile, dass Aristoteles recht hatte.

Die Rückkehr der Rauchschwalben kündigt verlässlich den Frühling an; sie weisen zudem eine hohe Geburtsort- und Brutplatztreue auf. In Nordamerika konnte in einer Untersuchung gezeigt werden, dass 65 Prozent der adulten Rauchschwalben zum selben Nest oder Nachbarnest zurückkehren. In einer anderen Untersuchung wurde eine am Nest gefangene Rauchschwalbe in 1725 Kilometer Entfernung wieder freigelassen – der Vogel fand anscheinend ohne Schwierigkeiten zum Nest zurück.

WETTERPROPHETEN

Rauchschwalben sind vor allem von zwei Faktoren abhängig: von einem unsichtbaren Lebensraum – der flachen bodennahen Luftschicht, die durch die Sonne erwärmt wird – und von Insektenscharen, die bei kaltem Wetter fast über Nacht verschwinden. Daher sind die Zugbewegungen der Rauchschwalbe auf die herrschenden Lufttemperaturen abgestimmt. Die Schwalben wandern beispielsweise in einem kalten Frühjahr langsamer aus dem Winterquartier zurück und kommen

Unten Rauchschwalben sind elegante Flugkünstler, die sogar im Flug trinken, indem sie tief über die Wasserfläche gleiten und mit dem Unterschnabel Wasser aufnehmen.

später im Brutquartier an als in einem warmen Frühjahr. Entsprechend verschieben sie in einem warmen Herbst den Abflug nach Süden, um von der ungewöhnlich warmen Witterung zu profitieren.

Die Brutverbreitung der Rauchschwalben ist so groß, dass es im Frühjahr über drei Monate dauert, bis die Vögel sich über das gesamte Gebiet verteilt haben. Im Süden kommen die Schwalben bereits im März an und können drei Bruten aufziehen; die nördlichsten Populationen, die in Alaska, Skandinavien und Sibirien brüten, treffen jedoch erst Ende Mai oder im Juni ein und schaffen nur eine Brut. Allerdings sind nicht alle Rauchschwalben Zugvögel; in Zentralmexiko, Südspanien und Ägypten gibt es Standvogelpopulationen, die nicht wandern, während Abertausende Rauchschwalben aus weit entfernten Brutpopulationen über sie hinwegziehen.

TAG FÜR TAG

Anders als die meisten insektenfressenden Singvögel wandern Rauchschwalben vorwiegend tagsüber und können ihre Nahrung daher im Flug während des Zuges erbeuten. (Wichtigste Ausnahme ist der Nonstop-Flug über große Wüstengebiete wie die Sahara, diese werden in der nächtlichen Kühle überflogen.) Die Schwalben fliegen immer kurz nach Tagesanbruch los und kommen abends zu Hunderten an Schlafplätzen zusammen, die meistens in dichten Schilfgebieten liegen – dort bietet das Wasser Schutz vor Bodenräubern. Einige Vögel, darunter besonders Jungvögel, ruhen sich mehrere Wochen an einem bestimmten Rastplatz aus, bevor sie weiterziehen; daher ist die Nord-Süd-Wanderung der Rauchschwalben verglichen mit anderen Langstreckenziehern relativ langsam.

Von Ringfunden wissen wird, dass Rauchschwalben aus Nordeuropa vermutlich rund zehn Wochen für die Gesamtstrecke bis zu den Winterquartieren im südlichen Afrika benötigen. Die Tagesetappe beträgt durchschnittlich 150 Kilometer, doch diese Angabe ist irreführend, da die Schwalben stoßweise ziehen und nach jedem Flug rasten. Der Frühjahrszug zurück nach Norden erfolgt fast doppelt so schnell, da sich die Paarungszeit nähert, und dauert nur fünf bis sechs Wochen.

Im Winterquartier halten sich Rauchschwalben meistens in Feuchtgebieten und Savannen auf; dort versammeln sich oft riesige Schwärme am Schlafplatz. In den späten 1990er-Jahren kamen in Botswana in einem Akaziengebüsch von 34 Bäumen regelmäßig eine Million Rauchschwalben zusammen (also fast 30 000 Vögel pro Baum). Das Schilfgebiet in Mount Moreland (bei Durban, Südafrika) wird von sogar von fünf Millionen Rauchschwalben aufgesucht, also über acht Prozent der europäischen Brutpopulation! Dieser Schlafplatz war durch Ausbaupläne für den Flughafen gefährdet, doch 2007 konnte ein Vollstreckungsaufschub erreicht werden.

Unten Auf dem Zug durch die ostafrikanische Savanne legt dieser Rauchschwalbentrupp gerade eine Rast auf einer Akazie ein.

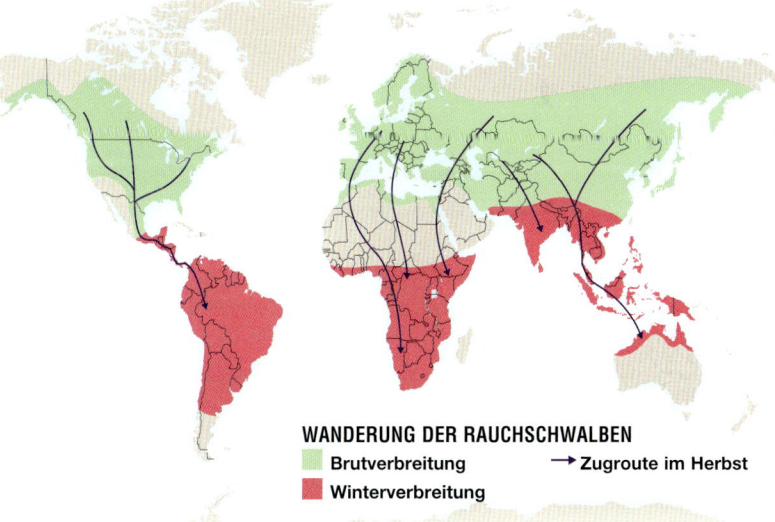

WANDERUNG DER RAUCHSCHWALBEN
- Brutverbreitung
- Winterverbreitung
- → Zugroute im Herbst

RASTLOSE VERSAMMLUNGEN

Rauchschwalben, die sich auf Telefon- oder Stromleitungen versammeln, sind ein sicheres Zeichen für das Ende des Sommers. Bei diesen jährlichen Versammlungen herrscht eine erwartungsvolle Stimmung: Die Vögel flattern rasch mit den Flügeln, verändern ihre Position, jagen sich gegenseitig oder kreisen in kleinen aufgeregten Gruppen durch die Luft. Dieses Verhalten ist eines der bekanntesten Beispiele für die «Zugunruhe», die Rastlosigkeit der Zugvögel vor dem Wegzug. Bei Tagziehern wie der Rauchschwalbe zeigt sich die Zugunruhe tagsüber, während Nachtzieher wie Drosseln, Waldsänger und Grasmückenartige in der Nacht unruhig werden.

AUF EINEN BLICK

Wissenschaftl. Name	*Hirundo rustica*
Wanderroute	von Brutquartieren auf der Nordhalbkugel zu Winterquartieren auf der Südhalbkugel
Länge der Wanderung	bis zu 12 000 km pro Strecke
Beobachtungsorte	Agrarland in den USA, Kanada und Europa
Beobachtungszeiten	April–August

Fitis

Unter den Zugvögeln, die zum Überwintern von Eurasien nach Afrika ziehen, ist jeder fünfte ein Fitis – das bedeutet, dass die Bestandsgröße nach der Brut fast eine Milliarde adulte und junge Fitisse umfasst! Diese «Sintflut» überquert auf ihrem weiten Weg nach Süden Gebirge, Meere und Wüsten.

Der Fitis oder Fitislaubsänger gehört zu den Grasmückenartigen, einer Vogelfamilie der Alten Welt, die für ihre zahlreichen Langstreckenzieher bekannt ist. Sie ist nicht mit den Waldsängern der Neuen Welt (siehe S. 156–157) verwandt. Der Fitis ist in vielen Habitaten mit offenem Baumbewuchs (Weiden und Birken) der häufigste Brutvogel; sein Brutgebiet liegt zwischen der Juli-Isotherme von 10 ºC und 22 ºC und reicht bis in die arktische Tundra. In den afrikanischen Winterquartieren leben Fitisse in allen Habitaten mit Baumbestand – von Akaziensavannen (Dornsavannen) bis zu immergrünen Wäldern.

Der melodische, abfallende Gesang vermittelt typische Frühlingsstimmung und ist im April und Mai in weiten Teilen Europas und Asiens zu hören, wenn die Männchen ihre Brutreviere besetzen und um die Wette singen, um Weibchen anzulocken. Sobald ein Fitishahn singt, antworten alle Männchen in der Umgebung, und es tönt über Wald und Flur. Da Fitisse als «schnelle Brüter» ihre vier bis sechs Jungen in nur 26 bis 28 Tagen aufziehen, können sie den Rückzug nach Süden bereits ab Ende Juli bis August antreten.

VERSCHIEDENE WANDERUNGEN

Die Wanderungen des Fitis sind gut untersucht – hier hilft allein schon die schiere Masse der jährlich beringten Vögel. Britische Ornithologen hatten beispielsweise bis 2004 über eine Million Individuen gefangen, denen 2500 Fitis-Wiederfunde gegenüberstanden. Für Beringungsstudien ist das eine gute Wiederfundrate, die einen umfangreichen Datensatz liefert.

Die Ringfunde zeigen, dass die Fitisse aus dem westeuropäischen Verbreitungsgebiet süd- bis südwestwärts ziehen und im Herbst über Frankreich und Spanien zum Überwintern nach Westafrika wandern. Fitisse aus Nord- und Ostskandinavien ziehen im Herbst dagegen süd- bis südostwärts und überwintern in Zentral-, Ost- und im südlichen Afrika. Die sibirische Brutpopulation muss am weitesten wandern, denn diese Vögel wenden sich zuerst nach Süden und fliegen anschließend immer stärker südwestwärts über Russland (dabei folgen sie hauptsächlich den Ural-Tal). Sie ziehen wohl bis ins südliche Afrika – eine Marathonwanderung von mindestens 14 000 Kilometer. Je nach Herkunft kommen die Fitisse zwischen September und Dezember in Afrika an. Während der Überwinterungszeit verhalten sie sich nomadisch und streifen mit den lokalen Vögeln in lockeren Trupps von Ort zu Ort.

FLUGSTRATEGIEN

Die Körpergewichte gefangener Fitisse zeigen, wie derart winzige Vögel (sie wiegen nur 8 bis 12 Gramm) es schaffen, die anstrengende Wanderung zu überstehen. Diese Nachtzieher besitzen anscheinend eine sehr rasche «Auftankfähigkeit» und können, während sie tagsüber rasten, nach Futter suchen. Die heißen Sandflächen der Sahara stellen eine erhebliche Zugbarriere dar, doch die Fitisse bilden vorher rasch genügend Fettreserven, um über die Wüste zu gelangen: Fitisse, die auf dem Herbstzug in Ägypten gefangen wurden, besaßen genügend Körperfett, um die Wüste in drei Nächten zu überqueren; die beiden dazwischenliegenden Tage waren Rastpausen.

Wie bei vielen Zugvögeln variiert der Zeitpunkt des Zuges je nach Geschlecht und Alter. Die Jungvögel ziehen im Herbst früher südwärts als die Altvögel, die die Jungvögel allerdings später einholen oder sogar überholen. Der frühere Abflug der Jungvögel lässt sich möglicherweise durch ihre leicht abweichende Flügelform erklären – durch das rundere Flügelprofil sind sie beim Langstreckenflug nicht so leistungsfähig wie die spitzflügeligen Altvögel. Auf dem Rückzug im Frühling ziehen hingegen die Männchen etwa zwei Wochen vor den Weibchen zurück nach Europa, begeben sich in Afrika also vermutlich auch früher auf den Zug. Durch diesen Vorsprung sind sie so zeitig vor Ort, dass sie ihre Reviere bereits besetzt haben, wenn die potenziellen Partner ankommen, und lokal manchmal sogar zur häufigsten Vogelart werden.

Die Hinweise mehren sich, dass der Klimawandel Verschiebungen in diesem etablierten Zugmuster bewirkt. In Reaktion auf das wärmere Frühjahrswetter legen die britischen Fitislaubsänger ihre Eier beispielsweise eine Woche früher als in der Vergangenheit und verlassen Großbritannien im Herbst auch später als vor vierzig Jahren.

Oben Die überlebenden Jungvögel dieser Fitisbrut werden sich schon in wenigen Monaten auf den Weg nach Afrika machen.

Rechts Direkt nach der Ankunft im Brutrevier singt der Fitishahn bereits sein melodisch-melancholisches Lied – er singt ausdauernd und mehrere Stunden am Tag.

AUF EINEN BLICK

Wissenschaftl. Name	*Phylloscopus trochilus*
Wanderroute	von Eurasien zu Winterquartieren in Subsahara-Afrika
Länge der Wanderung	4000–14 000 km pro Strecke
Beobachtungsorte	Wälder und Gebüsche in Nord- und Mitteleurasien
Beobachtungszeiten	April–Mai

WACHSENDE WÜSTE

Möglicherweise stellt die Dürre in der Nordhälfte von Afrika die größte Bedrohung für den Fitis dar. Durch die Desertifikation in der Sahelzone (Zone südlich der Sahara, von Senegal bis Sudan) sind ehemals verlässliche Süßwasserquellen versiegt und grüne Buschlandschaften zu unfruchtbaren Staubebenen geworden. Die Situation wird durch ständige Überweidung verschlimmert, sodass sich die Sahara de facto nach Süden ausdehnt. Dadurch sind die Rastmöglichkeiten für erschöpfte Zugvögel tagsüber eingeschränkt, während die Gesamtdistanz der Saharaüberquerung größer geworden ist. Diese Zusammenhänge konnten zwar noch nicht endgültig bewiesen werden, doch die Umweltkatastrophe im Sahel ist vermutlich an erster Stelle dafür verantwortlich, dass immer weniger Fitisse im Frühjahr in ihr Brutquartier zurückkehren. Dieser rasche Rückgang hat in den 1980er-Jahren eingesetzt – einige europäische Fitispopulationen haben um mehr als dreißig Prozent abgenommen.

Rechts Die unaufhaltsame Ausdehnung der Sahara wird für einen Rückgang der Fitispopulationen verantwortlich gemacht.

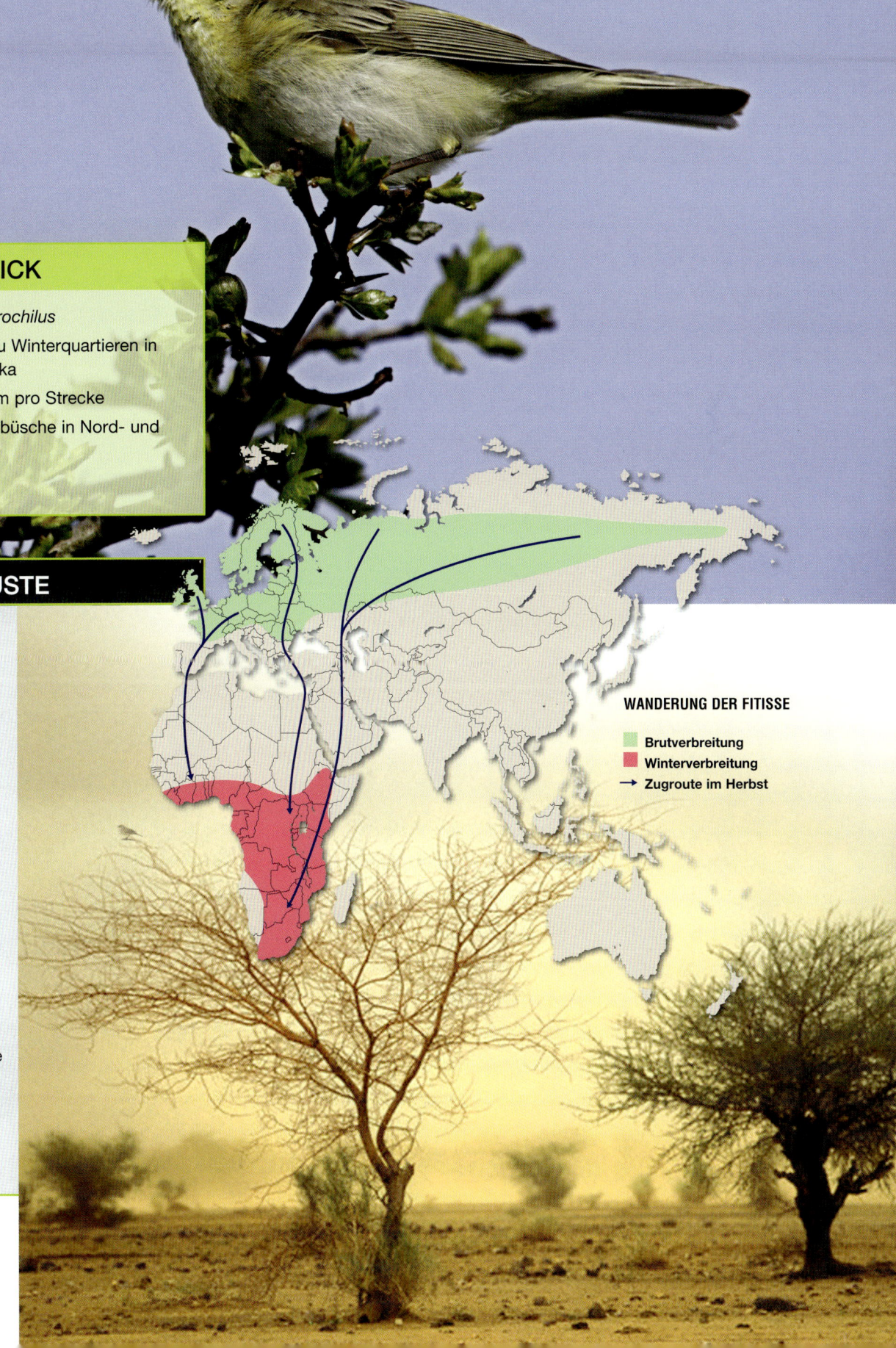

WANDERUNG DER FITISSE

- Brutverbreitung
- Winterverbreitung
- → Zugroute im Herbst

Trauer-schnäpper

Der Frühjahrszug der Trauerschnäpper hat sich über Jahrtausende so entwickelt, dass die Vögel genau dann im Norden ankommen, wenn die Raupen in den europäischen Wäldern schlüpfen. Durch die globale Erwärmung wird diese Beziehung zunehmend gestört, und der Frühjahrszug der Trauerschnäpper ist zeitlich immer schlechter mit dem Auftreten der Raupen synchronisiert.

Trauerschnäpper gehören zur Familie der Muscicapidae oder Fliegenschnäpper, die etwa 275 Arten in Europa, Afrika und Asien umfasst. Der Name leitet sich von der pechschwarzen Oberseite vieler adulter Männchen im Brutkleid ab – Weibchen und Männchen im «Schlichtkleid» sind oberseits graubraun gefärbt. Die aktiven, rastlosen Vögel sind Ansitzjäger und zucken dabei oft mit Flügeln und Schwanz. Häufig fliegen sie auf, um Insekt im Flug von Blättern abzulesen oder vorbeifliegende Kerbtiere zu erbeuten. Im Frühling und Frühsommer sind Raupen ihre Hauptnahrung – sie sind das wichtigste Futter für die Nestjungen. Daher ist der Fortpflanzungserfolg bei diesem Waldvogel sehr eng an die Raupendichte gekoppelt.

WANDERUNG DER TRAUERSCHNÄPPER
- Brutverbreitung
- Winterverbreitung
- → Zugroute im Herbst
- → Zugroute im Frühjahr

AUF EINEN BLICK

Wissenschaftl. Name	*Ficedula hypoleuca*
Wanderroute	von Eurasien zu westafrikanischen Überwinterungsgebieten
Länge der Wanderung	2800–7250 km pro Strecke
Beobachtungsorte	offene Waldgebiete in Europa
Beobachtungszeiten	April–Mai

Gegenüber Die Trauerschnäppermännchen kommen zuerst im Brutgebiet an, um ihr Revier zu besetzen, bevor die Weibchen erscheinen. **Oben** Die meisten Weibchen sind «alleinerziehend», doch fast alle schaffen es, bis zu fünf Jungvögel ohne Hilfe des Männchens aufzuziehen.

GEFUNDENES FRESSEN

Im riesigen Gesamtverbreitungsgebiet des Trauerschnäppers, das Waldgebiete von Spanien über Mittel- und Nordeuropa bis Südsibirien umfasst, variiert die jährliche Explosion der Raupenbestände je nach geografischer Breite. Offensichtlich ist es für brütende Trauerschnäpper günstig, die Eiablage so zu «planen», dass genau 13 bis 15 Tage später, zum Schlupftermin, eine absolute Nahrungsschwemme herrscht. Um diese Übereinstimmung zu erzielen, müssen die Vögel die Rückwanderung aus dem Winterquartier im tropischen Westafrika gen Norden zeitlich sehr genau festlegen.

Die Trauerschnäpper können jedoch von Afrika aus nicht das Eintreffen des Frühlings in ihrem Brutgebiet vorhersagen – wie kommen sie dann rechtzeitig an? Im Lauf der Evolution wurde ihr Wanderverhalten anscheinend dadurch optimiert, dass die Individuen, die rechtzeitig aufbrachen und mit der richtigen Geschwindigkeit flogen, einen evolutionären Vorteil hatten, obwohl auch andere Faktoren mitgespielt haben können. Traditionell brechen Trauerschnäpper im März oder Anfang April in den Norden auf und kommen von Mitte April bis Anfang Mai in Westeuropa beziehungsweise Mitte Mai in Skandinavien und Sibirien an. Sobald die Männchen wieder in ihrem Brutrevier eingetroffen sind, fangen sie an zu singen, um ihren Revieranspruch kundzutun.

AUS DEM TAKT

Seit den 1980er-Jahren lässt sich in Europa eine Tendenz zu wärmeren Frühjahren feststellen, weshalb die Raupen früher schlüpfen. Im Gegenzug haben auch die Trauerschnäpper früher mit der Eiablage begonnen. Allerdings gibt es eine Grenze, wie zeitig nach der Rückkehr die Weibchen bereits Eier legen können, da sie sich zuerst vom Zug erholen müssen. Zudem sind die Trauerschnäpper anscheinend nicht in der Lage, ihren Abflug aus Afrika um mehr als eine Woche vorzuverlegen. Eine Erklärung könnte sein, dass der Zeitgeber zum Rückflug nicht durch den Klimawandel beeinflusst wird, sondern zum Beispiel durch die Tageslänge.

HOME SWEET HOME

Trauerschnäppermännchen sind oft polygam und teilen ihre Zeit zwischen zwei oder sogar drei Weibchen auf, die jeweils in einem eigenen Revier brüten. Daher muss das Männchen manchmal mehrere Reviere gegen Eindringlinge verteidigen – dies können andere Höhlenbrüterarten oder auch rivalisierende Männchen sein. Das Männchen verlässt manchmal die erste Brut und verbringt seine Zeit bei der zweiten, oder es bringt die zweite Brut zwar auf den Weg, kehrt danach aber zur ursprünglichen Partnerin zurück, um ihr zu helfen. Die Weibchen tragen jedoch immer die Hauptlast der Aufzucht, sogar dann, wenn das Männchen nur einer Partnerin treu bleibt.

Rechts Trauerschnäpper brüten gerne in Nistkästen und sind deshalb ideale Untersuchungsobjekte.

Es gibt jedoch klare Hinweise, dass die globale Erwärmung dazu führt, dass der Zug der Trauerschnäpper zum falschen Zeitpunkt stattfindet – mit potenziell verheerenden Folgen. Laut einer niederländischen Untersuchung von 2006 haben die Trauerschnäpperpopulationen in den Gebieten, wo die Zeitabstimmung besonders schlecht war, im Lauf der letzten zwanzig Jahre um neunzig Prozent abgenommen. Die Art ist zurzeit noch überall verbreitet, doch, wenn der Trend zur Erwärmung anhält, könnten lokale Populationsrückgänge zunehmen.

IBERISCHER UMWEG

Trauerschnäpper sind Höhlenbrüter und nehmen auch Nistkästen gerne an. Da sich ihre Aktivitäten in jeder nummerierten Nistbox aufzeichnen lassen, sind sie ideale Untersuchungsobjekte. Ferner sind sie ein beliebtes Objekt für Beringungsstudien – bis 2004 waren bereits über 450 000 Individuen beringt, und dank der hohen Wiederfänge – bisher fast 3500 Vögel – hat man eine Fülle von Informationen über die Zugstrategien des Trauerschnäppers gewonnen. Einer der interessantesten Aspekte des Herbstzugs ist der Zwischenhalt an einem Rastplatz in Portugal und Nordwestspanien. Der größte Teil der europäischen Brutpopulation zieht durch die Korkeichenwälder dieser Region, was für die östlichen Brutvögel einen weiten Umweg bis zum Westteil des Kontinents bedeutet.

Fast wie bei einem Auto, das bei einer langen Fahrt regelmäßig aufgetankt werden muss, pausieren die Trauerschnäpper hier, um sich vor der nächsten Etappe zu mästen. Sie verteidigen eigene Nahrungsreviere und stopfen sich mit Insekten und Beeren voll, sodass das Körpergewicht um bis zu 25 Prozent ansteigt. Nach dem Auffüllen der Energiereserven fliegen die Trauerschnäpper südwärts zur Straße von Gibraltar, wo die Meerenge zwischen Afrika und Europa am schmalsten ist.

Oben Kappenwaldsänger sind gut an das Wanderleben angepasst – ihre Flügel sind länger als bei Standvögeln vergleichbarer Größe. Wenn man die Gesamtstrecke, die sie im Lauf ihres Lebens maximal zurücklegen, auf den Menschen überträgt, entspräche das einer zehnmaligen Hin- und Rückreise zum Mond.

Unten Der Herbstzug der Kappenwaldsänger über den Westatlantik fällt mit dem Höhepunkt der Hurrikansaison zusammen; deshalb laufen sie immer Gefahr, genau in einen Tropensturm hineinzufliegen, der von der Karibik an der Ostküste der USA entlangfegt.

TRANSATLANTISCHE IRRGÄSTE

Wenn Waldsänger auf dem Zug in einen Hurrikan geraten, können wirbelnde Winde, turmhohe Wolken und sintflutartiger Regen zur Katastrophe führen. Viele Vögel stürzen erschöpft ins Meer, während die Vögel, die noch in der Luft sind, die Orientierung verlieren. Die desorientierten Zugvögel werden manchmal mit den schnell wandernden Tiefdruckgebieten über den Atlantik transportiert und gelangen an den Küsten Nordwesteuropas an Land. Häufig tauchen sie gemeinsam mit anderen verdrifteten nordamerikanischen Landvögeln auf, wie Wanderdrosseln, anderen Drosselarten und Vireos. Diese Irrgäste überleben meist nicht lange und haben keine Möglichkeit, nach Nordamerika zurückzufliegen, da über dem Atlantik Westwinde vorherrschen, und zudem das eingebaute Zugprogramm der Vögel diese nicht westwärts über den Atlantik führt.

Kappenwaldsänger

Ein Teil der Kappenwaldsänger bewältigt im Herbst einen Marathonflug von mehr als drei Tagen über den Westatlantik. Diese gefährliche Meeresüberquerung ist zwar schneller als die Landroute, doch sie setzt für diese kleinen Vögel große Energiereserven voraus.

AUF EINEN BLICK

Wissenschaftl. Name	*Dendroica striata*
Wanderroute	von Nordamerika zu Winterquartieren in Südamerika
Länge der Wanderung	4000–8000 km pro Strecke
Beobachtungsorte	Nadelwälder in Alaska und Kanada
Beobachtungszeiten	Mai–Juni

BLACKPOLL WARBLER MIGRATION
- Brutverbreitung → Zugroute im Frühjahr
- Winterverbreitung → Zugroute im Herbst

Sobald es im Frühling taut, kehren zahlreiche Zugvogelarten in die borealen Nadelwälder im Norden des nordamerikanischen Kontinents zurück. Zu diesen Sommergästen aus dem Süden gehören zahlreiche Kappenwaldsänger, die zu den häufigsten Vögeln dieser kühlen, feuchten Fichten- und Tannenwälder zählen. Wie die meisten anderen Zugvögel sind auch sie nach Norden geflogen, um die lange Tageslichtdauer und die Überfülle an Insekten- und Spinnennahrung zu nutzen, die ihnen bei der raschen Aufzucht der Brut helfen.

Nach ihrer Ankunft im Mai bis Anfang Juni tun die Männchen in ihrem schwarz-weißen Brutkleid ihre Anwesenheit durch einen hohen, insektenähnlicher Gesang kund, um den unauffällig grau gefärbten Weibchen ihr Revier anzuzeigen. In der kurzen Brutzeit des Kappenwaldsängers baut das verpaarte Weibchen in einem kleinen Baum ein napfförmiges Nest aus Zweigen und Flechten und bebrütet die drei bis fünf Eier zwölf Tage lang; anschließend füttern beide Elternvögel die Jungen ungefähr weitere zwölf Tage.

Nach der Brut bleiben die Kappenwaldsänger in den borealen Wäldern, um sich zu mästen und zu mausern; die adulten Männchen wechseln in ein relativ unauffälliges «Schlichtkleid», das dem Gefieder der Weibchen stark ähnelt. Die frisch gemauserten Kappenwaldsänger verlassen das Brutgebiet ab August, bis Ende September sind auch die letzten Nachzügler verschwunden. Es scheint allerdings, als ob der Herbstzug aufgrund des warmen Herbstwetters mittlerweile später beginnt – dies könnte sich zu einer langfristigen, durch den Klimawandel ausgelösten Verhaltensänderung entwickeln.

ÜBER DEN ATLANTIK NACH SÜDEN

Kappenwaldsänger gehören zur Neuwelt-Familie der Waldsänger; diese ist mit der Altwelt-Familie der Grasmückenartigen (siehe S. 152–153) zwar nicht verwandt, obwohl beide im Englischen als *warblers* bezeichnet werden, doch auch unter den Waldsängern finden sich viele Langstreckenzieher: Von den rund 55 Waldsängerarten, die regelmäßig in den USA und Kanada brüten, steht wohl die Atlantiküberquerung der Kappenwaldsänger an erster Stelle, was Ausdauer und Navigationsfähigkeiten angeht.

Kappenwaldsänger überwintern in tropischen Waldgebieten sowie in Kaffeeplantagen mit Schattenbäumen im nördlichen Südamerika und gelangen gelegentlich bis Südbrasilien. Über die Zugroute zu diesen Winterquartieren wurde lange spekuliert, sie wurde daher ausführlich untersucht.

Statt, wie zu erwarten, geradewegs über den Mittleren Westen südwärts zum Golf von Mexiko zu fliegen, zieht der Großteil der Brutpopulation südostwärts über das Gebiet der Großen Seen bis zur Küste von New England und Kanadas maritimen Provinzen, wo die Vögel eine Weile rasten. Von hier aus folgen viele Kappenwaldsänger der Ostküste gen Süden – einige fliegen bis Florida und überqueren dann die Karibik, andere wandern nur bis North Carolina, bevor sie per «Inselhüpfen» über die Bahamas, Karibikinseln über das Meer nach Südamerika ziehen. Die übrigen umgehen die Ostküste jedoch vollständig, indem sie von Nordkanada aus direkt über den Atlantik fliegen. Diese Kappenwaldsänger ziehen südostwärts über das Meer, bis sie auf starke Winde treffen, die sie in einer großen Schleife südwestlich zur Ostkaribik und Nordküste von Venezuela befördern – ein Nonstop-Flug von 82 bis 88 Stunden.

ÜBERFLIEGER

Warum unternehmen einige Kappenwaldsänger diese gefährliche Wanderung über den Atlantik? Der Grund ist die Erdkrümmung – dadurch ist die Seereise etwa 2400 Kilometer kürzer als der Weg über Land. Routen, die der Erdkrümmung folgen, werden als Großkreisrouten bezeichnet und nicht nur von Vögeln, sondern auch von Fluglinien genutzt. Flugzeuge wählen eine hohe Flughöhe mit dünnerer Luft, und Vögel verhalten sich ebenso. Kappenwaldsänger können beispielsweise bis zu 5000 Meter hoch fliegen – möglicherweise um die besten Rückenwinde zu nutzen, vielleicht auch deshalb, weil die schwer arbeitende Brustmuskulatur in der kühleren Luft sich nicht so leicht überhitzt. Um genügend Energiereserven für diese Fernreise aufzubauen, legen die Kappenwaldsänger vor dem Abflug Fettdepots an, und das Körpergewicht kann von durchschnittlich elf Gramm auf zwanzig Gramm zunehmen. Dieses zusätzliche Fett wird während des Fluges vollständig verbrannt – der menschliche Körper ist nicht zu einer vergleichbaren Leistung fähig!

Im Frühjahr kehren die Kappenwaldsänger über andere Routen nach Norden zurück. Die meisten ziehen nordwärts über die Westkaribik und dann durch das Mississippital und die Great Plains; sie benötigen vom Golf von Mexiko bis nach Alaska etwa fünf Wochen.

Unzählige kleine Flügel

Viele Insekten sind zu langen und komplizierten Wanderungen in der Lage, auch wenn ihr Gehirn oft nicht größer als der Punkt am Ende dieses Satzes ist. Da sie sich mit dem Wind verdriften lassen und stets in ungeheurer Anzahl wandern, gelangt zumindest ein Teil der Schwärme immer ans Ziel.

Zahlreiche Insekten aus den gemäßigten Klimaregionen unternehmen Wanderflüge, doch diese Wanderungen sind meistens kaum bekannt oder wurden erst kürzlich aufgeklärt. Verständlicherweise halten die besten Flieger, wie Schmetterlinge, Libellen und Heuschrecken, die Rekorde, doch viele andere Insekten wie Marienkäfer, Wespen, Spitzkopfzikaden und sogar die kleinen Blattläuse sind ebenfalls zu beeindruckendem Wanderungen in der Lage. Anders als Wirbeltiere, bei denen die Wanderungen durch zahlreiche Faktoren ausgelöst werden, reagieren Insekten am empfindlichsten auf die Lufttemperatur.

Da Insekten bereits auf relativ geringe Temperaturveränderungen ansprechen, sind sie gute Indikatoren der globalen Erwärmung. So trifft die Hauptmenge der Distelfalter *(Vanessa cardui)* und Taubenschwänzchen *(Macroglossum stellatarum)* im Sommer seit zwei bis drei Jahrzehnten allmählich immer früher in Großbritannien ein.

Insekten können über erstaunliche Entfernungen wandern und gelegentlich auch Meere überqueren. Die wandernden Schwärme des Distelfalters legen zum Beispiel regelmäßig in weniger als einem Monat 2000 Kilometer zurück. Da die Fluggeschwindigkeit der meisten Insekten unter 3 m/s liegt, wäre ein Langstreckenflug ohne einen äußeren Antrieb – in Form von Rückenwind oder Aufwinden (Thermik) – unmöglich. Die Wanderung mit dem Wind ist jedoch riskant, da die Verdriftungsgefahr und damit die Wahrscheinlichkeit umzukommen groß ist.

Oben Wandernde Distelfalter ziehen im Sommer bis weit in den Norden Europas – in manchen Jahren sogar bis zum nördlichen Polarkreis.

Links Schmetterlingsflügel bestehen aus einem als Chitin bezeichneten Kohlenhydrat, das kräftig, starr und extrem leicht ist – für Wanderflüge perfekt.

Unten, von links nach rechts Die australischen Bogong-Falter *(Agrotis infusa)* wandern in großen Schwärmen, und sammeln sich an Gebäuden, um dort tagsüber zu rasten. Der erste Herbst- und der letzte Frühjahrsfrost wirken bei Insektenwanderungen oft als Schlüsselfaktor. Nach dem Überwintern im Mittelmeerraum und Nordafrika wandern Taubenschwänzchen über große Entfernungen nach Norden.

Monarchfalter

Während der Sommer zu Ende geht, fliegen mehr als hundert Millionen Monarchfalter durch Nordamerika, um in den Kiefernwäldern von Kalifornien und Mexiko zu überwintern. Genau wie der Rückzug im Frühjahr gehört diese gaukelnde orangegelbe Prozession zu den Wundern der Insektenwelt.

Wie die meisten Insekten der gemäßigten Klimaregionen musste sich der Monarchfalter im Lauf der Evolution an das kalte Winterwetter anpassen. Weder erwachsene Schmetterlinge noch Eier, Raupen oder Puppen können die Frosttemperaturen eines normalen Winters in Kanada oder den nördlichen und zentralen USA überstehen.

Die Lösung für den Monarchfalter besteht daher in jährlichen Wanderungen zu sicheren Überwinterungsplätzen im Süden – Auslöser sind vermutlich die immer längeren und kälteren Frühherbstnächte. Viele weitere Tag- und Nachtfalter wie auch einige Großlibellen und Käfer sind Mittel- oder Langstreckenzieher; die Wanderungen des Monarchfalters sind jedoch insofern ungewöhnlich, als die nach Süden wandernden erwachsenen Falter den Winter und sogar den Rückflug nach Norden überleben.

FÜNF GENERATIONEN

Die Wanderung der Monarchfalter lässt sich am besten als Mehrgenerationenstaffel beschreiben. In jeder Brutsaison leben, vermehren und sterben bis zu fünf Faltergenerationen in Nordamerika; dabei dauert es von der Eiablage bis zum Schlüpfen des erwachsenen Schmetterlings 34 bis 39 Tage – bei warmem Wetter sogar noch weniger. Die Falter der Spätsommergeneration verhalten sich anders als die vorhergehenden Generationen. Sie bilden keine Geschlechtsorgane aus, verzehren so viel Nektar wie möglich und legen Fettreserven an, die schließlich ein Drittel ihres Körpergewichts ausmachen.

Diese «fettleibigen» Monarchfalter machen sich Ende August und in der ersten Septemberhälfte auf den Weg nach Süden. Sie wandern im Breitfrontzug in immer größerer Zahl südwärts, bis schließlich zehn Millionen Monarchfalter zusammenkommen. Mittlerweile wissen wir, dass die Falter längs etablierter Routen wandern und dabei häufig Leitlinien wie Flusstälern, Küstenlinien oder Gebirgskämmen folgen. Pro Tag werden durchschnittlich 130 Kilometer zurückgelegt, doch die Wanderung ist relativ «kurzatmig», denn bei nektarreichen Blüten wird regelmäßig ein Halt eingelegt, um die Energiereserven aufzufüllen.

Jeden Abend übernachten die Monarchfalter schwarmweise in Bäumen; dabei werden arteigene traditionelle Rastplätze aufgesucht, welche die Falter möglicherweise anhand des schwachen Geruchs früherer Generationen ausmachen. Die Monarchfalter aus den nordwestlichen USA und aus Südwestkanada – fünf Millionen Individuen – gelangen schließlich an die kalifornische Küste, wo sie sich in Hainen aus Eukalyptusbäumen und Montereykiefern zum Winterschlaf niederlassen. Die übrigen Falter – mindestens hundert Millionen Individuen, die aus Ostkanada und den östlichen USA stammen – versammeln sich an einem Dutzend kleiner Standorte (Kiefern- und Tannenwälder) in den Vulkanbergen von Zentralmexiko.

WINTERSCHLAF

Die überwinternden Monarchfalter sammeln sich in solcher Dichte, dass sich die Zweige unter ihrem Gewicht biegen. Für Vögel und andere Insektenfresser ist dies jedoch kein gefundenes Fressen: Die winterstarren Schmetterlinge werden nicht behelligt, da sie im Körper die Toxine der Seidenpflanze (Asclepias) angereichert haben, von deren Saft sich die Larven zuvor ernährt hatten. Die Schmetterlinge werden erst im Februar oder Anfang März mit hörbarem Flügelschlagen wieder aktiv.

Innerhalb weniger Tage findet die Paarung statt, und die Schmetterlinge ziehen wieder nordwärts. Falter, die in Kalifornien überwintert haben, ziehen ins Kalifornische Längstal (Central Valley) und zu den Vorbergen der Sierra Nevada, wo sie Eier legen und sterben; die mexikanischen Populationen fliegen zur Eiablage nach Südtexas. Die adulten Tiere dieser Generation sind beim Tod bis zu neun Monate alt und zählen damit zu den langlebigsten Schmetterlingen überhaupt.

Die späteren Generationen des Monarchfalters wandern nordwärts und im weiteren Frühlings- und Sommerverlauf weiter ins Landesinnere; dabei «überspringen» die Populationen sich gegenseitig, während sie das gesamte Brutgebiet der Art wieder in Besitz nehmen.

NEUBESIEDLUNGEN

Entomologen haben berechnet, dass Monarchfalter bei Windstille mit acht bis zehn Flügelschlägen pro Sekunde aus eigener Kraft tausend Kilometer im Nonstop-Flug bewältigen können – allerdings steigen die Falter normalerweise hoch in den Himmel, um die dort herrschenden Rückenwinde zu nutzen, zudem machen sie sich günstige Strömungsverhältnisse an Küsten und in Flusstälern zunutze. Gelegentlich werden sie im Herbst von schnell wandernden Wettersystemen eingesogen, die sie an weit entfernte Küsten verdriften. Diese Zufallsereignisse müssen nicht unbedingt katastrophale Folgen für die Art haben, da beispielsweise Hawaii und Australasien auf diese Weise besiedelt wurden.

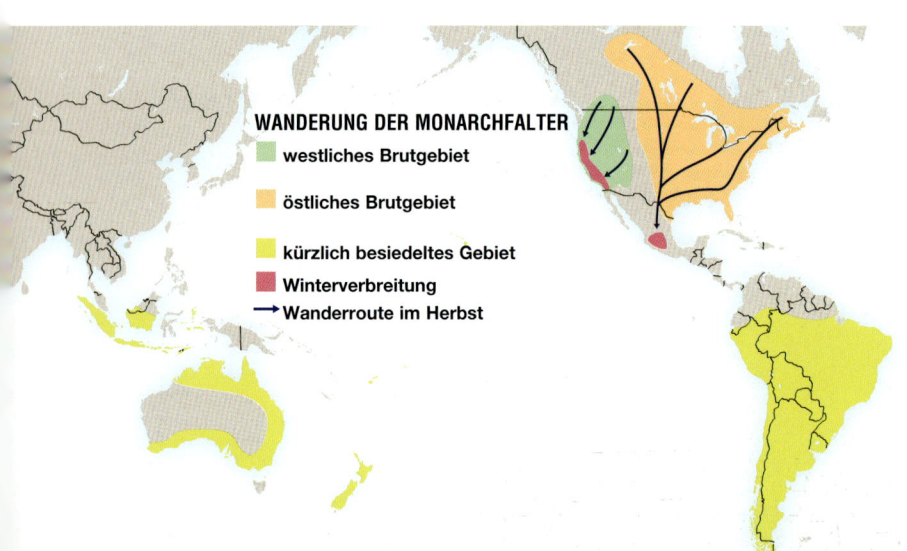

WANDERUNG DER MONARCHFALTER
- westliches Brutgebiet
- östliches Brutgebiet
- kürzlich besiedeltes Gebiet
- Winterverbreitung
- → Wanderroute im Herbst

AUF EINEN BLICK

Wissenschaftl. Name	*Danaus plexippus*
Wanderroute	zu und von den Winterquartieren im Süden
Länge der Wanderung	bis zu 4750 km
Beobachtungsorte	El Rosario Reserve, Michoacán, Mexiko
Beobachtungszeiten	Februar–Anfang März

Oben In Kalifornien (wo das Foto aufgenommen wurde) wie auch in Mexiko sind die überwinternden Monarchfalter zu einer bedeutenden Touristenattraktion geworden. Von nah und fern kommen Tagestouristen, aber auch Reisegruppen. Da man die Bedeutung des Ökotourismus mittlerweile erkannt hat, haben die mexikanischen Behörden mehrere Schmetterlingsschutzgebiete ausgewiesen.

Einschaltbild Die adulten Monarchfalter nehmen im Spätsommer und Frühherbst viel Nahrung zu sich, um Fettreserven anzulegen, die während der langen Wanderung «Brennstoff» liefern und zudem für den Winter reichen. Die hungrigen Insekten fallen in Schwärmen über nektarreiche Blüten her, sodass die Bäume völlig bedeckt sind. Wenn die Falter später wegziehen, sind sie mit Fettreserven vollgepackt.

Amerikanische Königslibelle

Im Herbst ziehen dichte Schwärme der Amerikanischen Königslibelle an der Ostküste der USA südwärts. Seit man diese Libellen mit Sendern ausstattete, konnte man ihre Wanderung zum ersten Mal verfolgen und damit neue Erkenntnisse über ein erstaunliches, aber kaum bekanntes Phänomen gewinnen.

Von den weltweit etwa 4700 Libellenarten wandern vermutlich über fünfzig Arten oder sind zumindest Teilzieher; eventuell liegt diese Zahl sogar noch höher, da Libellenwanderungen zu den kaum erforschten Themen der Entomologie (Insektenkunde) gehören. Die meisten bekannten wandernden Libellen sind in gemäßigten Klimaregionen heimisch; dort sind die ersten Herbstfröste ein wichtiger Faktor, der das Abwandern beeinflusst. Die Amerikanische Königslibelle ist eine dieser Arten; ihr Verbreitungsgebiet umfasst den größten Teil der gemäßigten Regionen von Nordamerika wie auch die subtropischen und tropischen Gebiete weiter südlich (Karibikinseln und Zentralamerika).

Amerikanische Königslibellen leben als Imagines (erwachsene Insekten) nur vier bis sieben Wochen, nachdem sie zwei bis drei Jahre als «Nymphe» (Larvenstadium) in Gewässern verbracht haben. Die schönen Libellen lassen sich vom Frühjahr bis zum Herbst im Flug beobachten. Kopf und Thorax sind leuchtend grün, die schillernden Flügel tragen ein Netzwerk dunkler Adern, der schlanke Rumpf ist beim Männchen bläulich, beim Weibchen gelbbraun. Diese mittelgroße Libelle ist 6,5 bis 7,5 Zentimeter lang und hat eine Flügelspannweite von elf Zentimeter. Wie alle Libellen lebt auch diese Art räuberisch; sie und fängt und verspeist andere Insekten im Flug, während sie in ihrem Revier über Teichen oder Seen umherschwirrt.

HERBSTLICHER EXODUS

Vermutlich halten sich die meisten Königslibellen, die in der ersten Jahreshälfte geschlüpft sind, ihr ganzes Leben lang im selben kleinen Gebiet auf, es sei denn, extreme Umweltveränderungen (wie eine Dürre) zwingen sie zum Abwandern. Einige, wenn nicht die meisten Adulttiere, die später im Jahr schlüpfen, entwickeln jedoch einen starken Wandertrieb. Diese Libellen fliegen in großen, dichten Schwärmen südwärts und folgen dabei topografischen Leitlinien wie Bergrücken, Steilfelsen, Flusstälern oder den Küsten von Seen und Ozeanen. Gelegentlich nehmen die Schwärme fast die Form einer Plage an; so flogen an einem Septembertag im Jahr 1992 innerhalb von 75 Minuten schätzungsweise 400 000 Libellen über Cape May Point (New Jersey, USA) – die meisten davon Amerikanische Königslibellen.

Links Amerikanische Königslibellen, hier ein Weibchen, verbringen ihr kurzes Leben mit der Jagd auf Stechmücken und Gnitzen; dank ihrer Tarnfärbung sind sie vor Fressfeinden gut geschützt.

AUF EINEN BLICK

Wissenschaftl. Name	*Anax junius*
Wanderroute	Ein Teil der nordamerikanischen Population wandert im Herbst südwärts
Länge der Wanderung	unbekannt
Beobachtungsorte	Atlantikküste der USA
Beobachtungszeiten	September–Oktober

WANDERUNG
- Brutverbreitung
- → Wanderroute im Herbst

In den USA lassen sich die herbstlichen Libellenwanderungen am besten in den Catskillbergen und Appalachen, an den Großen Seen und an der Atlantikküste beobachten. Die stärksten Libellenwanderungen finden dann statt, wenn eine Kaltfront durchzieht – vermutlich deshalb, weil kalte Nordwinde das Vordringen der Libellen nach Süden unterstützen. Der Auslöser für ihren Abflug könnte ein plötzlicher Abfall der Nachttemperaturen sein – wenn es zwei Nächte lang immer kälter wird, ist dies ein Anzeichen, dass sich günstige Nordwinde nähern.

Bei einer ersten bahnbrechenden Radiotelemetrie-Studie mit Amerikanischen Königslibellen, die an der Ostküste der USA entlangwanderten, fand man heraus, dass die Libellen sich ähnlich wie Zugvögel verhalten. Sie rasteten zum Beispiel regelmäßig, um sich zu erholen und die Fettreserven zu regenerieren, und vermieden besonders windige Flugtage, um nicht verdriftet zu werden. Nach den Daten dieser Untersuchung könnten die Königslibellen auf dem Herbstzug über 700 Kilometer weit wandern, obwohl sich diese Annahme erst bestätigen lässt, wenn Langstreckensender zur Verfügung stehen.

STAFFELLAUF DER GENERATIONEN

Die Wanderung der Amerikanischen Königslibelle verläuft nur in eine Richtung: Adulttiere, die nach Süden fliegen, kehren niemals zurück und sterben vermutlich nach der Eiablage.

Königslibellen, die im Frühling nordwärts ziehen, besitzen relativ saubere unversehrte Flügel – ein Zeichen, dass sie zu einer neuen Generation von frisch geschlüpften Adulttieren gehören und nicht Überlebende der vorjährigen Generation sind. Wenn die Libellen, die im Herbst südwärts gewandert waren, dort überwintert hätten und dann wieder nach Norden zurückgekehrt wären, müssten ihre Flügel «Gebrauchsspuren» zeigen.

Oben Gemessen an ihrer Größe sind Libellen ungeheuer kräftige und wendige Flieger; dies verdanken sie ihrer ausgeprägten Brustmuskulatur und den vier Flügeln, die verschiedenste Schlagmuster erlauben.

RADIOTELEMETRIE BEI LIBELLEN

Wenn man versucht, die Wanderungen einzelner Insekten in Echtzeit zu verfolgen, stellen die winzigen Abmessungen des Untersuchungsobjekts ein kaum zu lösendes logistisches Problem dar. Eine Amerikanische Königslibelle wiegt höchstens 1,5 g, und der Sender muss erheblich leichter sein, da das Insekt sonst nicht in der Lage ist, normal zu wandern. Ein Team von der Princeton Universität entwickelte im Jahr 2005 einen Spezialsender *(tracking device)*, der nur 300 mg wiegt und an der Brustunterseite der Libelle mit einem besonderen Klebstoffgemisch fixiert werden kann. Jeder Sender erzeugt zwei Impulse pro Sekunde, und das Signal wird zu Fuß, vom Auto aus oder von einer tief fliegenden Cessna mit externen Antennen verfolgt. Der Hauptnachteil dieser Methode ist die kurze Lebensdauer der Senderbatterie; deshalb kann eine Libelle bisher höchstens zehn Tage lang verfolgt werden.

Rechts Beim Anbringen der Minisender ist große Sorgfalt nötig.

Wüstenheuschrecke

Von Zeit zu Zeit vermehren sich die Populationen der Wüstenheuschrecke explosionsartig. Die Tiere wandeln sich in Wanderformen um, und es kommt zur Masseninvasion in die umliegenden Gebiete. Die Schwärme der Wanderheuschrecken können rasch biblische Ausmaße annehmen und ganze Felder kahlfressen.

Die schiere Biomasse (Körpergewicht) eines Wüstenheuschreckenschwarms ist beeindruckend: Die größten Schwärme umfassen nach Schätzungen 50 000 Millionen Tiere, bedecken ein Gebiet von bis zu tausend Quadratkilometern, und der Durchzug des Schwarms dauert sechs Stunden. Ein derartiger Schwarm kann an einem einzigen Tag auf den Äckern so viel vertilgen, wie 500 Menschen ein Jahr lang zum Leben brauchen. Noch erstaunlicher ist, dass es so wirkt, als ob diese immensen Insektenhorden innerhalb von Tagen aus dem Nichts erscheinen. Es ist äußerst schwierig, den Zeitpunkt der Heuschreckeninvasionen vorherzusagen, doch diese Ereignisse treten keineswegs zufällig verteilt auf. Die Ausbrüche werden durch die opportunistische Lebensweise der Wanderheuschrecken verursacht, die zu einer durch plötzliche Vermehrungen gekennzeichneten Populationsstruktur führt.

SCHWÄRMENDE HEUSCHRECKEN

Streng genommen umfasst der Begriff «Wanderheuschrecke» etwa zehn Heuschreckenarten der Familie Feldheuschrecken (Acrididae) mit periodischer Schwarmbildung, obwohl Populationsexplosionen auch bei etlichen anderen Heuschreckenarten vorkommen. Echte Wanderheuschrecken kommen in den heißen, trockenen Gegenden der Welt vor, insbesondere in den Tropen. Mehrere Arten können verheerenden Schaden anrichten – die wichtigsten Schädlinge sind die australische *Chortoicetes terminifera*, die amerikanische *Schistocerca americana*, die Europäische Wanderheuschrecke (*Locusta migratoria*) sowie die Wüstenheuschrecke. Die beiden letztgenannten kommen in einem riesigen Gebiet vor, das von Afrika südlich der Sahara über den Mittleren Osten bis nach Südasien reicht. Das Besondere an Wüstenheuschrecken ist jedoch ihre ungeheure Schwarmgröße, ihre Fähigkeit, über große Entfernungen zu wandern, und ihr Potenzial, der Landwirtschaft und der Existenz von Millionen Menschen katastrophale Schäden zuzufügen.

Trotz ihres Namens sind Wüstenheuschrecken, was den Lebensraum angeht, nicht wählerisch. Sie gedeihen in den verschiedensten Habitaten des offenen oder halboffenen Geländes, insbesondere in Savannen und Buschland. In Dürrejahren oder Jahren mit normalen Niederschlägen sind diese Insekten eher scheue und unauffällige Einzelgänger, sodass man sie kaum wahrnimmt. Doch der Regen ändert alles.

GESPALTENE PERSÖNLICHKEITEN

Intensives Pflanzenwachstum, das durch starke Niederschläge ausgelöst wird, regt die weiblichen Wüstenheuschrecken zur Eiablage im feuchten Erdreich an. Weitere Regenfälle führen zum Schlüpfen der Larven, und wenn die ideale Kombination von Niederschlägen, Temperatur und frischem «Grünzeug» zusammenkommt, werden sehr viele Eier gelegt und es schlüpfen dementsprechend viele Larven. Die jungen Nymphen (Larvenstadien, die wie flügellose Heuschrecken aussehen) fressen fast ohne Pause und verzehren alle 24 Stunden ihr eigenes Gewicht an Pflanzenmaterial. Sie wachsen rasch und häuten sich fünf Mal; dabei wird das harte Exoskelett gewechselt. Nach der fünften Häutung sind sie fertige Adultinsekten mit vollständig ausgebildeten Flügeln. Der gesamte Entwicklungszyklus dauert von der Eiablage bis zur Geschlechtsreife nur 45 Tage.

In den Ruhezeiten, sogenannten Rezessionen, ist die Bestandsdichte der Wüstenheuschrecke nur gering, doch bei anhaltendem Regen können die Tiere sich kontinuierlich fortpflanzen. Die dadurch verursachte Überbevölkerung führt zu einem sogenannten Phasenwechsel (siehe Kasten). Innerhalb weniger Stunden verändern die drängelnden Scharen der Nymphen ihr Aussehen und Verhalten radikal und wandeln sich von grünen, eher einzelgängerischen Insekten in gesellige, leuchtend gefärbte Tiere um, die auffällig gelb, orange und schwarz gestreift sind.

Unten Dichte Heuschreckenwolken ziehen mit dem Wind und hinterlassen eine Schneise der Zerstörung.

WÜSTENHEUSCHRECKE

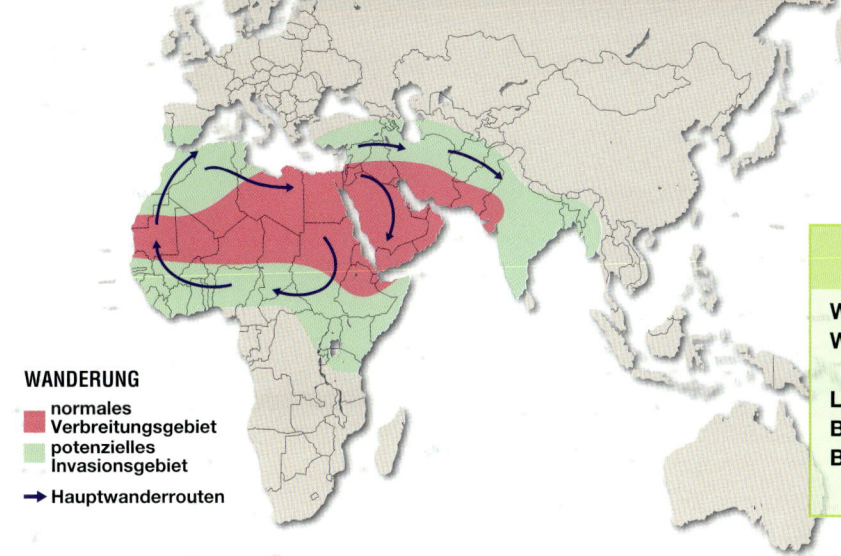

WANDERUNG
- normales Verbreitungsgebiet
- potenzielles Invasionsgebiet
- → Hauptwanderrouten

AUF EINEN BLICK

Wissenschaftl. Name	*Schistocerca gregaria*
Wanderroute	periodisches Auftreten wandernder Schwärme
Länge der Wanderung	bis zu mehreren Tausend Kilometern
Beobachtungsorte	Westafrika
Beobachtungszeiten	Heuschreckeninvasionen sind unregelmäßige Ereignisse

Sie geben ein unwiderstehliches Lockpheromon ab, das noch mehr Nymphen aus der Umgebung anzieht, sodass die Zahlen exponentiell zunehmen. Wenn sogenannte gregäre Nymphen die letzte Häutung durchlaufen, sind auch in Aussehen und Verhalten verändert: Normale adulte Wüstenheuschrecken sind braun gefärbt, nachtaktiv und von Natur aus Einzelgänger, doch die gregären Wüstenheuschrecken sind gelb gefärbte, tagaktive Schwarmtiere mit längeren Flügeln. Sehr bald hebt der Schwarm in einer dichten Wolke ab, die die einmal gewählte Richtung beibehält und nach neuen Landstrichen für die Eiablage sucht. Alle Nachkommen gehören automatisch der Schwarmphase (gregären Phase) an.

VOM WINDE VERWEHT

Mit der Hilfe des Windes können Heuschreckenschwärme erstaunliche Langstreckenreisen bewältigen. Manchmal werden sie über das Mittelmeer bis nach Südeuropa oder über das Rote Meer zur Arabischen Halbinsel getragen, eventuell sogar viele Hundert Kilometer bis über den Atlantik. Im Oktober 1988 gelangte ein Schwarm von Wüstenheuschrecken von Westafrika bis in die Karibik – diese Flugleistung erforderte 4 bis 6 Tage. Unter Testbedingungen im Labor konnten Wanderheuschrecken nonstop bis zu zwanzig Stunden fliegen, die Extraflugzeit ist also windbedingt.

Die schlimmsten Wüstenheuschreckenplagen können sich über zwölf Millionen Quadratkilometer in Afrika und Asien erstrecken, was etwa zwanzig Prozent der globalen Landfläche entspricht und damit zu Zerstörungen von fast biblischem Ausmaß führt. Die Schwarmphase endet stets mit dem Tod der Tiere, da Nahrungsmangel, Fressfeinde, Krankheiten oder Schlechtwetter ihnen zusetzen.

Unten Die Pyramiden von Gizeh, eines der Weltwunder der Antike, wirken fast unbedeutend neben diesem immensen Schwarm von Wüstenheuschrecken, die 2004 über Nordafrika herfielen.

PHASENWECHSEL

Wie und warum wandeln sich junge Wüstenheuschrecken von der Einzelphase (solitär) in die soziale Schwarmphase (Wanderphase, gregäre Phase) um? Stephen Simpson (Universität Oxford) und Mitarbeiter untersuchten die Frage, ob der Phasenwechsel durch visuelle Reize, chemische Signale wie Gerüche, physischen Kontakt oder eine Kombination all dieser und eventuell weiterer Faktoren getriggert wird. Sie fanden heraus, dass Gesichts- und Geruchssinn zwar eine gewisse Rolle spielen, Berührung jedoch der wichtigste Auslöser ist. Durch das Populationswachstum nimmt der verfügbare Platz pro Heuschreckennymphe ab, wodurch die Tiere häufiger aneinanderstoßen; wenn diese Drängelei ein kritisches Maß erreicht, findet der Phasenwechsel statt. Er wird eingeleitet, wenn ein bestimmtes Feld mit Sinneshaaren auf den Hinterbeinen der Heuschrecke wiederholt berührt wird. Vielleicht wird man eines Tages Insektizide entwickeln können, die dieses Sinneshaarfeld unempfindlich machen und damit das Schwarmverhalten verhindern können.

Rechts Diese Heuschrecke ist bereits in der Schwarmphase – die Umwandlung wird durch den Körperkontakt mit anderen Wüstenheuschrecken ausgelöst.

Hotspots der Tierwanderungen

Tierwanderungen gehören zweifellos zu den faszinierendsten Schauspielen, die die Natur zu bieten hat. Ob riesige Watvogelschwärme, die über den Himmel streichen, oder Antilopenherden, die über die Savanne donnern, ob rätselhafte Versammlungen von Hochseefischen oder Scharen frisch geschlüpfter Schildkröten, die über einen Strand kriechen – Wanderungen sind ein einzigartiges Phänomen, das uns begeistert und inspiriert. Diese Zusammenstellung gibt einen Überblick über einige der weltweit besten Plätze, um Tierwanderungen zu beobachten. Jeder dieser Orte wurde ausgewählt, weil er Gelegenheit bietet, einzigartige Wanderungen oft aus nächster Nähe mitzuerleben. Weil Wanderungen in Abhängigkeit von der Jahreszeit stattfinden, besucht man die meisten «Hotspots» am besten zu einer bestimmten Jahreszeit – aber selbst dann gibt es keine Garantie. Geduld und Ausdauer sind für Menschen, die wild lebende Tiere beobachten möchten, das Allerwichtigste.

PAZIFIK	NORDAMERIKA	MITTEL- UND SÜDAMERIKA

Der Pazifik beherbergt mehr wandernde Tiere als irgendein anderer Lebensraum. Seine Seamounts und entlegenen Inseln werden von pelagischen Haien, Meeresschildkröten und Seevögeln besucht.	Die riesigen Bison- und Gabelbockherden gehören längst der Vergangenheit an, doch Nordamerika bietet noch immer faszinierende Schauspiele, wie wandernde Eisbären, Schwärme von Monarchfaltern und Guano-Fledermäusen.	Auf dem Weg zwischen ihren Brutplätzen in gemäßigten nördlichen Breiten und ihren Winterquartieren in den Tropen bildet Zentralamerika für Unmengen von Vögeln einen Zugkorridor. Geschützte Küstengewässer sind wichtige Nahrungsgründe für pelagische Fische wie Walhaie; auf den Galapagosinseln kann man die ungewöhnliche Brutwanderung der Landleguane beobachten. Patagonien an der Südspitze von Südamerika ist eine weitgehend unberührte Naturlandschaft.

ATLANTIK

Zahlreiche Seevögel, Wale – und einige Fische wie Thunfische und Haie – pendeln zwischen den kalten und warmen Wassern des Atlantiks hin und her. Inseln längs des Mittelatlantischen Rückens dienen Meeresschildkröten als Brutgebiete.

EUROPA

In Europa gibt es keine großen Säugerwanderungen; die Zugvögel sind am auffälligsten. Millionen von Singvögeln, Greifvögeln und anderen ziehen von Afrika zum Brüten nach Europa, während im Winter Scharen von Watvögeln, Drosseln und Wasservögeln aus der Arktis in Europa eintreffen. Ebenfalls spektakulär sind die Wanderungen der Europäischen Flussaale und der Atlantischen Lachse oder die Brutwanderungen der Suppenschildkröten und der Unechten Karettschildkröten im Mittelmeer.

ASIEN

Die Tundra bietet wandernden Wat- und Wasservögeln, die von weither, sogar aus Australasien, hierhin ziehen, ein Sommerquartier, während die nährstoffreichen Gewässer vor der Nordostküste des Kontinents Seevögel und Wale anlocken. Die großen Steppengebiete in mittleren Breiten werden von nomadischen Weidegängern wie Mongoleigazellen, Kropfgazellen und Saiga-Antilopen durchstreift. In den südasiatischen Feuchtgebieten und Küstenregionen überwintern wandernde Watvögel.

AUSTRALASIEN

Australien, das 45 Millionen Jahre lang vom Rest der Welt isoliert war, hat eine einzigartige Fauna entwickelt. Viele Tierarten des ariden Landesinneren leben nomadisch. Verschiedene australische und neuseeländische Küstenregionen sind wichtige Brutgebiete für zahlreiche wandernde Arten, wie Wale, Meeresschildkröten, Sturmtaucher und Albatrosse. Berühmt ist die Weihnachtsinsel für die Wanderungen von Millionen Weihnachtsinsel-Krabben.

AFRIKA

In der Savanne, die südlich der Sahara einen Großteil von Afrika bedeckt, kann man umfangreiche Wanderungen von Antilopen, Zebras, Kaffernbüffeln und Elefanten beobachten.

Ein guter Beobachtungszeitpunkt ist das Ende der Trockenzeit, wenn sich die Tiere an den austrocknenden Wasserstellen konzentrieren. Das vielleicht größte Wildtierschauspiel ist die Massenwanderung der Gnus im Serengeti-Mara-Ökosystem. Die weiten Grasflächen scheinen bis ins Unendliche zu reichen.

ANTARKTIS

Eine der erstaunlichsten Ausdauerleistungen ist der Marsch der Kaiserpinguine über den gefrorenen Kontinent. Dieser Marathon beginnt im antarktischen Winter – später im Jahr sind die Pinguine leichter zu beobachten.

NORDAMERIKA

1. ARCTIC NATIONAL WILDLIFE REFUGE, ALASKA, USA
Hauptarten Karibu, Eisbär, Schneegans, Dallschaf
Beste Reisezeit Juni–Juli
Habitat Küste, Tundra, Gebirge
Tipp für Besucher Wildtiere lassen sich am besten im Rahmen einer Führung beobachten.

2. ADAMS RIVER, BRITISH COLUMBIA, KANADA
Hauptarten Rotlachs
Beste Reisezeit August–Oktober
Habitat großer Fluss, entspringt in den Columbia Mountains
Tipp für Besucher Große Lachswanderungen treten alle vier Jahre auf.

3. CHURCHILL, MANITOBA, KANADA
Hauptarten Eisbär, Weißwal
Beste Reisezeit Oktober–November (Bären), Juli–August (Weißwale)
Habitat Küste, Tundra; Hudson Bay friert im Winter zu
Tipp für Besucher Der am besten zugängliche Ort, um Eisbären zu sehen; um mehr als 3000 Weißwale zu sehen, sollte man das Mündungsgebiet des Churchill River im Sommer besuchen.

4. CHEYENE BOTTOMS, KANSAS, USA
Hauptarten Kanadakranich, Küstenvögel
Beste Reisezeit März–April
Habitat Feuchtgebiet
Tipp für Besucher Ein wichtiger Rastplatz für Zugvögel.

5. DELAWARE BAY, DELAWARE UND NEW JERSEY, USA
Hauptarten Knutt, Amerikanische Königslibelle, Küstenvögel, Bussarde, Waldsänger
Beste Reisezeit Ende Mai (Knutt), September–Oktober (andere Arten)
Habitat Küste, Küstenlagunen, Salzmarschen
Tipp für Besucher Im Frühjahr Rastplatz für große Knuttschwärme.

6. CORTES-SEE (GOLF VON KALIFORNIEN), BAJA CALIFORNIA, MEXIKO
Hauptarten Grau-, Buckel- und Pottwale
Beste Reisezeit Januar–März
Habitat Geschützte Küstengewässer
Tipp für Besucher Hier kann man Grauwale ganz aus der Nähe erleben.

7. EL ROSARIO RESERVE, MICHOACÁN, MEXIKO
Hauptarten Überwinternde Monarchfalter
Beste Reisezeit Februar–Anfang März
Habitat Montaner Nadelwald
Tipp für Besucher Bester Zeitpunkt: frühmorgens an einem sonnigen Tag.

8. VERACRUZ, MEXIKO
Hauptarten Präriebussard, Truthahngeier, andere Greifvögel
Beste Reisezeit August–Oktober
Habitat Stadtflächen, Agrarland
Tipp für Besucher An diesem Ort wandern über 5 Millionen Greifvögel vorbei.

MITTEL- UND SÜDAMERIKA

9. BAY ISLANDS, HONDURAS
Hauptarten Walhai, Westindische Languste, Suppenschildkröte und Echte Karettschildkröte
Beste Reisezeit Februar–April
Habitat Korallenriffe und Atolle
Tipp für Besucher Teil des längsten Barriere-Riffs in der westlichen Hemisphäre.

10. LOS LLANOS, VENEZUELA
Hauptarten Reiher, Ibisse (Sichler), Störche, Pfeifgänse
Beste Reisezeit November–März
Habitat Savanne, Feuchtgebiete
Tipp für Besucher Ein Paradies für Wasservögel, vor allem in der Trockenzeit.

11. PANTANAL, BRASILIEN
Hauptarten Brillenkaiman, diverse Reiherarten, eine große Vielfalt von wandernden Süßwasserfischen
Beste Reisezeit August–Oktober
Habitat Saisonal überflutete Sumpfgebiete, Waldland und Savanne.
Tipp für Besucher Die Fische schwimmen zum Laichen flussaufwärts und dienen einer riesigen Zahl von Kaimanen und Wasservögeln als Nahrung.

12. HALBINSEL VALDES, ARGENTINIEN
Hauptarten Magellanpinguin, Südlicher Seelöwe, Südlicher Seeelefant, Südlicher Glattwal (Südkaper), Schwertwal
Beste Reisezeit November–Januar
Habitat Kiesstrand
Tipp für Besucher Erstaunlich große Ansammlungen von Meerestieren, die sich fortpflanzen; Punta Tombo ist ein anderer großartiger Beobachtungsort.

PAZIFIK

13. HAWAII, USA
Hauptarten Buckelwal, Suppenschildkröte
Beste Reisezeit Januar–März (Buckelwal), ganzjährig (Suppenschildkröte)
Habitat Seichte Küstengewässer
Tipp für Besucher Wichtige Kinderstube für Buckelwale; manchmal kommen Suppenschildkröten zum Sonnen an Land.

14. GALAPAGOSINSELN, ECUADOR
Hauptarten Landleguan
Beste Reisezeit Juni–Juli
Habitat Vulkanische Lavafelder, Buschland
Tipp für Besucher Hier hat man die seltene Gelegenheit, Reptilien auf der Wanderung zu beobachten.

15. KOKOSINSELN, COSTA RICA
Hauptarten Bogenschnäuziger Hammerhai, andere große pelagische Fische
Beste Reisezeit Juni–August
Habitat Seamounts; umgeben von kräftigen, nährstoffreichen Auftriebszonen (upwellings)
Tipp für Besucher Einzigartige Gelegenheit, zwischen Haischulen zu schwimmen.

ATLANTIK

16. ASCENSION ISLAND, GROSSBRITANNIEN
Hauptarten Suppenschildkröte
Beste Reisezeit Januar–April (Adulttiere), März–Juni (frisch geschlüpfte Tiere)
Habitat Sandstrand
Tipp für Besucher Die Weibchen nutzen fast jedes geeignete Strandfleckchen auf der Insel zur Eiablage.

17. SOUTH GEORGIA, GROSSBRITANNIEN
Hauptarten Südlicher Seeelefant, Antarktische Pelzrobbe (auch: Kerguelen-Pelzrobbe, Antarktischer Seebär), Wanderalbatros, Königspinguin
Beste Reisezeit November–Februar
Habitat Subantarktische Inseln
Tipp für Besucher Die Region wimmelt nur so von wenig menschenscheuen Wildtieren.

AFRIKA

18. BANC D'ARGUIN NATIONALPARK, MAURETANIEN
Hauptarten Küstenvögel, Seeschwalben
Beste Reisezeit Oktober–Februar
Habitat Wattflächen, Sandbänke, kleine Inseln
Tipp für Besucher Extrem wichtiges Überwinterungs- und Rastgebiet für Zugvögel

19. SERENGETI–MARA, TANSANIA UND KENIA
Hauptarten Gnu, Steppenzebra, Thomson-Gazelle
Beste Reisezeit Januar–März (Wurfzeit der Gnus), Juni–August (Gnus durchqueren die Flüsse Grumeti und Mara)
Habitat Savanne
Tipp für Besucher Eine Safari mit mehreren Übernachtungen bietet die beste Gelegenheit, mit den wandernden Wildtieren Schritt zu halten.

20. KASANKA-NATIONALPARK, SAMBIA
Hauptarten Palmenflughund
Beste Reisezeit November–Dezember
Habitat Mushitu-Wald (Sumpfwald)
Tipp für Besucher In der Abend- und Morgendämmerung sind die Flughunde am aktivsten.

21. OKAVANGO-DELTA, BOTSWANA
Hauptarten Afrikanischer Elefant, Kaffernbüffel, Steppenzebra, Wasservögel
Beste Reisezeit Mai–Juni
Habitat Überschwemmungs- und Feuchtgebiete
Tipp für Besucher Um diese Zeit haben Säuger und Vögel Nachwuchs.

22. KRÜGER-NATIONALPARK, SÜDAFRIKA
Hauptarten Afrikanischer Elefant, Impala, Steppenzebra, Breitmaulnashorn
Beste Reisezeit Mai–September
Habitat Savanne, Dornsavanne, Waldgebiete
Tipp für Besucher Wegen der spärlichen Belaubung eignet sich die Trockenzeit am besten zur Beobachtung von Wildtieren.

EUROPA

23. TARIFA-KÜSTE, SPANIEN
Hauptarten Weißstorch, Greifvögel, Singvögel
Beste Reisezeit März–April, August–September
Habitat Strand, Steilfelsen, Landspitzen
Tipp für Besucher Singvögel auf dem Zug lassen sich am besten sehr früh morgens beobachten, wenn sie nach Nahrung suchen; große Thermiksegler sind während der heißen Tageszeit aktiv.

24. THE WASH, LINCOLNSHIRE UND NORFOLK, GROSSBRITANNIEN
Hauptarten Knutt, Alpenstrandläufer, Kurzschnabelgans
Beste Reisezeit November–März
Habitat Wattflächen, Salzmarschen
Tipp für Besucher Bei Hochflut drängen sich dichte Watvogeltrupps an der Küste zusammen.

25. WATTENMEER, NIEDERLANDE, DEUTSCHLAND UND DÄNEMARK
Hauptarten Enten, Gänse, Küstenvögel
Beste Reisezeit ganzjährig
Habitat Seichte Küstengewässer, Wattflächen, Salzmarschen
Tipp für Besucher Hier überwintern mehrere Millionen Wasser- und Watvögel.

26. DONAUDELTA, RUMÄNIEN
Hauptarten Krauskopfpelikan, Rothalsgans
Beste Reisezeit April–Juni (brütende Wasservögel), November–März (überwinternde Wasservögel)
Habitat Fluss, Seen, Schilfgebiete
Tipp für Besucher In Europas größtem Feuchtgebiet wimmelt es sommers wie winters von Vögeln.

ASIEN

27. HEMIS-NATIONALPARK, LADAKH, INDIEN
Hauptarten Schneeleopard, Wildschafe und Wildziegen
Beste Reisezeit Januar–Februar
Habitat Gebirge
Tipp für Besucher In Park leben rund 100 der schwer zu beobachtenden Schneeleoparden.

28. KEOLADEO-NATIONALPARK, RAJASTHAN, INDIEN
Hauptarten Enten, Gänse, Kraniche, Greifvögel
Beste Reisezeit Oktober–März
Habitat Sümpfe, Waldgebiete, Buschland
Tipp für Besucher Viele überwinternde Wasservögel aus dem Norden, außerdem zahlreiche Greifvögel auf dem Durchzug

29. MAI PO, CHINA
Hauptarten Küstenvögel (bis zu 25 Arten)
Beste Reisezeit April–Mai
Habitat Schlickflächen, Mangroven, Garnelenteiche
Tipp für Besucher Rastgebiet für Küstenvögel, die in die Arktis weiterziehen

30. KAMTSCHATKA-HALBINSEL, RUSSLAND
Hauptarten Kurzschwanz-Sturmtaucher, Alkenvögel, Grauwal
Beste Reisezeit Juni–Juli
Habitat Felsküste, Binnengewässer
Tipp für Besucher Die produktiven Gewässer vor dieser vulkanischen Halbinsel bieten im Sommer Nahrung für Millionen von Seevögeln und etliche Wale.

31. SIPA DAN ISLAND, BORNEO, MALAYSIA
Hauptarten Suppenschildkröte und Echte Karettschildkröte
Beste Reisezeit Juli–August
Habitat Korallenriff
Tipp für Besucher An diesem Ort kann man auf einem einzigen Tauchgang Dutzende von Meeresschildkröten sehen.

AUSTRALASIEN UND ANTARKTIS

32. WEIHNACHTSINSEL, AUSTRALIEN
Hauptarten Weihnachtsinsel-Krabbe
Beste Reisezeit November–Januar
Habitat Felsküste
Tipp für Besucher Das Lokalradio sendet aktuelle Informationen über die Wanderung der Krabben.

33. KAKADU-NATIONALPARK, NORTHERN TERRITORY, AUSTRALIEN
Hauptarten Spaltfußgans, Brillenpelikan, Leistenkrokodil
Beste Reisezeit Juli–August
Habitat Überschwemmungs- und Feuchtgebiete
Tipp für Besucher Wildtiere lassen sich am besten während der Trockenzeit beobachten.

34. NINGALOO REEF, WESTAUSTRALIEN, AUSTRALIEN
Hauptarten Walhai, Mantarochen
Beste Reisezeit März–April
Habitat Korallenriff
Tipp für Besucher Man kann gemeinsam mit diesen riesigen Meeresbewohnern schnorcheln.

35. KAIKOURA, SÜDINSEL, NEUSEELAND
Hauptarten Albatrosse, Pottwal
Beste Reisezeit Juni–August
Habitat Tiefer ozeanischer Graben in Küstennähe
Tipp für Besucher Guter Ausgangshafen für Beobachtungstouren, um Albatrosse und Pottwale zu sehen.

36. ANTARKTISCHE HALBINSEL
Hauptarten Kaiser-, Adélie- und Eselspinguin, verschiedene Albatrosse, Sturmschwalben und Sturmvögel, Buckelwal
Beste Reisezeit Dezember–Januar
Habitat Planktonreiche Südpolargewässer
Tipp für Besucher Das Programm von Kreuzfahrtschiffen schließt häufig den Besuch von South Georgia, den South Orkneys und den South Shetland Islands ein.

Glossar

adult Erwachsen und geschlechtsreif.

anadrom Bezeichnet Fische, die überwiegend im Meer leben und zur Fortpflanzung ins Süßwasser wandern; siehe auch *katadrom*.

arid Trocken, dürr; bezieht sich auf Klima beziehungsweise Boden.

Auswanderung (Emigration) Dauerhaftes Sich-Entfernen eines Tieres aus seinem vorherigen Lebensraum.

Barten Flexible Hornstruktur, die in fransigen Platten vom Gaumen von Bartenwalen herabhängt; sie dient dazu, Plankton aus dem Wasser zu seihen; auch als «Fischbein» bekannt.

Beringung Kennzeichnung eines Vogels durch einen Metallring (mit Seriennummer verschiedener Vogelwarten), der in der Regel am Bein befestigt wird. Bei Wiederfang oder Totfund des Vogels lassen sich dessen Wanderwege rekonstruieren und die Herkunft zurückverfolgen.

biologische Uhr Innere «Uhr», die bei fast allen Organismen vorkommt, von Schimmelpilzen bis zum Menschen; sie hat die Aufgabe, physiologische und verhaltensbiologische Prozesse zeitlich zu regeln.

Biom Eine große, überschaubare Landschaftseinheit mit ihrer typischen Fauna und Flora.

boreal Bezieht sich auf Waldgebiete der gemäßigten Zone im hohen Norden, dominiert von Nadelbäumen (Koniferen) wie Tannen, Fichten und Kiefern.

Breitfrontzug Bedeutet, dass Tiere (meistens Vögel) ein Gebiet breitflächig überqueren, ohne von der gewählten Zugrichtung abzuweichen, und keine Umwege machen, die durch das Terrain oder andere Merkmale bedingt sind; siehe auch *Schmalfrontzug*.

circadianer Rhythmus Regelmäßiger Zyklus körperlicher Aktivitäten und Funktionen, der sich auch beim Fehlen äußerer Zeitgeber etwa alle 24 Stunden wiederholt; siehe auch *biologische Uhr, circannualer Rhythmus*.

circannualer Rhythmus Jährlicher (annualer) Zyklus, der von äußeren Zeitgebern wie der Tageslänge beeinflusst werden kann; siehe auch *biologische Uhr, circadianer Rhythmus*.

Crustaceen Krebstiere wie Hummer, Krabben, Flohkrebse und Ruderfußkrebse.

«Dispersal» («Umherstreifen») Unregelmäßige und ungerichtete Wanderung (sogenannte Zerstreuungswanderung) über ein größeres Gebiet, die die Tiere vom gegenwärtigen Standort wegführt.

Fluchtwanderung Massenabwanderung aus einer Region, die plötzlich außerordentlich unwirtlich geworden ist, beispielsweise aufgrund von Stürmen oder starken Schneefällen; in diesem Fall auch als Wetterflucht bezeichnet.

Greifvogel (Taggreifvogel) Sammelbegriff für Falken, Habichte, Bussarde, Adler, Fischadler und Geier.

Großkreisroute Kürzeste Entfernung zwischen zwei Punkten auf der Erdoberfläche; Tiere, die dieser Route folgen, müssen während der Wanderung eine ständige, fortlaufende Richtungsveränderung vornehmen.

Habitat Charakteristischer Lebensraum (Standort), der von einer Tier- oder Pflanzenart besiedelt wird.

Hyperphagie Verstärkte Nahrungsaufnahme vor Antritt der Wanderung, um Fettreserven als Energiespeicher anzulegen.

Invasion Zeitlich begrenzte, unregelmäßige, vereinzelte bis massenhafte Einwanderung einer Tierart in einen bestimmten Lebensraum.

Irrgast Individuum, das aufgrund eines Navigationsfehlers oder ungünstiger Bedingungen auf dem Zug an einen Ort außerhalb seines normalen Verbreitungsgebiets oder seiner Zugroute gelangt.

Jetstream (Strahlstrom) Schmale, starke Luftströmung in großer Höhe.

juvenil Bezieht sich auf alle Kindheits- und Jugendphasen, also bis zur Geschlechtsreife.

katadrom Bezeichnet Fische, die vorwiegend im Süßwasser leben und zur Fortpflanzung ins Meer wandern; siehe auch *anadrom*.

Leitlinie Topografisches Merkmal wie Küstenlinie, Flusstal oder Bergkette, an dem sich die wandernden Tiere orientieren.

Magnetkompass Kompass, der auf dem Erdmagnetfeld basiert.

Magnetsinn Fähigkeit mancher Tiere, sich am Erdmagnetfeld zu orientieren.

Mauserzug (bei Vögeln) Wanderung in bestimmte Gebiete, um dort das Federkleid zu wechseln. Auch einige Reptilien und Meeressäuger suchen zum Häuten bzw. Fellwechsel bestimmte Orte auf.

Navigation Aufsuchen eines bestimmten Zielortes auf direktem Wege; dazu sind Kenntnisse über die Entfernung zwischen gegenwärtigem Aufenthaltsort und Bestimmungsort erforderlich; siehe auch *Orientierung*.

nomadisch Bezeichnet ein Tier, das weit umherstreift, aber keine feste Richtung oder einen «Wanderfahrplan» hat.

opportunistische Lebensweise Hauptsächlich auf Ernährungsweise bezogen; z. B. Allesfresser im Gegensatz zu Nahrungsspezialisten.

Orientierung Verhalten, das Tiere befähigt, anhand bestimmter Hinweise/Orientierungsmechanismen das gewünschte Ziel zu erreichen bzw. eine bestimmte Himmelsrichtung einzuhalten; siehe auch *Navigation*.

Ortstreue (Standorttreue) Neigung eines Tieres, ein einmal gewähltes Gebiet nicht zu verlassen oder es immer wieder aufzusuchen.

PAT «Pop-up Archival Tag»; Gerät zur Messwerterfassung, das an ein Wassertier angeheftet wird und Informationen speichert, die später abgerufen werden können; wird in der Regel eingesetzt, um die Bewegungen von Meeresfischen und -schildkröten zu untersuchen.

pelagisch Bezeichnet Meeresbewohner, die im offenen Wasser, meist weitab der Küste, leben.

Pheromon Botenstoff, welcher der chemischen Kommunikation zwischen Lebewesen einer Art dient.

Philopatrie Neigung eines Tieres, dem Geburtsort treu zu bleiben oder an ihn zurückzukehren.

Phonotaxis Orientierung nach einer Schallquelle.

Plankton Sammelbezeichnung für kleine bis mikroskopisch kleine Lebewesen, dazu gehören Pflanzen, Bakterien, Einzeller, Crustaceen und die Larven größerer Tiere, die in riesiger Zahl im Süß- oder Salzwasser schweben oder treiben, vor allem in Oberflächennähe.

PTT Abkürzung für «Platform Transmitter Terminal»; Gerät, das im Rahmen der Satellitentelemetrie eingesetzt und an ein Tier angeheftet wird, um dessen Position zu verfolgen. Das Gerät sendet ein Signal aus, das vom ARGOS-Satelliten-Netzwerk aufgefangen wird, welches die Erde umkreist.

Radiotelemetrie Lokalisierung und Nachverfolgung eines wandernden Tieres, das mit einem Sender versehen wurde.

Rastgebiet, Rastplatz Ort, wo wandernde Tiere in großer Zahl pausieren, in der Regel, um sich auszuruhen und ihre Energiereserven aufzufüllen; bei Vögeln manchmal aber auch um zu mausern.

Röhrennase Vertreter der Seevogelordnung *Procellariiformes*, zu der Albatrosse, Sturmtaucher, Sturmvögel und Sturmschwalben gehören; der Name leitet sich von den auffälligen röhrenförmigen Nasengängen am Oberschnabel ab.

Satellitentelemetrie Begriff, der sich von dem griechischen Ausdruck für «Entfernungsmessung» ableitet; bezieht sich auf die Forschungsmethode, PTT einzusetzen, um die Bewegungen eines Tieres zu verfolgen.

Schmalfrontzug Beschreibt Wanderungen, bei denen die wandernden Tiere aus einem weiten Verbreitungsgebiet durch schmale Korridore ziehen (oft entlang von Küsten und Halbinseln oder durch enge Täler); siehe auch *Breitfrontzug*.

sesshaft Bezieht sich auf Individuen oder Populationen, die standorttreu sind.

Sonnenkompass Kompass, der auf der Stellung der Sonne am Himmel beruht.

Sperlingsvögel Ordnung *Passeriformes*, diese umfasst mehr als die Hälfte aller Vogelarten; die Singvögel (manchmal fälschlich mit den *Passeriformes* gleichgesetzt) sind eine Unterordnung.

Standvogel Sesshafter Vogel; siehe *sesshaft*.

Sternkompass Kompass, der auf der Position von Sternen am Nachthimmel basiert; Voraussetzung ist, dass das Tier die Drehung von Sternbildern um einen festen Punkt ausmachen kann.

Teilzieher Eine Art, in der nicht alle Individuen regelmäßig wandern. Nur Individuen aus einem bestimmten Teil des Verbreitungsgebiets, einer Altersgruppe oder eines Geschlechts wandern ab.

vertikale Wanderung Meist regelmäßige, tägliche oder jahreszeitliche (saisonale) Wanderbewegung von Tieren zwischen höher und tiefer gelegenen Orten, sei es im Gebirge oder in einem Wasserkörper.

Wetterflucht Siehe *Fluchtwanderung*.

Zug, Wanderung (engl. migration) Zielgerichtete Wanderbewegung von einem Gebiet zum anderen, bei der die Tiere oft einer genau definierten Route folgen, häufig zu einem bereits bekannten Ziel und zu einer bestimmten Jahreszeit oder einem spezifischen Zeitpunkt; ein Individuum kann einmal oder mehrmals im Leben eine Wanderung antreten.

Zugscheide Imaginäre Trennlinie, die zwei oder mehr Brutpopulationen trennt, die in verschiedene Zugrichtungen abwandern; auf der einen Seite der Zugscheide ziehen sie in die eine Richtung (z. B. nach Südwesten), auf der anderen Seite in eine andere Richtung (z. B. nach Südosten).

Zugstraße, Zugweg, Zugkorridor («Flyway») Virtueller Korridor oder Route, die von Zugvögeln, wandernden Insekten oder Fledermäusen Jahr für Jahr benutzt wird.

Zugunruhe Beschreibt die Rastlosigkeit von Zugvögeln kurz vor Zugbeginn; am besten bei Sperlingsvögeln erforscht.

Register

A

Aale *siehe* Europäischer Aal
Abendkernbeißer 145
Adams River, British Columbia 168
Afrika, Hotspot 167, 168
Afrikanischer Elefant 19, 58–59, 60, 61, 169
Alaska 44, 45, 50, 51
Albatrosse 23, 86, 111, 122, 123, 168, 169
   Brutkolonien 15
   Langleinenfischerei 38
   Röhrennasen 125
   siehe auch Graukopfalbatros, Wanderalbatros
Algenblüte 107
Alkenvögel 17, 143
Altai-Wildschaf (Argali) 49
Amerikanische Königslibelle 162–163, 168
Amphibien Fortpflanzung 14, 15 *siehe auch* Erdkröte
anadrome Fische 15, 100
Anax junius siehe Amerikanische Königslibelle
Ancon Hill, Panama City 133
Anguilla anguilla siehe Europäischer Aal
Anser caerulescens siehe Schneegans
Antarktis, Hotspot 167, 169
Antilopen, Brunft 14
Aptenodytes forsteri siehe Kaiserpinguin
Aransas National Wildlife Refuge, Texas 137
Archilochus colubris siehe Rubinkehlkolibri
Arctic National Wildlife Refuge, Alaska 44, 168
Arribada 88, 89
Artenschutzprojekte, Schreikranich 136, 137
Ascension Island 91, 168
Asien, Hotspot 167, 169
Ästivation (Übersommerung) 11
Atlantik 126–127, 157, 167, 168
Atlantik-Bastardschildkröte 88–89
Atlantischer Hering 21
Augen
   Greifvögel 27
   Pecten oculi 26
Ausrottung 39, 41
Austin, Texas 115
Australasien, Hotspot 167, 169
Australien 17, 135
Australischer Blauwangenallfarblori 135

B

Baitballs 98
Banc d'Arguin, Westafrika 139, 141, 168
Bären als Fischfänger 101
Barten
   Blauwale 106
   Buckelwale 79
   Grauwale 83
   Südkaper 81
Bartkauz 145
Bass-Straße 124
Bay Islands, Honduras 168
Beaufort-See 47
Bebrütung
   Galapagos-Landleguan 71
   Kaiserpinguin 66
   Meeresschildkröten 14, 89, 91
   Schwarzschnabel-Sturmtaucher 127
   Temperatur und Geschlecht 89, 91
Beilfische 105
Bejagung durch Menschen 38–39
   Bison 52–53
   Schreikranich 137
   Springbock 38
   Suppenschildkröte 90
   Walross 85
   siehe auch Walfang
Beluga *siehe* Hausen
Berglemming 17, 64–65, 145
Bergwachtel, vertikale Wanderung 13
Beringmeer
   Grauwal 83
   Kurzschwanz-Sturmtaucher 125
   Walross 84
Beringung 36
   Fischadler 130
   Fitis 152
   Rauchschwalbe 151
   Trauerschnäpper 155
Bestäubung, Palmenflughund 117
Bewick, Thomas (1753–1828) 120
Bienenfresser *siehe* Karminspint
biologische Uhren 18–19
Bison 52–53
Blasennetze (bubble-netting) 79
Blattläuse 159
Blauflossenthunfisch 99
Blauhai 96–97
Blauschaf (Bharal) 49
Blauwal 7, 13, 106
Blubber 35, 79, 80, 83, 85
Bobolink 39
Bogenschnäuziger Hammerhai 92–93, 168
Bogong-Falter 159
Bosporus
   Greifvögel 133
   Weißstorch 129
Brachvögel 135
Bracken Cave, Texas 115
Braunbären, Lachsfischerei 101
Breitflügelbussard 133
Breitfrontzug 24, 57, 131
Brillenpelikan 135
Bristol Bay, Alaska 85
Brucellose, Bison 53
Brunft 14, 50, 51, 57
Buckelwal 7, 66, 76–79, 168, 169
Buffalo-Commons-Initiative 53
Bufo bufo siehe Erdkröte
Buteo swainsoni siehe Präriebussard

C

Cephalopoden *siehe* Kopffüßer
Calidris canutus siehe Knutt
Canyons, unterseeische 96
Carlsbad Cavern, Texas 115
Chelonia mydas siehe Suppenschildkröte
Chesapeake Bay 131, 145
Cheyenne Bottoms, Kansas 21, 168
Chiroteuthis 105
Chobe River, Botswana 58–59, 61
Churchill, Kanada 47, 168
Ciconia ciconia siehe Weißstorch
circadiane Rhythmen 18–19
Congress Avenue Bridge, Austin 115
Connochaetes taurinus siehe Weißbartgnu
Conolophus pallidus siehe Santa-Fé-Drusenkopf
Conolophus subcristatus siehe Galapagos-Landleguan
Copedopden *siehe* Ruderfußkrebse
Corioliskraft 28
Cortes-See, Mexiko 168
Crustaceenlarven 75, 105
Cygnus columbianus siehe Tundraschwan

D

Dallschaf 50–51
Danaus plexippus siehe Monarchfalter
Delaware Bay, New Jersey 138, 168
Delfine 22, 28
Delmarva-Halbinsel, Chesapeake Bay 131
Deltas 60–61
Dendroica striata siehe Kappenwaldsänger
Desertifikation, Sahel 153
DeSoto National Wildlife Refuge, USA 118
Diapause 11
Diatomeen *siehe* Kieselalgen
Dickhornschaf 50, 61
Distelfalter 23, 159, 159
Donaudelta, Rumänien 169
Dreischluchtendamm, China 39
Drosseln, nomadische Wanderung 17
Dunkler Sturmtaucher 7, 37
dynamischer Segelflug, Albatrosse 123, 124

E

Echoortung 28
Eichelhäher 145
Eidolon helvum siehe Palmenflughund
Einzeller 105
Eisbär 46–47, 168
Eiszeiten 34
Eizahn *siehe* Suppenschildkröte 91
El Bajo Espiritu Santo, Golf von Kalifornien 93
El Rosario Reserve, Mexiko 161, 168
Elefanten 14
   siehe auch Afrikanischer Elefant
Elektrorezeptoren 93, 96
Elenantilope 56
Elk Island National Park 52
Emigration, Mensch 11, 33
Enten, Mauser 13
   siehe auch Wanderpfeifgans
Erde
   Erdrotation 19
   Jahreszeiten 12–13
Erdkröte 72–73
Erdmaus 65
Eschrichtius robustus siehe Grauwal
Eubalaena australis siehe Südkaper
Eubalaena glacialis siehe Nordkaper, Atlantischer
Eubalaena japonica siehe Nordkaper, Pazifischer
Euphausia superba siehe Krill, Antarktischer
Europa, Hotspot 167, 169
Europäischer Aal 15, 102–103

F

Falkland-Strom, -inseln 87
Falsterbo, Schweden 131
Farbmorphen, Schneegans 118
Farbveränderung, Riesensepie 111
Fernandina, Galapagosinseln 70–71
Fettreserven, Regenerieren der 21
   Amerikanische Königslibelle 163
   Monarchfalter 160
   Trauerschnäpper 155
   siehe auch Rastgebiete
Feuchtgebiete, Okavango-Delta 60–61
Ficedula hypoleuca siehe Trauerschnäpper
Fichtenkreuzschnabel 145
Fichtenzeisig 145
Finken 145
Fischadler 130–131, 169
Fische
   anadrome 15, 100
   katadrome 15, 102
Fischfang *siehe* Überfischung
Fischleitern 101
Fisher Island, Bass-Straße 124
Fitis 152–153
Flechten, Karibu 45
Fledermausbeobachtung 115
Fledertiere
   Echoortung 28
   Orientierung 26
   siehe auch Guano-Fledermaus, Palmenflughund
Flemish Cap 99

Fliegenschnäpper *siehe* Trauerschnäpper
Fluchtwanderungen 17
Flügel
   Albatrosse 123
   Kappenwaldsänger 157
   Kurzschwanz-Sturmtaucher 124
Flughäfen, Gefahr durch Schneegänse 118–119
Flughunde *siehe* Palmenflughund
Fluke (Schwanzflosse), Südkaper 80
Flyways, Zugstraßen 25
   Rubinkehlkolibri 147
   Schneegans 119
Formationsflug, Schneegans 118, 119
Fortpflanzung 14–15
   Guano-Fledermaus 115
   Riesensepie, australische 111
   synchronisierte 63
   Atlantik-Bastardschildkröte 88–89
   Gnu 57
   Karibu 45
   Mongoleigazelle 63
   Palmenflughund 117
   Schneegans 118
Frösche
   Fortpflanzung 14, 15
   Phonotaxis 28

G

Galapagosinseln, Ecuador 70–71, 168
Galapagos-Landleguan 14, 70–71, 168
Gans, Mauser 13
   siehe auch Kanada-, Spaltfuß-, Rothals-, Schneegans
Garnelen 105
Gecarcoidea natalis siehe Weihnachtsinsel-Krabbe
Gelbschnabel-Sturmtaucher 127
Geruchsgradient 28, 96
Geruchssinn
   Blauhai 96
   Orientierung 28
   Rotlachs 101
   Röhrennasen 125
   Schlangen 69
Geschmackssinn, Orientierung 28
Gezeiten, Einfluss auf Meerestiere 15, 22
Gibraltar 123, 133
Gleitflug

Kurzschwanz-Sturmtaucher 124
Präriebussard 133
Trauerschnäpper 155
Weißstorch 129
globale Erwärmung *siehe* Klimawandel
Gnu 54–57, 61, 169
   Pheromonspuren 28
Golf von Biskaya 131
Golf von Mexiko 89
Golfstrom
   Blauhai 97
   Europäischer Aal 103
   Lederschildkröte 23
Gopher-Schlangen 69
Grant-Gazelle 55
Grasland, nomadische Wanderungen 16, 35
   siehe auch Prärie, Savanne, Steppe
Grasmückenartige *siehe* Fitis
Graukopfalbatros 123
Graurötelmaus 65
Grauwal 82–83
   Klimawandel 41
Greifvögel
   Augen 27
   zentralamerikanischer Zugkorridor 133
   siehe auch Fischadler, Präriebussard
Grönlandwal 35
Große Schneegans 118
Großkreisrouten 157
Großwale 79, 80–83
Grundhai 96
Grunion, Laichen 15
Grus americana siehe Schreikranich
Guano-Fledermaus 114–115

H

Habicht 145
Habitatzerstörung 39, 41
Haie
   sensorische Wahrnehmung 29, 93, 96
   siehe auch Blau-, Bogenschnäuziger Hammer-, Grund-, Riesen-, Riesenmaul-, Tiger-, Wal-, Weißhai
Halbinsel Valdés, Argentinien 81, 168
Hammerhai *siehe* Bogenschnäuziger Hammerhai
Hausen 15
Hawaii 168
Hazel Bazemore Country Park, Texas 133

Heimfindevermögen
   Rotlachs 101
   Schwarzschnabel-Sturmtaucher 127
   Suppenschildkröte 91
Heuschrecken 159
Himalaja-Gebirge 48–49
Himmelssylphe 147
Hirsche, Brunft 14
Hirundo rustica siehe Rauchschwalbe
Hochspannungsleitungen, als Zughindernisse 39
Hoden, Südkaper 81
Höhenlagen
   Kappenwaldsänger 157
   Schneegans 119
   Tundraschwan 121
   siehe auch vertikale Wanderung, Höhenwanderung
Homo sapiens, Migration 11, 33
Hotspots 166–169
Houston, Texas 115
Hudson Bay 47
Humboldtstrom 87
Hurrikane, Kappenwaldsänger 156
Hyperphagie 20
   Bartenwale 79, 80–81, 83
   Kappenwaldsänger 157
   Monarchfalter 160
   Rubinkehlkolibri 147

I

Impala 55
Indigofink, Sternkompass-Experiment 26
Indischer Ozean, Monsun 74, 135
innere Uhr 18–19
Innertropische Konvergenzzone (ITC) 135
innertropische Wanderungen, Karminspint 148
Insekten, Wanderungen 11, 158–165
Invasion 17, 65, 145, 164–165
Irrgäste 25
Isotopenverhältnis, Bisonskelette 52

J

Jagd, kooperative, Roter Thunfisch 98
Jahreszeiten 12–13
Japannetze 37
Jetstream 23
juveniles Umherstreifen 17, 87, 89

K

Kaffernbüffel 55, 61, 169
Kaiserpinguin 66–67, 169
Kakadu Nationalpark, Australien 134, 135, 169
Kalahari-Wüste, Botswana 61
Kalmar 105
   siehe auch Kurzflossenkalmar
Kampala, Uganda 116
Kamtschatka-Halbinsel, Russland 169
Kanadagans 112–113
Kanadakranich 32, 137, 168
Kapelan, Laichen 15
Kap-Halbinsel, Südafrika 81
Kappenwaldsänger 156–157
Karibu 7, 37, 44–45, 168
Karminspint 148–149, 169
Kasanka National Park 116–117
katadrome Fische 15, 102
Keoladeo Nationalpark, Indien 169
Kernbeißer 145
Kieselalgen (Diatomeen) 107
Kissimmee Prairie, Florida 137
Klammerreflex 73
Klapperschlangen 69
Kleine Braune Fledermaus 28
Kleine Schneegans 118, 119, 168
Klima, Breitengrade 12
Klimawandel 34, 41
   Eisbär 47
   Fitis 152, 153
   Insekten 159
   Kaiserpinguin 67
   Kappenwaldsänger 157
   Trauerschnäpper 155
   Walross 85
Knutt 23, 138–139, 168
kognitive Landkarten 30–31, 96
Kokosinseln 92–93, 168
Kolibris *siehe* Rubinkehlkolibri
Kopffüßer *siehe* Kurzflossenkalmar, Riesensepie
Korallen, Massenablaichen 94
Krabben *siehe* Weihnachtsinsel-Krabben, Spinnenkrabben
Krabbenfresser (Krill) 106
Kranich 8–9
   in der Mythologie 32
   siehe auch Kanada-, Schreikranich
Kreuzotter 69
Krill 105–107, 143

Krillfischerei 107
Kröten
   Fortpflanzung 14
   Phonotaxis 28
   siehe auch Erdkröte
Krüger-Nationalpark, Südafrika 169
   Afrikanischer Elefant, Tötung zur Bestandsregulierung (culling) 59
   Karminspint 149
Kuckuck 30–31
Kuhantilope 55, 61
Kurzflossenkalmar 111
Kurzschwanz-Sturmtaucher 124–125, 169
Küstenseeschwalbe 66, 142–143

L

Lachs 15
   Geruchsgradient 28
   siehe auch Rotlachs
Laichen
   Amphibien 14
   Erdkröte 73
   Europäischer Aal 103
   Korallen 94
   Rotlachs 100, 101
   Weihnachtsinsel-Krabben 75
Laichhaken, Rotlachs 101
Langusten *siehe* Westindische Languste
La-Niña-Wettermuster 41
Lappland, Norwegen 140
Larven
   Amphibien 14
   Crustaceen 75, 83
   Europäischer Aal 103
   Zooplankton 23, 104, 105, 107
Laternenfisch 105
Lederschildkröte 7
   Golfstrom 23
Leguan *siehe* Galapagos-Landleguan, Santa-Fé-Drusenkopf
Leitlinien 24–25, 160, 163
Lemming *siehe* Berglemming
Lemmus lemmus siehe Berglemming
Lepidochelys kempii siehe Atlantik-Bastardschildkröte
Leptocephalus-Larve 103
Libellen 24, 36, 159
   siehe auch Amerikanische Königslibelle
Limosa lapponica siehe Pfuhlschnepfe

Linné, Carl von (1707–78) 33
Linyati-Sumpfgebiet, Botswana 61
lobtailing, Buckelwale 79
Lorenzinische Ampullen 93
Löwe 61
Loxodonta africana siehe Afrikanischer Elefant
Luangwa River, Sambia 148, 169
Luftdruck, Wetterflucht 17
Lufttemperatur 23
   Insekten 151, 159

M

Magellanpinguin 86–87
magnetisches Feld, Schwankungen
   Navigation/Orientierung 25, 29
   Riesensepie, australische 111
   Blauhai 96
   Westindische Languste 109
   Suppenschildkröte 91
   Bogenschnäuziger Hammerhai 93
   Seamounts 93
Magnetit 29
Mähnenrobbe 11
Mai Po, China 169
Makgadikgadi-Salzpfannen, Botswana 61
Marienkäfer 11, 159
Markierung/Tagging 36
   Blauhai 96
   Pop-up Archival Tag 36, 37
   siehe auch Platform Transmitter Terminal; Radiotelemetrie; Satellitentelemetrie
Masai Mara, Kenia 55–57, 169
Mattanza, Roter Thunfisch 99
Mauersegler, Wetterflucht 17
   siehe auch Stachelschwanzsegler
Maul- und Klauenseuche 63
Mauser/Häutung 13, 20
   Kappenwaldsänger 157
   Magellanpinguin 87
   Wüstenheuschrecke 164
Meeresschildkröten
   Desorientierung 25
   Eiablage 14
   Geruchssinn 28
   Gezeiteneinfluss 15
   Prägung 26
   Schlüpfen 89, 91
   siehe auch Atlantik-Bastard-, Leder-, Olive Bastard-, Suppen-, Unechte Karettschildkröte
Meeresströmungen
   als Wanderhilfe 21, 22–23, 97
   Kollisionszonen 96, 107
   vertikale Vermischung 107
Megaptera novaeangliae siehe Buckelwal
Melatonin 19
Merops nubicoides siehe Karminspint
Mississippi-Flyway 119, 147, 157
Mississippiweih 133
Mittelamerika, Hotspot 166, 168
Monarchfalter 7, 158, 160–161, 168
   Klimawandel 41
   Magnetit 29
   Markierung 36
Mönchsgrasmücke 34, 35
Mond
   Gezeiteneinfluss 12, 15
   Mondzyklen 15, 75
Mongoleigazelle 62–63
   nomadische Wanderungen 16
Monokultur 38
Monsun 74, 135
Morecambe Bay, England 138
Mortensen, Hans Christian 36
Mount Moreland Schilfgebiet 151
Musth, Afrikanischer Elefant 59
«Muttonbird» 125
«Mütze», Südkaper 80
Mythologie 32–33, 65

N

Nachtfalter 159
Nager, Auswanderung 65, 145
Nahrungsmangel *siehe* Invasion
Narcisse Wildlife Management Area, Manitoba 68, 69
Nashorn, Fortpflanzung 14
Nattern-Plattschwanz, Häutung 13
natürliche Selektion 35
Navigation
   Bogenschnäuziger Hammerhai 93
   Erdrotation 19
   Kurzschwanz-Sturmtaucher 125
   Riesensepie, australische 111
Schneegans 119
Schreikranich 137
Schwarzschnabel-Sturmtaucher 126, 127
Suppenschildkröte 91
Weihnachtsinsel-Krabben 75
Westindische Languste 109
   siehe auch Irrgäste, Orientierung
Ngorongoro-Schutzgebiet 57
Ningaloo Reef, Westaustralien 95, 169
Nistkästen, Trauerschnäpper 155
nomadische Lebensweise 16–17, 56
   siehe auch Karibu, Mongoleigazelle, Gnu
Nordamerika, Hotspot 166, 168
Nordäquatorialstrom, atlantischer 97
Nordatlantikdrift
   Blauhai 97
   Europäischer Aal 103
Nordkaper 81
Nördlicher Glattwal *siehe* Nordkaper
Nordpolarmeer 125
Nucleus suprachiasmaticus 19
Nymphen, Wüstenheuschrecke 164

O

Ochotskisches Meer 83
Odobenus rosmarus siehe Walross
Okavango-Delta, Botswana 60–61, 169
Ökologie 33
Ökotourismus 7
   Guano-Fledermaus 115
   Riesensepie, australische 111
   Wale 81, 83
   Walhai 95
Olive Bastardschildkröte 40, 88
Oncorhynchus nerka siehe Rotlachs
Opuntien, Galapagos-Landleguan 70, 71
Orca *siehe* Schwertwal
Orientierung 26–29
Ortstreue, Philopatrie
   Präriebussard 132
   Rauchschwalbe 150
   Schwarzschnabel-Sturmtaucher 127
   Tundraschwan 120
   Walhai 95
Ovis dalli siehe Dallschaf
Ozeane 96, 105, 107

P

Palmenflughund 116–117
Panama City 133
Panamakanal 132, 133
Pandion haliaetus siehe Fischadler
Panulirus argus siehe Westindische Languste
Pazifik 125, 166, 168
Pelikan *siehe* Brillenpelikan
Permafrost, Klimawandel 41
Pestizide
   Guano-Fledermaus 115
   Monarchfalter 41
   Präriebussard 133
Pfeifschwan 120–121
Pfeilschwanzkrebs 138
   Laichen 15
Pfeilwürmer 105
Pflanzen, Samenverbreitung 11, 117
Pfuhlschnepfe 135, 140–141, 168
Phasenwechsel, Wüstenheuschrecke 164–165
Pheromone
   Gnu 28
   Wüstenheuschrecke 165
Phonotaxis 28
Phylloscopus trochilus siehe Fitis
Plankton *siehe* Phyto-, Zooplankton
Phytoplankton 105
Pinguine, juveniles Umherstreifen 17
   siehe auch Kaiser-, Magellanpinguin
Planktonblüte 107
Platform Transmitter Terminal (PTT) 36–37, 87, 129
Point Géologie, Antarktis 67
Polarfuchs, als Fressfeind 65, 118
polarisiertes Licht
   als Navigationshilfe 26, 75
   Riesensepie, australische 111
Pop-up Archival Tag (PAT) 36, 37
Porcupine River 44
Pottwal
   Echoortung 28
   Magnetkompass 29
Prärie, Bison 52
Präriebussard 132–133
Primaten *siehe* Schimpanse, *Homo sapiens*
Prionace glauca siehe Blauhai
Procapra gutturosa siehe Mongoleigazelle
Puffinus puffinus siehe Schwarzschnabel-Sturmtaucher
Puffinus tenuirostris siehe Kurzschwanz-Sturmtaucher
Punta Tombo, Argentinien 86
Purpurgimpel 145

Q

Quallenlarven 104, 105, 107

R

Radar, Verfolgung per 6, 36
   Guano-Fledermaus 115
Radiotelemetrie 36
   Amerikanische Königslibelle 163
   Tundraschwan 121
Rancho Nuevo, Mexiko 89
Rangifer tarandus siehe Karibu
Rastgebiete, Rastplätze 21, 120, 131, 137, 139
   siehe auch Fettreserven
Ratten, als Fressfeind 127
Raubmöwen 143
Rauchschwalbe 150–151
Raufußbussard 145
Raupen, Klimawandel 154–155
Rautenpython 14
Redfish Lake, Idaho 101
Rentier 44
Rentiermoos 45
Reptilien, Fortpflanzung 14
Rezessionen, Wüstenheuschrecke 164
Rhincodon typus siehe Walhai
Rhythmus/Rhythmik, 18–19
   siehe auch Zyklen
Riesenhai 29, 94
Riesenmaulhai 94, 105
Riesensepie, australische 110–111
«Right Whale» *siehe* Nordkaper, Südkaper
Rindergemse 49
Robben 86
   als Beute von Eisbären 47
   Wurfkolonien 14
   siehe auch Seelöwen, Mähnenrobben, Walrosse
Röhrennasen 125
rookeries, Suppenschildkröte 91
Roter Thunfisch 98–99, 169
Rothalsgans 33, 41, 169
Rotkehlchen, Magnetkompass 29
Rotlachs 100–101, 168

Rotseitige Strumpfband-
natter 68–69
Round Island, Alaska 85
Rubinkehlkolibri 146–147
Rubintyrann 12
Ruderfußkrebse 7, 105
Rum, Scotland 126, 127

S

Saiga-Antilope, nomadische
Wanderungen 16
Salamander,
Fortpflanzung 14
Salpen 105
Salzdrüsen, Schwarzschnabel-
Sturmtaucher 126
Samenverbreitung 11
Palmenflughund 117
Sand Lake, South Dakota 118
Santa-Fé-Drusenkopf 70
Sardinen 22, 86
Sargassosee 103
Satellitentelemetrie 7, 36–37
Dunkler Sturmtaucher 7,
37
Eisbär 47
Europäischer Aal 103
Fischadler 130
Grauwal 83
Karibu 37, 44
Krill 107
Lederschildkröte 7
Magellanpinguin 87
Palmenflughund 117
Pfuhlschnepfe 141
Roter Thunfisch 99
Schreikranich 137
Solarbetrieb 129
Suppenschildkröte 91
Walhai 95
Weißhai 7
Weißstorch 129
Savanne 35, 54, 55
Afrikanischer Elefant 58–59
Gnu 56–57
nomadische
Wanderung 16
Wüstenheuschrecke 164
Schafe
bergbewohnende 50–51
Brunft 14, 50, 51
Schall, Orientierungshilfe 28
Schimpanse 14
Schistocerca gregaria siehe
Wüstenheuschrecke
Schlafplatz
Fledertiere 115, 116–117
Monarchfalter 160
Rauchschwalbe 151
Star 19
Schlangen
Fortpflanzung 14

Wanderung 13, 69
siehe auch Schwarze
Erdnatter, Rautenpython,
Gopherschlangen,
Rotseitige
Strumpfbandnatter,
Westliche Diamant-
Klapperschlange, Nattern-
Plattschwanz
Schmalfrontzug 24
Schneeeule 144, 145
Schneegans 118–119
Schneeleopard 49
Schraubenziege (Markhor) 49
Schreikranich 136–137
Schwalbe *siehe*
Rauchschwalbe
Schwäne *siehe* Pfeif-,
Schwarz-, Sing-, Tundra-,
Zwergschwan
Schwarmbildung, Wüsten-
heuschrecke 164–165
Schwarze Erdnatter 69
Schwarzschnabel-
Sturmtaucher 126–127
Schwarzschwan 135
Schweinswale,
Echoortung 28
Schwerkraft, Rolle bei
Navigation 28
Schwertwal 83, 86, 168
Seamounts, 93, 96
Seelöwen 86
Wurfkolonien 14
Seeschmetterlinge 105
Seeschwalben,
Brutkolonien 15
siehe auch
Küstenseeschwalbe
Segelflug
Albatrosse 123
Kurzschwanz-
Sturmtaucher 124
Präriebussard 132, 133
Thermik 23
Sehvermögen,
Riesensepie 111
Seidenschwänze 145
Sendetürme, als
Zughindernis 39
Sepia apama siehe
Riesensepie
Sepie *siehe* Riesensepie
Serengeti 54–57, 169
Shark-Watching 95
Sibirien 140
Silver Bank, Dominikanische
Rep. 79
Singschwan 20–21
Sipadan Island, Borneo 169
Skokholm, Wales 126, 127
Skomer, Wales 126
Smolt 101
Sonar 36

Sonnenflecken 29
Sonnenkompass 27
South Georgia 168
South Luangwa National Park,
Sambia 149
Spaltfußgans 135, 169
Spencer Gulf,
Südaustralien 111
Spheniscus magellanicus siehe
Magellanpinguin
Spinnenkrabbe 108
Springbock 61
Bejagung 38
Springen («breaching»),
Buckelwale 78, 79
Spyhopping, Grauwale 83
Stachelschwanzsegler 12
Star *(Sturnus vulgaris)*
Schlafplatz 19
Sonnenkompass-
Experiment 27
Steppe
mongolische 62–63
nomadische
Wanderungen 16
Steppenzebras 42–43, 55,
56, 61, 169
Sterna paradisaea siehe
Küstenseeschwalbe
Sternkompass 26
Stoffwechsel, aerober,
Thunfisch 98
Störche *siehe* Weißstorch
Strandungen, Buckelwal 79
Strumpfbandnatter *siehe*
Rotseitige Strumpfband-
natter
Sturmtaucher
Brutkolonien 15
Röhrennasen 125
Sturmtaucher, Dunkler
Sturmtaucher
siehe auch Gelbschnabel-,
Schwarzschnabel-,
Kurzschwanz-Sturmtaucher
Sturmvögel, Geruchssinn 28
Südamerika, Hotspot 166,
168
Südamerikanischer See-
löwe *siehe* Mähnenrobbe
Südkaper 80–81, 86, 168
Südlicher Glattwal
siehe Südkaper
Südpolarmeer
Albatrosse 123
Kaiserpinguin 66–67
Klimawandel 41
Krill 107
Suppenschildkröte 90–91,
168, 169

T

Tadarida brasiliensis siehe
Guano-Fledermaus
Tagfalter 158, 159
siehe auch Monarch-,
Distelfalter
Tahr 48, 49
Taiga 145
Taimyrhalbinsel, Sibirien 141
Takin 49
Tannenhäher 145
Tarifa-Küste, Spanien 169
Tasmanien 125
Tauben, Orientierung 26, 28
siehe auch Wandertaube
Taubenschwänzchen 159
Temperatur
Luft 23
Insekten 151, 159
Roter Thunfisch 98
*Thamnophis sirtalis
parietalis* siehe Rotseitige
Strumpfbandnatter
Thermik 23, 129, 133
Thomson-Gazelle 55, 56
Thunfisch *siehe* Blauflossen-,
Roter Thunfisch
Thunnus orientalis siehe
Blauflossenthunfisch
Thunnus thynnus siehe Roter
Thunfisch
Tigerhai 96
Topi 55
Torpor *siehe* Überwinterung
Trauerschnäpper 154–155
Truthahngeier 133
Tschuktschensee 83, 84
Tundra 34, 145
globale Erwärmung 41
Karibu 44
Knutt 138
Pfuhlschnepfe 140, 141
Tundraschwan 120–121
Tüpfelhyäne 11

U

Überfahren 65, 72
Überfischung
Blauhai 96
Krill 107
Roter Thunfisch 99
Westindische Languste 109
Überwinterung 11
Erdkröte 73
Klimawandel 41
Rotseitige Strumpfband-
natter 68–69
Winternachtschwalbe 10
Uferschnepfe 18, 140
Umherstreifen, juveniles 17,
87, 89
Umweltverschmutzung,
Europäischer Aal 103

Unechte Karettschildkröte 31
upwelling, Nährstoffe 79, 96,
107
Ursus maritimus siehe Eisbär

V

Verstädterung, als
Wanderhindernis 39
vertikale Wanderungen 13,
22, 49, 147
Volcán La Cumbre 70–71

W

Waldsänger, nomadische
Wanderung 16–17
siehe auch
Kappenwaldsänger
Wale
Barten- 79, 81, 83
chemischen Signaturen 28
Zahnwale, Echoortung 28
siehe auch Beluga-, Blau-,
Buckel-, Grau-, Grönland-,
Weißwal, Nordkaper
Walhai 23, 75, 94–95, 168,
169
Waljagd 38, 79, 80
Walross 11, 14, 84–85
Wanderalbatros 123
Wanderheuschrecken
Europäische Wander-
heuschrecke 165
Invasion 17, 164, 165
siehe auch
Wüstenheuschrecke
Wanderhindernisse 39
Afrikanischer Elefant 59
Bison 53
Europäischer Aal 103
Karibu 39
Rotlachs 101
Wanderpfeifgans 135
Wanderrouten 39, 59
Wandertaube, Ausrottung 39
Wanderung (Migration)
Anpassung 20–21, 34–35
Auswanderung 65
siehe auch Invasion
Definition 10
Europäischer Aal 103
Felszeichnungen 32, 33
Fortpflanzung 14–15
gestaffelte (Kettenzug) 21,
55
siehe auch Fettreserven,
Regenerieren der
Höhenwanderung 13, 49
Schafe, bergbewoh-
nende 50–51
Hotspots 166–169
Korridore 39, 59, 133

Langstreckenwanderung 12
Nonstop-Flug
Herkunft und
Evolution 34–35
Kappenwaldsänger 157
Pfuhlschnepfe 141
Rubinkehlkolibri 147
Singschwan 21
Rekorde 7
Routen 24–25
synchronisierte 18
Überleben 20–21
Untersuchung 36–37
vertikale 13, 22, 49, 147
Erdkröte 73
Riesensepie,
australische 111
Schafe,
bergbewohnende 50–51
Zooplankton 105, 107
Wanderungen
im Wasser 76–111
in der Luft 112–165
über Land 42–75
zwischen verschiedenen
Breitengraden 12
Wash, GB 169
Wasserkraftwerke 39, 101
Wattenmeer 169
Knutt 139
Waugh Street Bridge,
Houston 115
Weidesukzession 55
Weihnachtsinsel-Krabbe 74–75, 169
Weißbartgnu siehe Gnu
Weißes Meer 120, 140
Weißhai 7, 29
Weißstorch 128–129, 169
Weißwal, Häutung 13
Wespen 159
Westindische Languste 108–109
Westliche Diamant-Klapperschlange 69
Whale-Watching 81, 83
Whitefish Point,
Michigan 133
Wiesenwühlmaus 65
Wind, Rolle bei
Wanderungen 21, 23
Albatrosse 123
Insekten 159, 160
Kappenwaldsänger 157
Knutt 139
Küstenseeschwalbe 143
Pfuhlschnepfe 141
Wüstenheuschrecke 165
Wind Cave National Park 52
Windräder, als
Wanderhindernisse 39
Winternachtschwalbe 10
Wochenstuben, Guano-Fledermaus 115
Wolf 11, 45
Wood Buffalo National Park,
Kanada 137
Würfelquallen 105
Würmer
Meereswürmer,
Epitoken 21
Fadenwürmer (Nematoden),
Europäischer Aal 103
Wüsten
als Wanderhindernisse 153
nomadische
Wanderungen 16, 17
Wüstenheuschrecke 164–165

Y

Yellowstone National
Park 52, 53
Yolo Causeway,
Kalifornien 115
Yukatan, Halbinsel 147
Yukon-Kuskokwim Delta,
Alaska 141

Z

Zebra siehe Steppenzebra
zentralamerikanischer
Zugkorridor 133
Zikaden 17, 159
Zirbeldrüse (Epiphyse) 19
Zoea-Larve 75
Zooplankton 79, 80, 83,
104–105, 107
Zugrouten 24–25
Zugscheide 25
Zugtrichter 65, 129, 133
Zugunruhe 18, 151
Zwergschwan 120–121
Zyklen
Mondzyklus 15, 75
saisonale 12–13
siehe auch Rhythmik

Weiterführende Literatur

Baker, R., *Die geheimnisvolle Reise der Tiere. Erscheinungen – Beobachtungen – Erklärungen*, Mosaik, München 1992

Dingle, H., *Migration – The biology of life on the move*, Oxford University Press, Oxford 1996

Drake, V. A., *Insect migration. Tracking resources through space and time*, XIX International Congress of Entomology in Peking 1992, Cambridge University Press, Cambridge 1995

Dröscher, V. B., *Tierwanderungen*, Was ist Was, Bd. 77, Tessloff, Nürnberg 2006

Elphick, J., *Atlas des Vogelzugs. Die Wanderungen der Vögel auf unserer Erde*, Haupt, Bern 2008

Jacquet, L., *Die Reise der Pinguine*, Gerstenberg, Hildesheim 2005

Mari, C. & Harvey, C., *Auf der Spur des Wassers. Die faszinierende Tierwanderung in der afrikanischen Steppe*, Frederking & Thaler, München 2000

Marven, N., *Nomaden der Tierwelt – phantastische Reisen zwischen Himmel und Erde*, Frederking & Thaler, München 1997

Riede, K., *Global Register of Migratory Species. Weltregister wandernder Tierarten. Database, GIS Maps and Threat Analysis. Results of the R+D-Project 808 05 081*, mit CD-ROM, Bundesamt für Naturschutz, Landwirtschaftsverlag, Münster 2001

Riede, K., *Global Register of Migratory Species – from Global to Regional Scales. Final Report of the R&D-Projekt 808 05 081*, mit CD-ROM, Bundesamt für Naturschutz, Landwirtschaftsverlag, Münster 2004

Senn, D. G., *Durch Wasser, Wind und Wellen. Eine Naturgeschichte der ozeanischen Wirbeltiere*, R + R, Bottmingen 1997

Smith, T. & Smith, R. L., *Ökologie*, 6. Auflage, Pearson Studium, München 2009

Waterman, T. H., *Der innere Kompass. Sinnesleistungen wandernder Tiere*, Spektrum der Wissenschaft, Heidelberg 1990

Wilcove, D. S., *No Way Home. The Decline of the World's Great Animal Migrations*, Island Press, Washington DC 2008

Dank

Viele haben mit ihrer Zeit und ihrem Wissen zu diesem Buch beigetragen. Für ihre aufschlussreichen Kommentare zum Text danke ich Jonathan Elphick, Ian Redmond, Rob Houston, David Burnie und Emily Bennitt (Mammal Research Unit, University of Bristol). George Schaller (Wildlife Conservation Society) lieferte wertvolle Informationen zur Mongoleigazelle, Andy Elliott (Herausgeber, Handbook of the Birds of the World, Lynx Edicions) hat meine Fragen zur Systematik des Karminspints beantwortet und Dave Roberts (Manitoba Conservation) teilte mit mir sein Wissen über die Wanderung der Rotseitigen Strumpfbandnatter. Scott Shaffer (Department of Ecology and Evolutionary Biology, University of California Santa Cruz) lenkte meine Aufmerksamkeit auf die vielen Anwendungsarten von Technologien zur Nachverfolgung und Datenaufzeichnung bei der Untersuchung und Erforschung der Wanderungen von Seevögeln und hat die Grafik auf Seite 37 bereitgestellt. Ich möchte auch den Fachleuten von University California Press und des Natural History Museum, London danken, die mich vor zahllosen Fehlern bewahrt haben. Auch war das Bibliothekspersonal der Zoological Society of London wie immer ausgesprochen hilfsbereit, und alle Mitarbeiter des BBC Wildlife Magazins haben mich unterstützt. Dieses Buch wäre ohne die Fachkenntnis und den Einsatz des Teams von Marshall Editions nicht möglich gewesen, dazu gehören Amy Head, Deborah Hercun, Ivo Marloh und vor allem Paul Docherty. Schließlich möchte ich meiner Frau Louise für ihre Liebe und ihre nicht unbeträchtliche Geduld danken.

Bildnachweis

Für die freundliche Genehmigung, ihre Bilder verwenden zu dürfen, danken die Verlage:

FLPA/HS = Frank Lane Picture Agency/Holt Studios
FLPA/IB = Frank Lane Picture Agency/Imagebroker
FLPA/MP = Frank Lane Picture Agency/Minden Pictures
FLPA = Frank Lane Picture Agency
NOAA = National Oceanic Atmospheric Administration
NPL = Nature Picture Library
P/OSF = Photolibrary/Oxford Scientific Films
PH/NHPA = Photoshot/NHPA
USFW = US Fish and Wildlife Service

o = oben, u = unten, m = Mitte, r = rechts, l = links

Seiten: 2–3 Corbis/Tony Wilson-Bligh; 4–5 Corbis/Stuart Westmorland; 6 Corbis/Jonathan Blair; 8–9 FLPA/IB; 10 NHPA/John Shaw; 11u Corbis/Paul Souders; 11or Corbis/Ron Sanford; 11ur Corbis/Bettman Archives; 12 NASA; 13o Corbis/Nick Garbutt; 13u FLPA/Flip Nicklin/MP; 14 NPL/Michael D Kern; 15o Alamy/Visual & Written SL; 15u NPL/Dietmar Nill; 16 P/OSF/Martyn Colbeck; 17ol Corbis/Romeo Ranoco; 17lor FLPA/Francois Merlet; 18 NPL/Markus Varesvuo; 19o Corbis/Paul A Souders; 19u NPL/John Waters; 20–21 Corbis/DLILLC; 21ol Corbis/Hinrich Baesemann/dpa; 22 NPL/Doug Perrine; 23 Corbis; 24 Ardea/George Reszeter; 25 P/OSF/Doug Allan; 27 NPL/Dietmar Nill; 28 FLPA/MP/Michael Durham; 29 PH/NHPA/Michael Patrick O'Neill; 30–31u FLPA/Martin B Withers; 31o FLPA/Reinhard Dirscherl; 32 P/OSF/Thorsten Milse; 33ol Mary Evans Picture Library; 33u Alamy/Imagebroker; 34 NPL/Andy Sands; 35 NPL/Doug Perrine; 36 NOAA/G. De Metrio; 37ol FLPA/MP/Cyril Ruoso; 37ul USFW/Togiak National Wildlife Refuge/Gail Collins; 37r Scott Shaffer & al. (PNAS, 22. August 2006, Bd. 103 Nr. 34) © 2006 National Academy of Sciences, USA; 38 P/Craig Aurness; 39o Corbis/Transtock; 39mr PH/NHPA/George Bernard; 39u Corbis/Du Huaju/Xinhua Press; 40–41 Corbs/Jeffrey Arguedas/epa; 41or NPL Andrey Zvoznikov; 42–43 Corbis/Winfried Wisniewski; 44–45 FLPA/MP/Michio Hoshino; 45o Corbis/Theo Allofs; 45u Corbis/Zefa/Alan & Sandy Carey; 46 Corbis/Hans Strand; 47o Alamy/Bryan & Cherry Alexander Photography; 47u Corbis/Daniel J Cox; 48–49 FLPA/MP/Colin Monteath; 49ml FLPA/MP/Zhinong Xil; 49mr Corbis/Daniel J Cox; 50 Corbis/Paul A Souders; 51u FLPA/MP/Michael Mauro; 52–53 FLPA/MP/Jim Brandenburg; 53o Corbis/Bettmann; 54–55 Ardea/Robyn Stewart; 54ml Corbis/Karl Ammann; 54mr Corbis/Nigel J Dennis; 55 Corbis/Martin Harvey; 56–57 Corbis/Peter Johnson; 57ur NPL/Anup Shah; 58 Corbis/Tim Davis; 59 NPL/Tony Heald; 60–61 Corbis/Frans Lanting; 61ul Corbis/Yann Arthus-Bertrand; 60–61um FLPA/ Frans Lanting; 61o Corbis; 61ur Corbis/Kevin Schafer; 62 NPL/Gertrud & Helmut Denzau; 63 Alamy/John Warburton-Lee Photography; 63u George Schaller/Wildlife Conservation Society, New York; 64 NPL/Solvin Zankl; 65 Ardea/M Watson; 65u NPL/Solvin Zankl; 66–67 Corbis/Paul Souders; 67o Corbis/Frans Lanting; 68 Ardea/Francois Gohier; 69o Corbis/Michael S Yamashita; 69u Alamy/Alexandra Morrison; 70 Ardea/D Parer & E Parer; 71o FLPA/Tui De Roy; 71u FLPA/MP/Pete Oxford; 72 Corbis/Zefa/Markus Botzek; 74 Corbis/Roger Garwood & Trish Ainslie; 75 NPL/Jurgen Freund; 76–77 Corbis/Stuart Westmorland; 78 Corbis/Paul A Souders; 78u FLPA/MP/Flip Nicklin; 79 Rex Features/Phil Rees; 80 FLPA/Flip Nicklin; 81 P/OSF/Gerard Soury; 82–83 Alamy/Mark Conlin; 83ur FLPA/Flip Nicklin; 84 Corbis/Staffan Widstrand; 85o Corbis/Dan Guravich; 85u Corbis/Dan Guravich; 86–87 Corbis/Theo Allofs; 87mr FLPA/MP/Flip De Nooyer; 88 PH/NHPA/Michael Patrick O'Neill; 89o NPL/Doug Perrine; 89u NPL/Doug Perrine; 90 FLPA/IB/J W Alker; 91m PH/NHPA/Kevin Schafer; 91ur NPL/Jürgen Freund; 92–93 Sea Pics, Hawaii/Paul Humann; 93ul NPL/Doug Perrine; 93um NPL/Doug Perrine; 93ur Dominguez S. Malavieille J. & Lallemand S. E.: Deformation of accretionary wedges in response to seamount subduction – insights from sandbox experiments; Tectonics, 19, 1, 182–196, 2000; 94–95 Corbis/Louie Psihoyos; 94u NPL/Jürgen Freund; 95o Getty Images/National Geographic/Brian J Skerry; 96 Corbis/Jeffrey L Rotman; 97 Corbis/Zefa/Tobias Bernhard; 98 Alamy/Visual & Written SL; 99 Alamy/CuboImages srl; 100 FLPA/MP/Jim Brandenburg; 100om NPL/Michel Roggo; 101 Corbis/Sanford/Agliolo; 102 NHPA/Daniel Heuclin; 102o P/Rodger Jackman; 102u FLPA/Terry Whittaker; 103–104 Ardea/Ken Lucas; 104u NPL/Jeff Rotman; 105ul FLPA/MP/Norbert Wu; 105ur FLPA/D. P. Wilson; 106 Getty Images/David Tipling; 107ur FLPA/MP/Flip Nicklin; 108–109 P/OSF/Perrine Doug; 109o PH/NHPA/Linda Pitkin; 110 NPL/Georgette Douwma; 111o FLPA/MP/Fred Bavendam; 111u NPL/Chris Gomersall; 112–113 Corbis/Layne Kennedy; 114 NPL/Rolf Nussbaumer; 115 FLPA/Fritz Polking; 116–117 Alamy/Malcolm Schuyl; 117or FLPA/HS/Chris & Tilde Stuart; 118 NPL/Tom Vezo; 119 PH/NHPA/Brian Hawes; 120 Corbis/Ralph A Clevenger; 121o Corbis/Darrell Gulin; 121u Ardea/Ian Beames; 122–123 FLPA/MP/Hiroya Minakuchi; 123mr Alamy/Steve Bloom Images; 123ur NPL/Chris Gomersall; 124 PH/NHPA/Dave Watts; 125 NPL/Nature Production; 126 Alamy/Chris Gomersall; 127o NPL/Chris Gomersall; 127u FLPA/Robert Canis; 128–129 Ardea/Duncan Usher; 129l P/OSF/Konrad Wothe; 130o FLPA/Dickie Duckett; 130u Corbis/Lech Muszyński; 131 FLPA/MP/Jim Brandenburg; 132 PH/NHPA/Kevin Schafer; 132ml Getty Images/Stone/Will & Deni McIntyre; 133 FLPA/MP/Tom Vezo; 134–135 Corbis/Theo Allofs; 135um FLPA/John Watkins; 136 NPL/Tom Hugh-Jones; 137 FLPA/MP/Yva Momatiuk/John Eastcott; 138o PH/NHPA/Stephen Krasemann; 138u FLPA/Mark Sisson; 139 Corbis/Arthur Morris; 140 PH/NHPA/Roger Tidman; 141 PH/NHPA/Jari Peltomaki; 142 FLPA/Mark Sisson; 143o FLPA/Malcolm Schuyl; 143u FLPA/MP/Michael Quinton; 144–145 NPL/Vincent Munier; 145m FLPA/Malcolm Schuyl; 145u PH/NHPA/Andy Rouse; 145o FLPA/S & D & K Maslowski; 146 P/OSF; 147o Alamy/Tom Uhlman; 147u P/OSF/Daybreak Imagery; 148–149 FLPA/Philip Perry; 148u FLPA/MP/Mitsuaki Iwago; 150 NPL/Kim Taylor; 151 NPL/John Downer; 152 PH/NHPA/Alan Barnes; 153o FLPA/HS/Mike Lane; 153u Corbis/Remi Benali; 154 FLPA/Derek Middleton; 155l FLPA/Derek Middleton; 155r NPL/David Kjaer; 156o FLPA/David Hosking; 156u NOAA (http://apod.nasa.gov/apod/ap040903.html); 158–159 Corbis/Frans Lanting; 159o FLPA/IB/André Skonieczny; 159ul Rex Features/Finlayson/Newspix; 159um NPL/Larry Michael; 159ur FLPA/IB/Andreas Pollok; 161or PH/NHPA/T Kitchin & V Hurst; 161Ardea/Jean Paul Ferrero; 162 P/OSF/Scott Camazine; 163 PH/NHPA/John Shaw; 163u © Christian Ziegler/Smithsonian Tropical Research Institute, Panama; 164–165 Corbis/Pierre Holtz; 165mr PH/NHPA/Stephen Dalton.